80款摺紙遊戲玩出
專注力、記憶力和想像力

親子摺紙遊戲大全

苗菁、蘇衛晗、童蒙　主編

新雅文化事業有限公司
www.sunya.com.hk

新雅・遊藝館

親子摺紙遊戲大全

主編：苗菁、蘇衛晗、童蒙
攝影：雙福文化
責任編輯：鄭幗明
美術設計：陳雅琳、鄭雅玲
出版：新雅文化事業有限公司
香港英皇道 499 號北角工業大廈 18 樓
電話：(852) 2138 7998
傳真：(852) 2597 4003
網址：http://www.sunya.com.hk
電郵：marketing@sunya.com.hk
發行：香港聯合書刊物流有限公司
香港荃灣德士古道 220-248 號荃灣工業中心 16 樓
電話：(852) 2150 2100
傳真：(852) 2407 3062
電郵：info@suplogistics.com.hk
印刷：中華商務彩色印刷有限公司
香港新界大埔汀麗路 36 號
版次：二〇一九年八月初版
二〇二一年十月第二次印刷

版權所有・不准翻印

本書經由化學工業出版社正式授權，同意經由新雅文化事業有限公司出版中文繁體版本。
非經書面同意，不得以任何形式任意複製、轉載。
版權地區：香港及澳門

ISBN：978-962-08-7340-9

All rights reserved.
© Published by Sun Ya Publications (HK) Ltd.

18/F, North Point Industrial Building, 499 King's Road, Hong Kong
Published in Hong Kong, China
Printed in China

前言

摺紙——發展智能的好方法

經常有家長問，有什麼活動可以開發孩子的智能、增強他們的肢體協調，而且有趣又能促進親子感情？我會毫不猶豫地推薦摺紙。

可能在家長看來，摺紙不過是把一張紙變換形狀而已，但是在孩子的眼中，每一次摺紙，都是一項巨大的工程。他們需要眼睛、雙手和大腦配合，才能把手上的紙張，變換成心目中的形狀。

很多家長都希望培養孩子的專注力和觀察力，卻又無從入手。摺紙是幾何形體的連續變化，需要孩子花耐性學習對邊摺、對角摺、拉摺、翻轉等動作，同時觀察紙張變化的過程才能做到。雖然摺紙需要孩子全神貫注，但由於它充滿樂趣，所以能在不知不覺中吸引住孩子的注意力，助他們養成專注的習慣。

邊對齊、角重疊、摺痕清晰是摺紙所需的基礎能力，孩子手指的小肌肉羣和指尖必須協調靈活、操作準確、力度適當，才可以摺出理想的作品。把摺紙培養成一種持續的興趣，可以大幅度提高孩子的肌肉靈活性和手眼協調，使他們變得心靈手巧，摺出來的作品也活靈活現。

摺紙的每一個步驟都是環環相扣的，需要通過觀察、理解、記憶和反覆練習，才能夠成功。每摺一下，孩子的大腦中都會形成獨特的圖像記憶，當他們完成摺紙作品時，家長亦不得不歎服孩子在摺紙過程中表現出來的非凡記憶力。

偉大的教育家蘇霍姆林斯基 (Vasyl Sukhomlynsky) 說：「兒童的智慧在他手上。」摺紙正是一種可以培養孩子智慧，並帶給他們歡樂的手藝。請與孩子一起摺出歡樂，摺出美好的明天吧！

苗菁

目錄

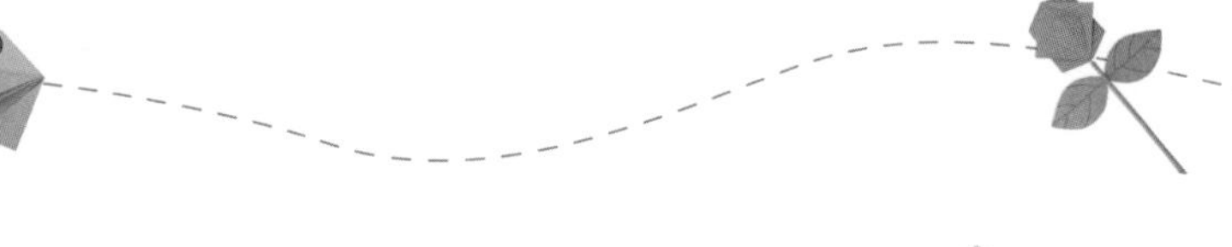

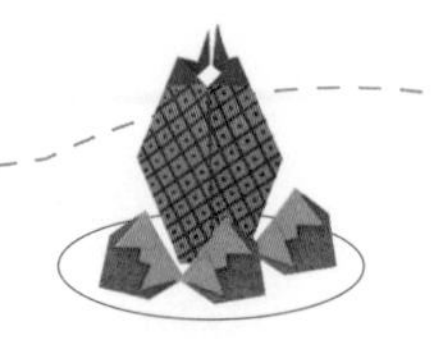

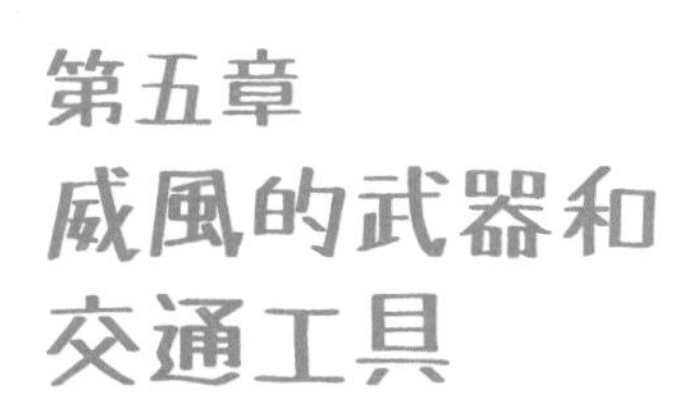

第五章 威風的武器和交通工具

校長小貼示

第六章 美麗的衣飾

校長小貼示

第七章 實用的生活物品

校長小貼示

第八章 好玩的遊戲摺紙

校長小貼示

如何使用本書

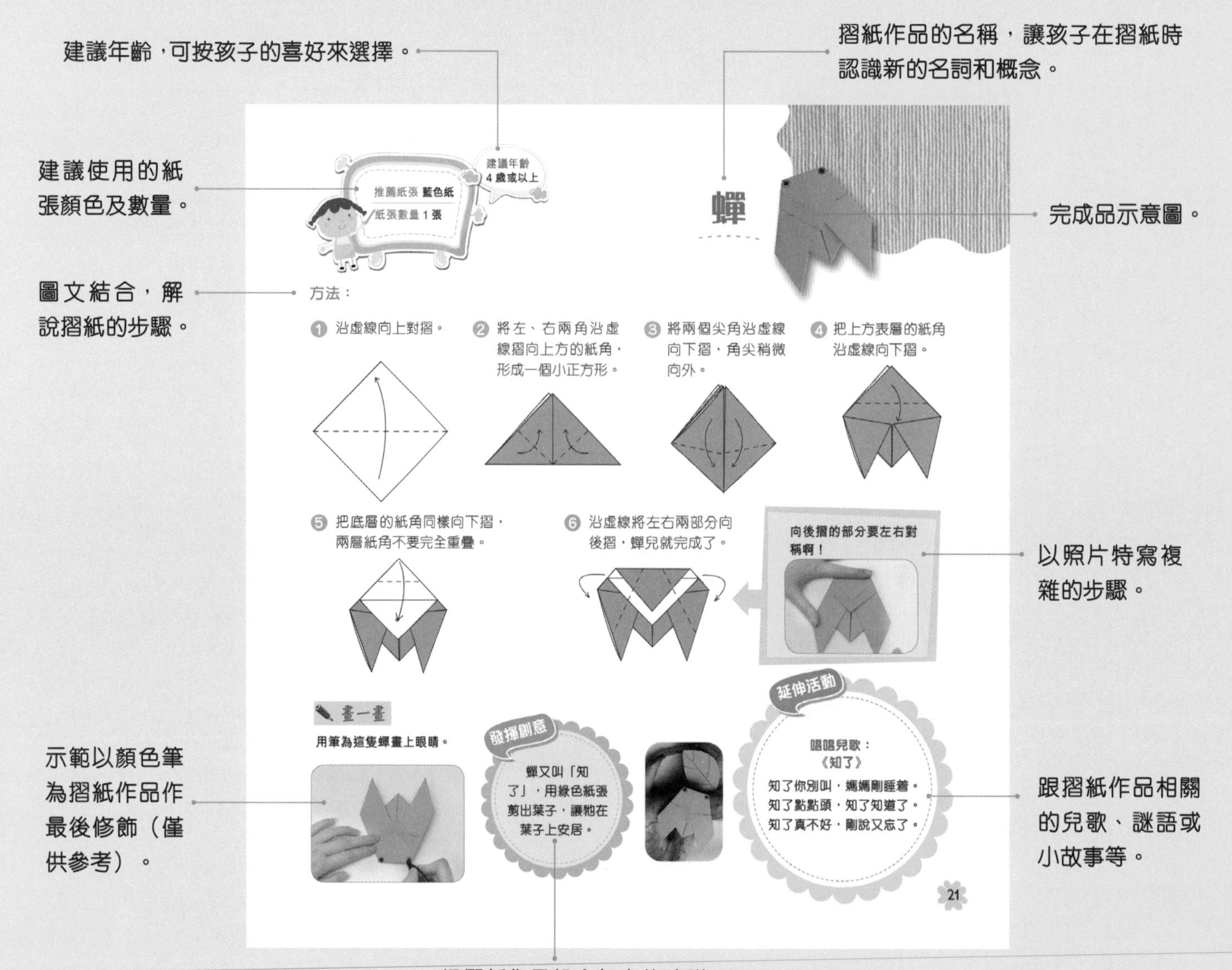

把摺紙作品組合起來的建議。

特別說明

- 本書中所用的紙張一般為正方形，如需要其他形狀的紙張，會特別說明。
- 本書所介紹的摺紙方法簡單、易於操作，適合兒童及初學摺紙的成人。但是，摺紙的藝術千變萬化，讀者可在掌握簡易的步驟後，不斷改良和創新。
- 為了清晰顯示正反兩面，本書的圖示全用單面彩紙，但是實際操作時可使用雙面彩紙。
- 兒童使用剪刀或鎅刀時需要成人陪伴，不宜獨自進行。

第一章
摺紙前的準備

摺紙工具和材料

在進行有趣的摺紙活動前，請準備以下材料和工具，它們可以讓你的摺紙更生動、更好玩！

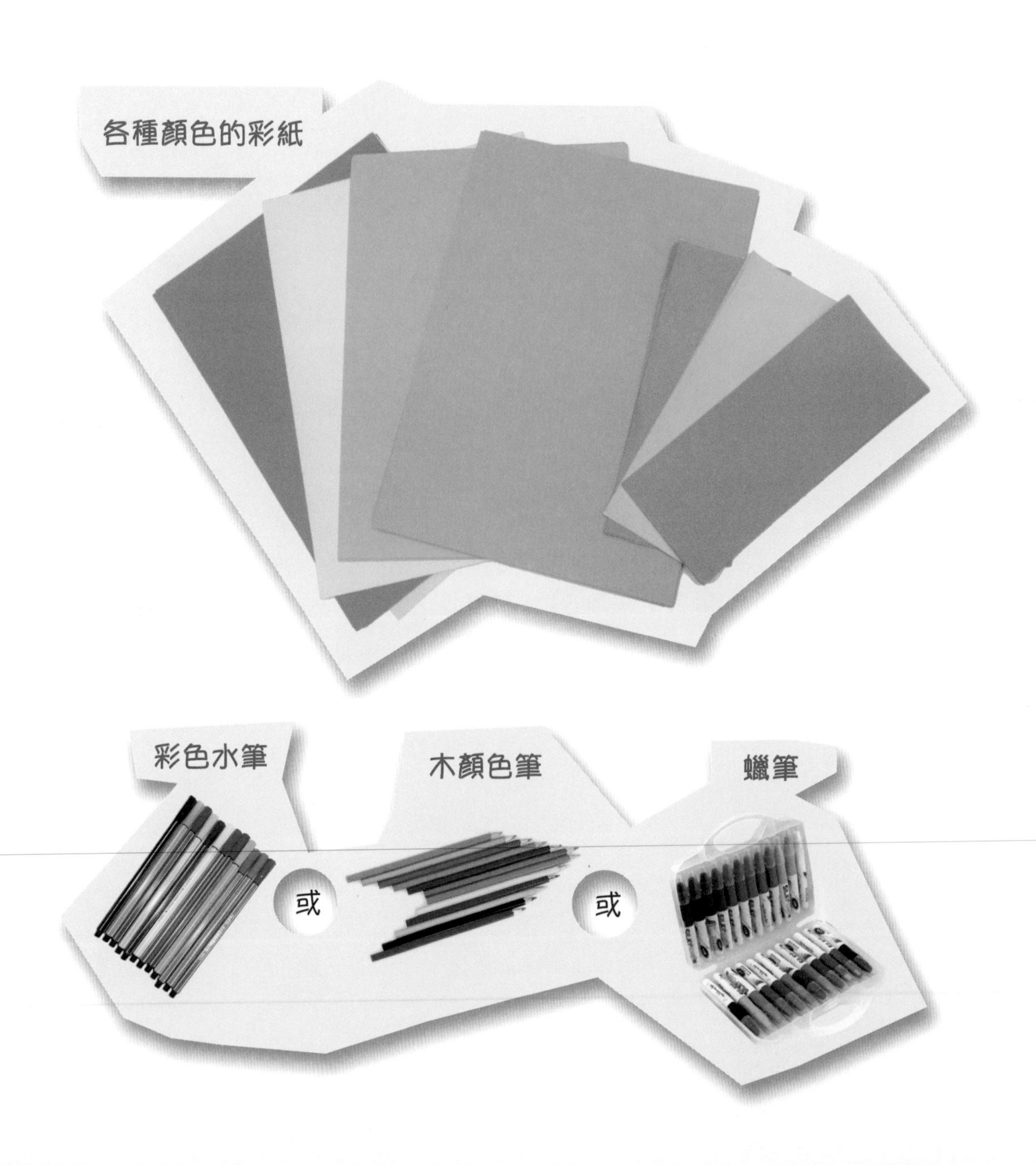

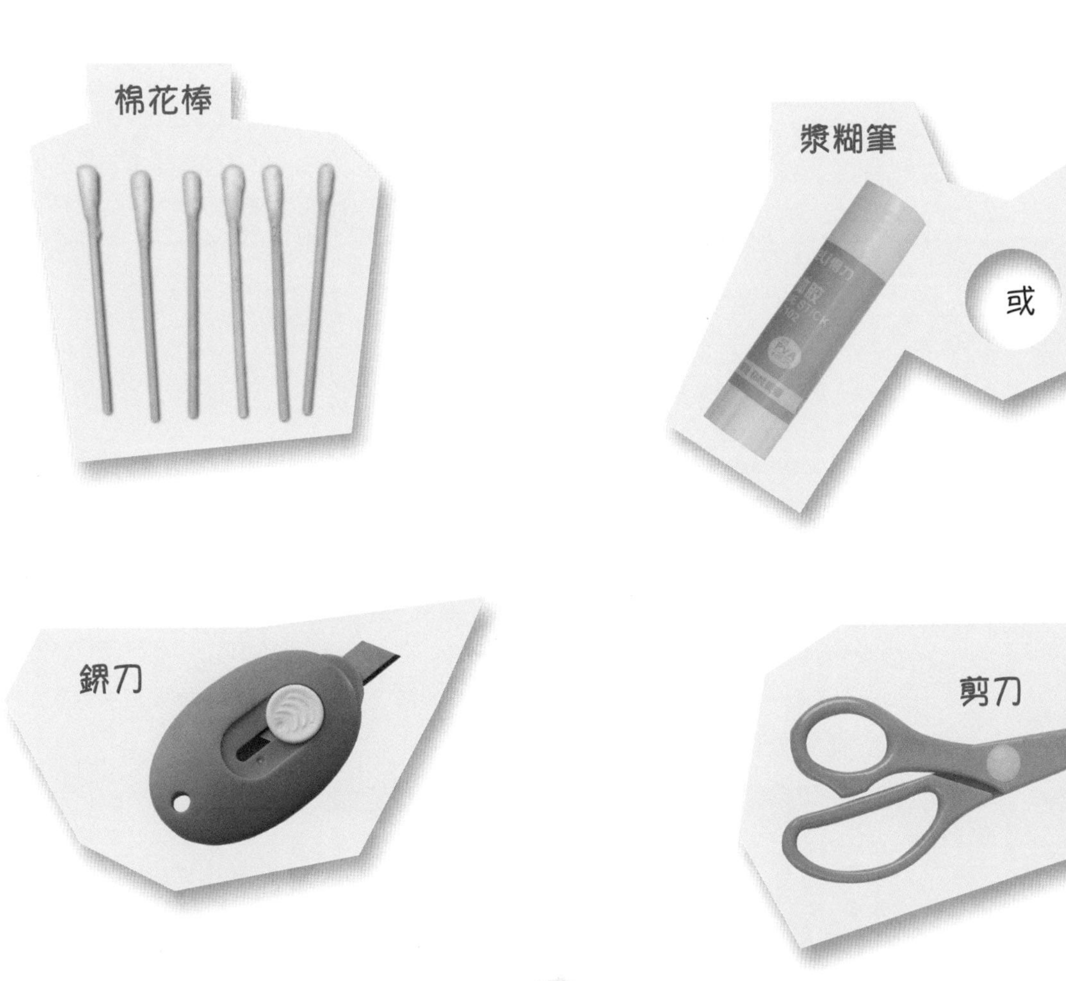
棉花棒
漿糊筆
或
雙面膠紙
鎅刀
剪刀

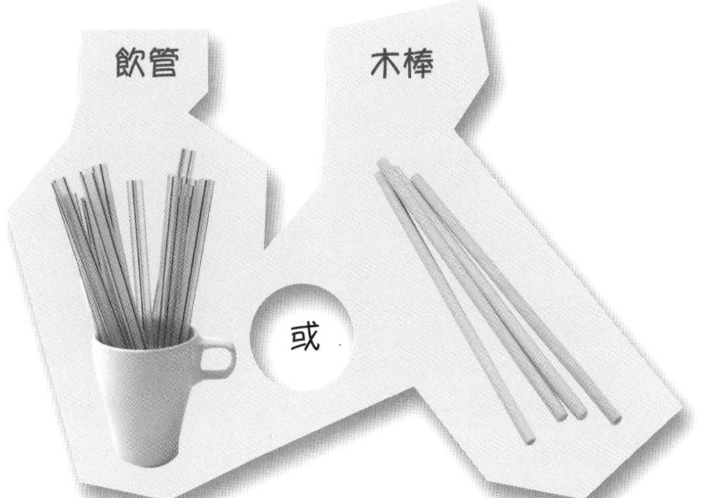
飲管
或
木棒

垃圾箱

摺紙的基本符號與技巧

基本符號

⟶	**單箭嘴：** 表示摺疊的方向。	捲摺線符號	**捲摺線：** 以相同的方向，摺疊兩次或以上，類似把紙張「捲起來」。
⟷	**雙箭嘴：** 摺疊後再攤開。	翻轉線符號	**翻轉線：** 將紙張翻轉。
- - - -	**虛線：** 沿此摺疊。	剪切線符號	**剪切線：** 用剪刀或鎅刀，剪開或者鎅掉。
——	**實線：** 已有的摺痕。	➡	**粗箭嘴：** 掀開紙層，或者把紙尖向紙層之間推摺。
曲摺線符號	**曲摺線：** 以相反的方向，摺疊兩條相鄰的摺線（類似「風琴摺」）。	●	**圓點：** 應該對準的位置。

基本技巧

對邊摺：
沿虛線按箭嘴的方向摺疊，紙邊貼紙邊。

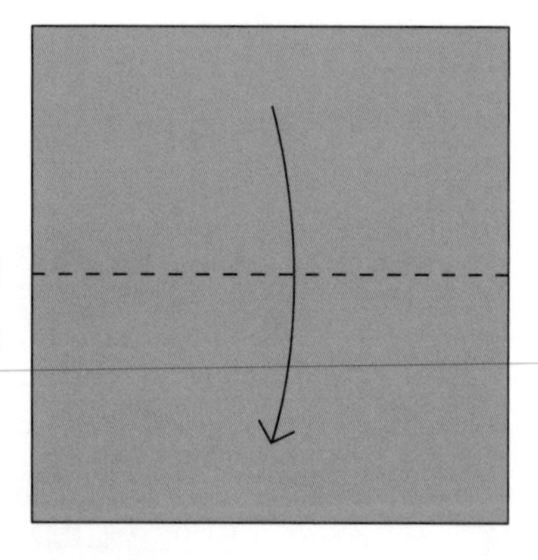

對角摺：
沿虛線按箭嘴的方向摺疊，紙角對紙角。

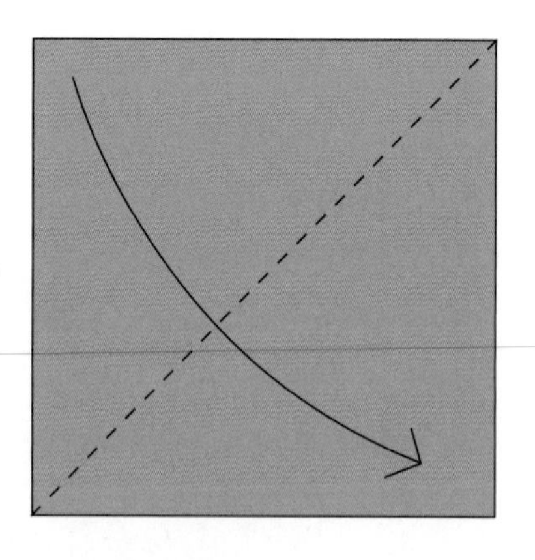

在摺紙的過程中，家長可以在對角摺的兩角畫上小手，然後跟孩子説拍拍手，孩子就會很自然地將小手對小手，輕鬆地理解對角摺這個略為抽象的概念。

雙三角形：

❶ 把紙張的四邊和四角分別對摺，然後把紙張攤開，留下「米」字形的摺痕。

❷ 將紙張往下對摺，然後把左下角掀開，向右下角推摺。

❸ 翻轉紙張。

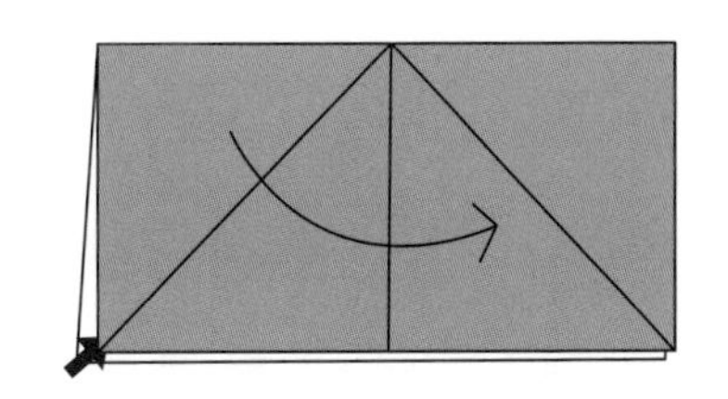

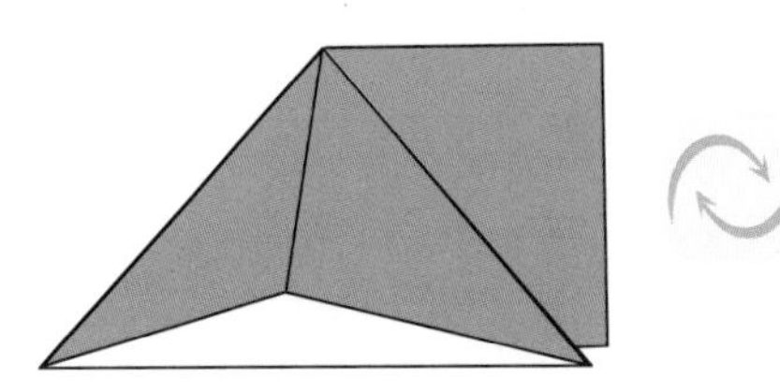

❹ 重複步驟 2。

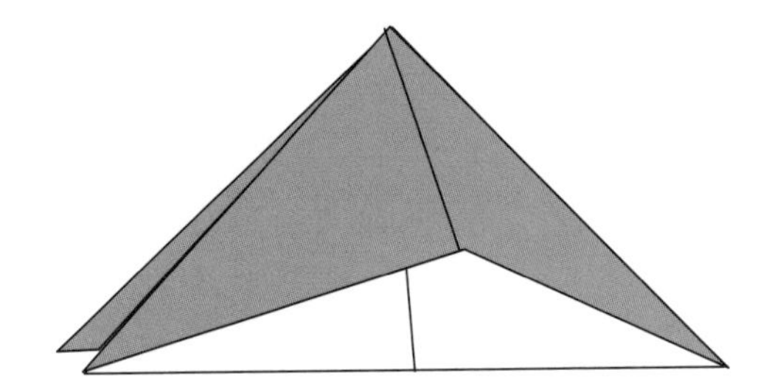

❺ 把紙張壓平便完成了。

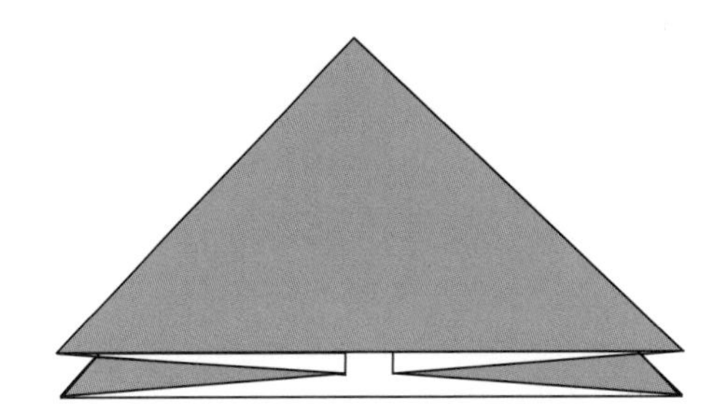

雙正方形：

❶ 把紙張的四邊和四角分別對摺，然後把紙張攤開，留下「米」字形的摺痕。

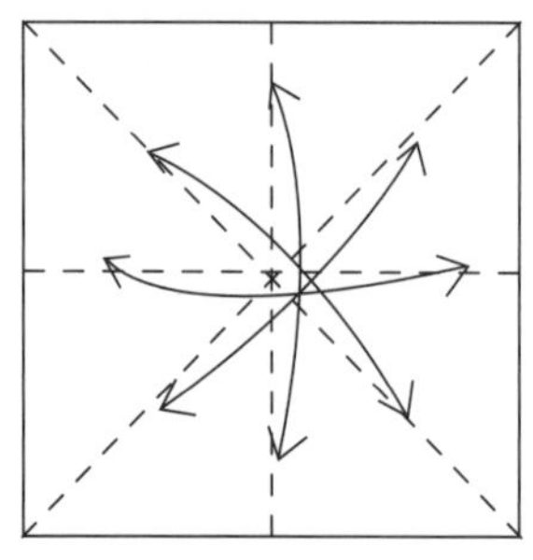

❷ 對角摺兩次，按下圖的方向放好。

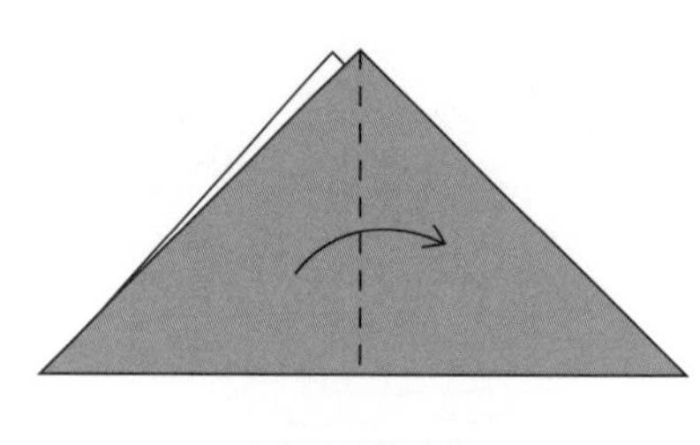

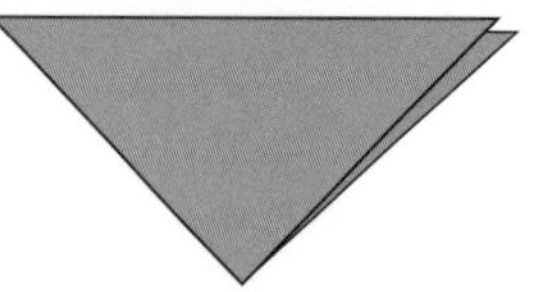

❸ 沿摺痕揭開上方的紙邊，然後向左推摺。

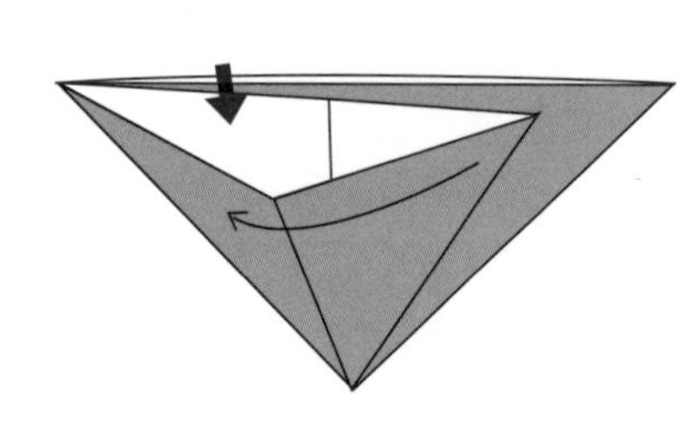

❹ 翻轉紙張。

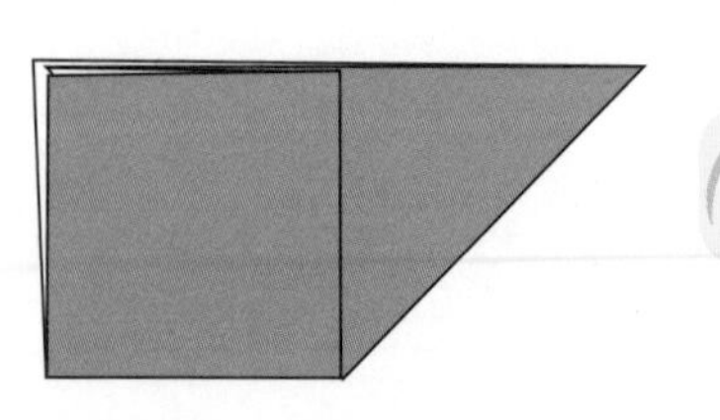

❺ 沿摺痕揭開上方的紙邊，然後向右推摺。

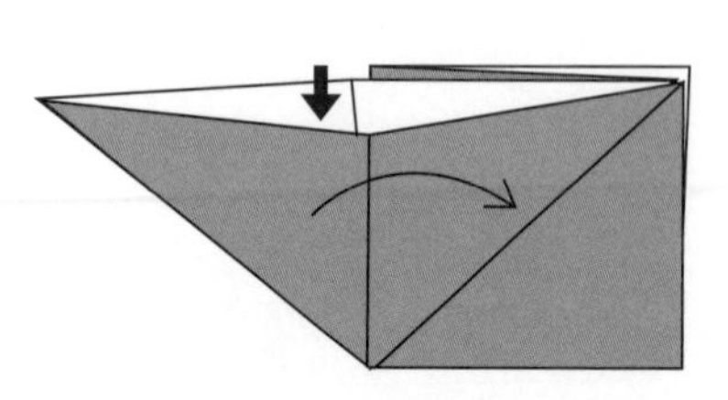

❻ 把紙張壓平便完成了。

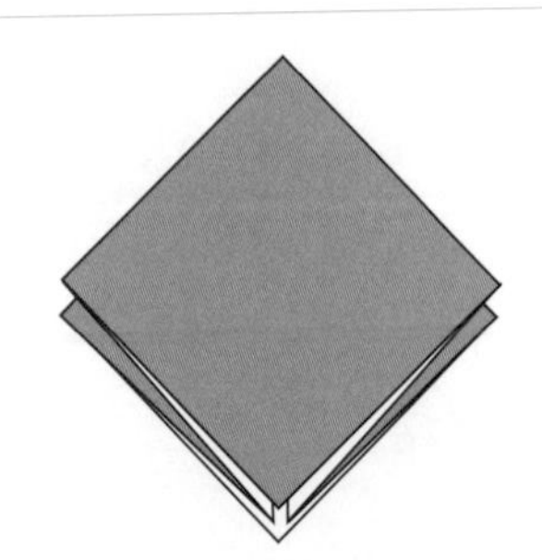

雙菱形：

❶ 摺出一個雙正方形，開口向下。

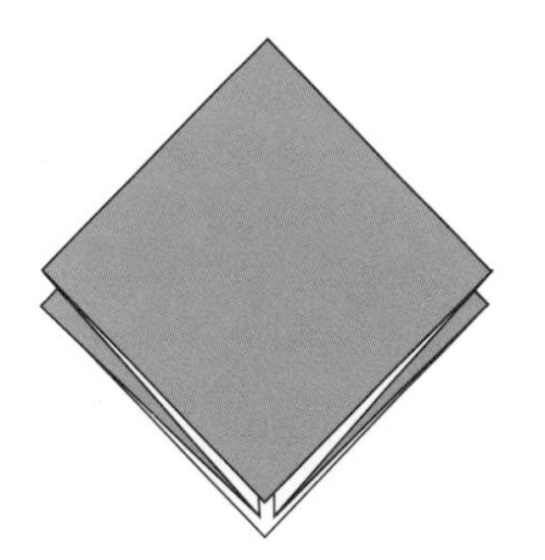

❷ 將下方的兩邊摺向中線再攤開。

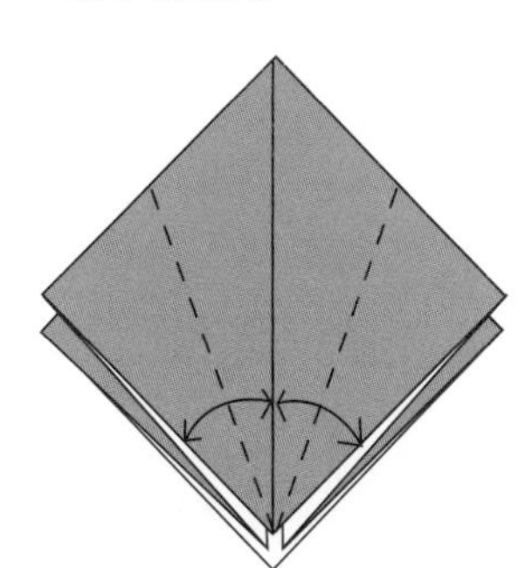

❸ 把上方的紙角沿虛線向下摺再攤開。

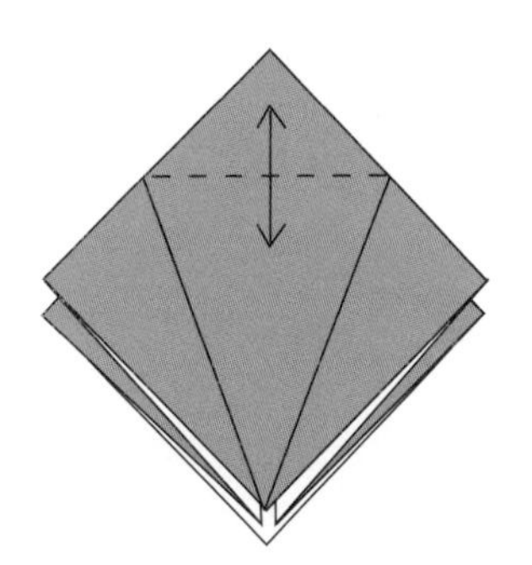

❹ 翻轉紙張，重複步驟 2 和 3。

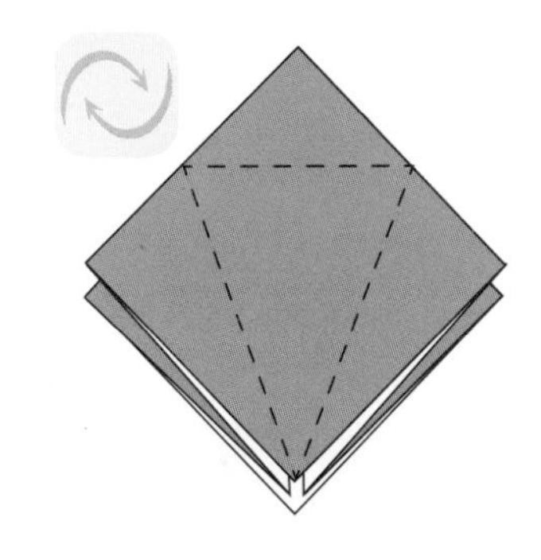

❺ 把下方的紙角向上揭起，將左右兩角沿摺痕壓向中線。

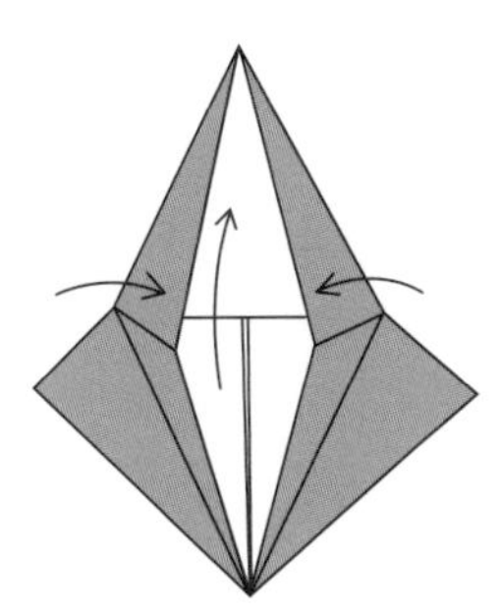

❻ 翻轉紙張，重複步驟 5。

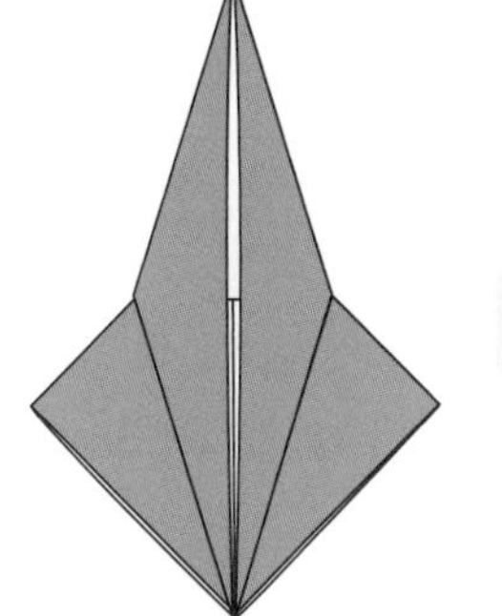

❼ 雙菱形已完成，把上方的紙角沿虛線向下對摺，背面也是一樣。

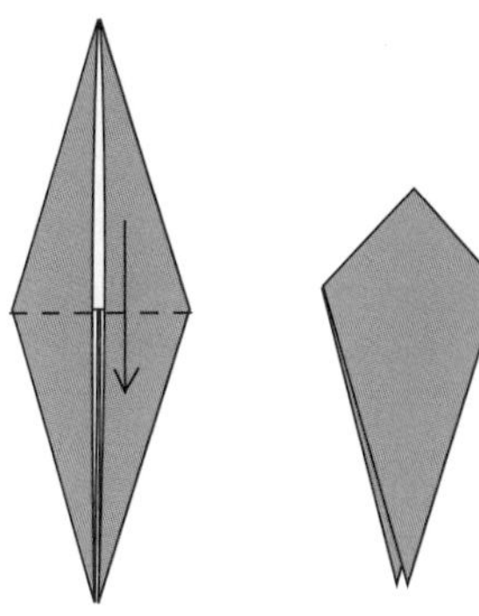

摺紙對孩子的益處

摺紙是一種既經濟又簡單的遊戲。孩子通過摺紙，除了可以認識幾何形狀，建立空間和方位的概念，還能得到品德、智力和肢體協調上的提升。

1 摺紙訓練孩子手部肌肉的協調性，提高孩子的肢體靈活度。

2 摺紙可以促進智力的發展。摺紙的目標是以紙張模仿生活中的事物。孩子摺紙時，想要把紙張變成某個形狀，就必須動腦思考，然後反覆實踐，使作品跟實物相似。

3 摺紙可以鍛煉孩子的意志，培養孩子持之以恆的性格。

摺紙對孩子好處眾多，家長要多多鼓勵孩子動手，還可以陪孩子一起摺紙哦。

不同年齡階段所能掌握的技巧

年齡	特點	引導方法	目標
3至4歲	年紀小，小肌肉發育還未健全。	遵循由易到難、循序漸進的原則，先教一些最簡單的動作，訓練孩子手指的靈活性和準確性。	通過簡單、容易成功的作品，讓孩子充分體驗摺紙的樂趣，為以後的摺紙活動打下基礎。
4至5歲	小肌肉發展的重要時期，手眼協調、指尖動作和手指伸展等局部活動，都會在這階段快速發展。	在摺紙活動中逐步讓孩子掌握對齊、按平等技巧，並引導孩子開始有目的地嘗試，創作簡單的摺紙作品。	通過摺紙訓練孩子小肌肉的力度、速度、精準度、靈活性、協調性，以及自我修正能力，並且培養創意。
5至6歲	手部小肌肉發展較快，手的動作趨於準確，觀察能力持續發展。	通過摺紙指引，幫助孩子理解常用符號的含義，培養理解圖示的能力。	在活動中體驗交流、合作的樂趣；讓孩子透過「玩中學」、「學中玩」變得主動和勇於探索。

第二章
可愛的動物

兔子

方法：

❶ 把左右兩角沿虛線對摺再攤開。

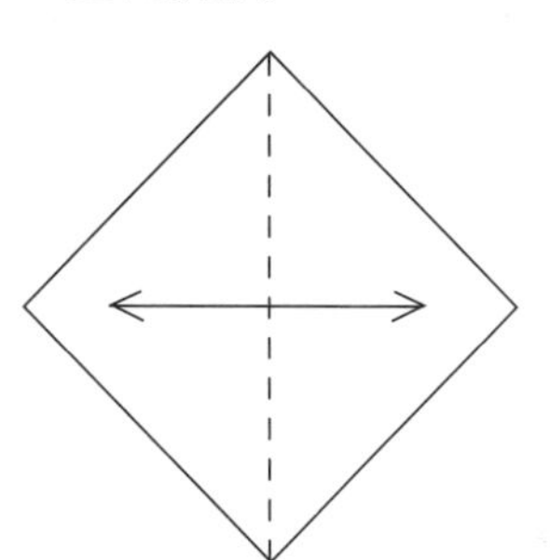

❷ 將上方的兩邊沿虛線摺向中線。

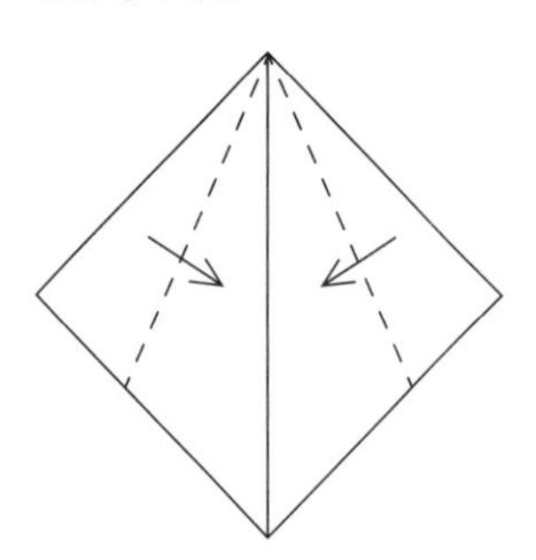

❸ 將下方的紙角向上摺。

❹ 用剪刀沿剪切線剪開。

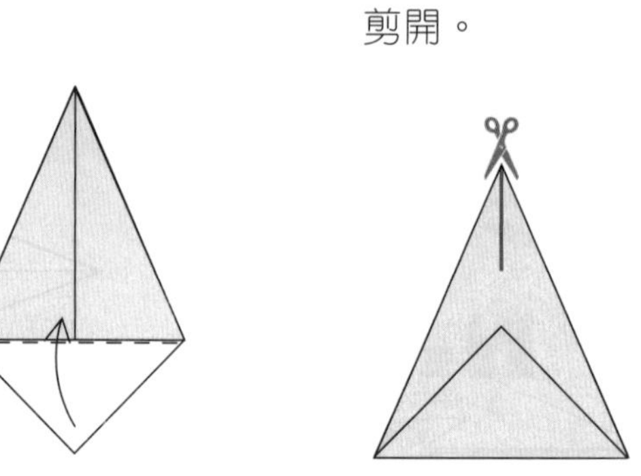

❺ 左右對摺。

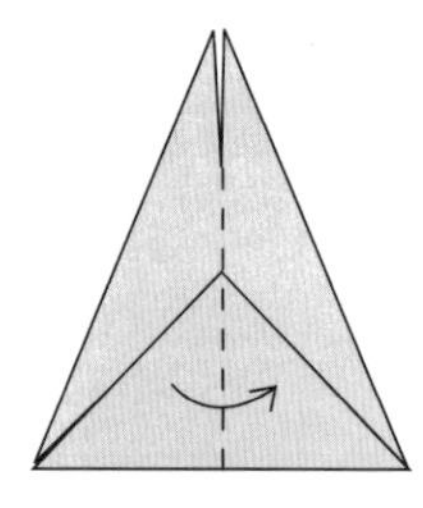

❻ 將兩個尖角分別向外摺，摺疊的角度無需一致。

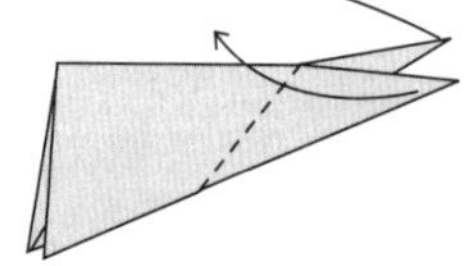

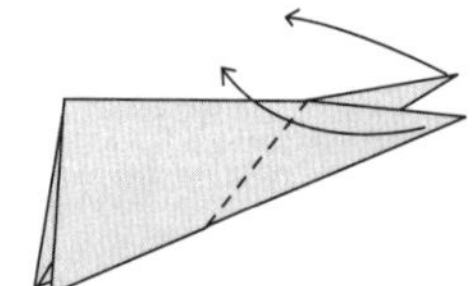

❼ 將粗箭嘴所示的紙角沿虛線往內摺（把紙角推進兩層紙張之間），兔子就完成了。

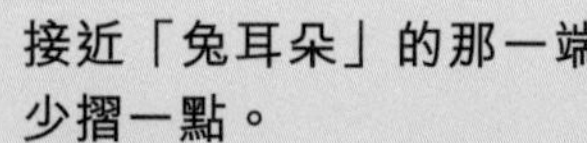

接近「兔耳朵」的那一端少摺一點。

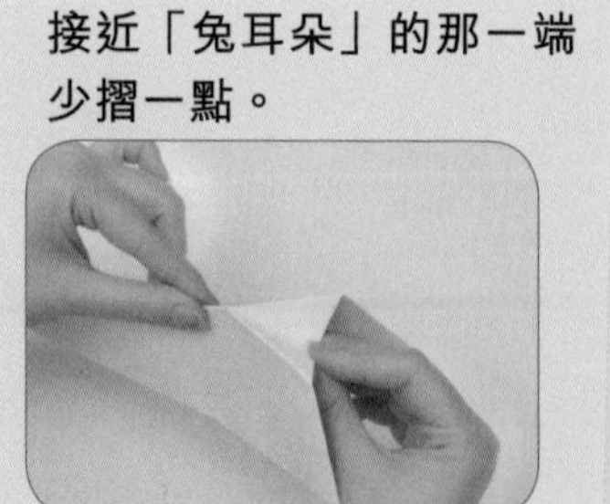

畫一畫

用筆為小白兔畫出紅紅的眼睛。

延伸活動

唱唱兒歌：
《小白兔》

小白兔，白又白，
兩隻耳朵豎起來，
愛吃蘿蔔和青菜，
蹦蹦跳跳真可愛。

猴子

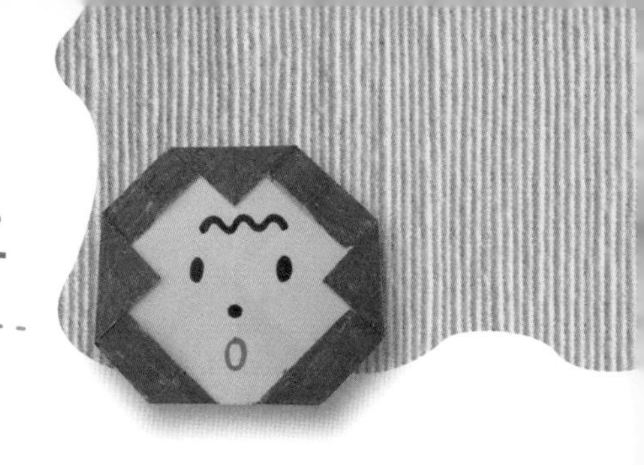

方法：

❶ 對邊分別沿虛線摺疊。

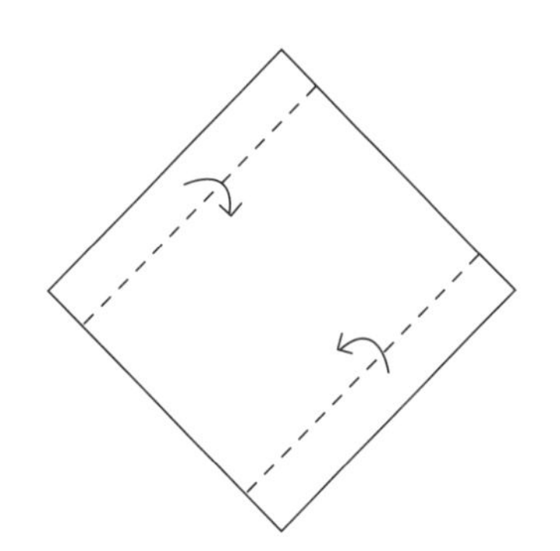

❷ 另外一組對邊也沿虛線摺疊。

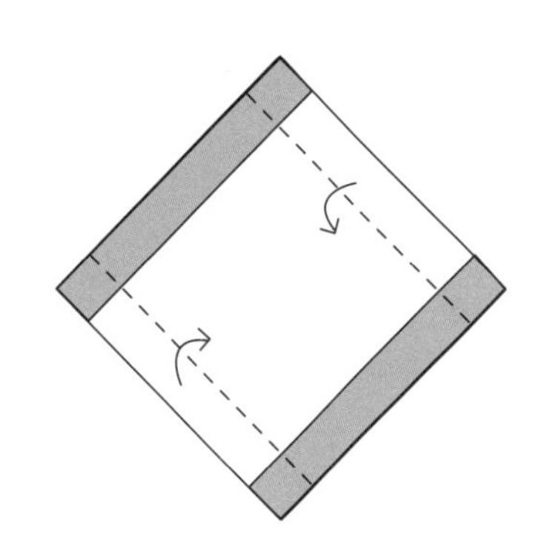

❸ 將左、右和上方的紙角沿虛線摺疊。

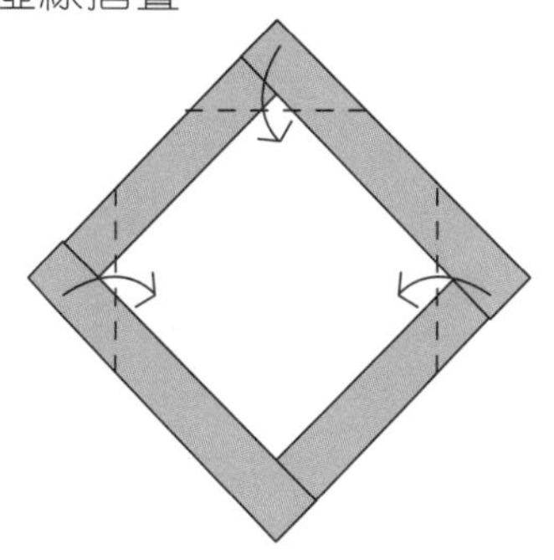

❹ 下方的紙角向後摺，猴子就完成了。

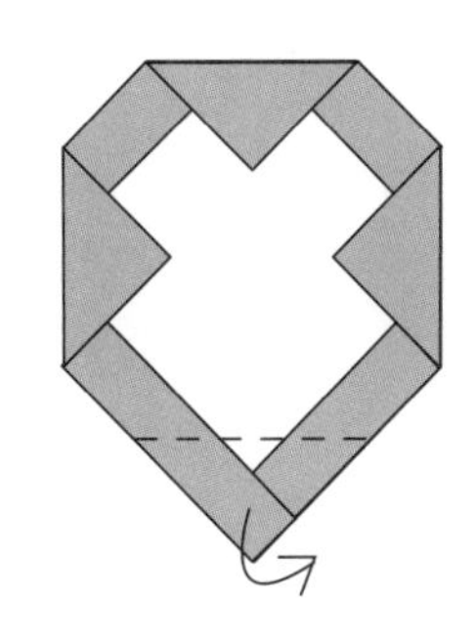

往外摺的紙角要比其餘三隻角大一些。

畫一畫

用筆為猴子畫出眼睛、鼻子、嘴巴和頭上的毛髮。

你能為猴子分別畫出喜、怒、哀、樂等表情嗎？

小雞

方法：

1. 將四角沿虛線對摺再攤開。

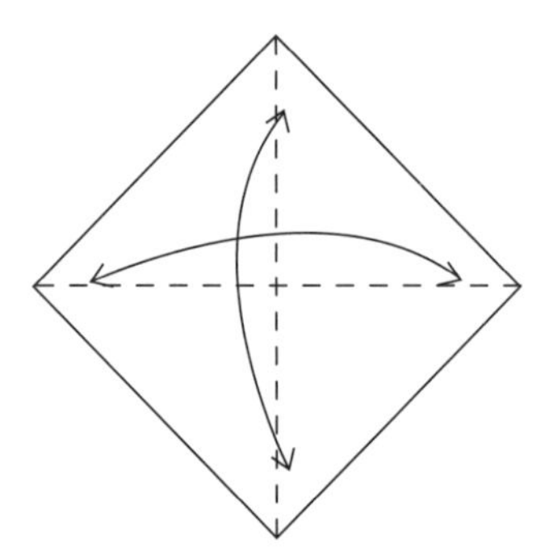

2. 下方的紙角沿虛線向上摺到圓點處。

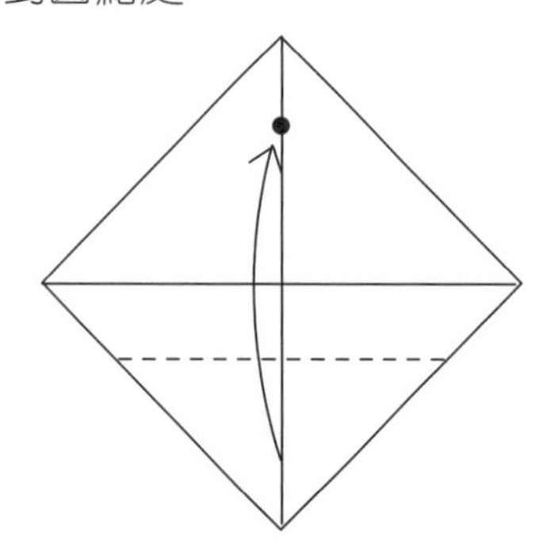

3. 把紙角再沿虛線往下摺，剛好碰到下方的紙邊。

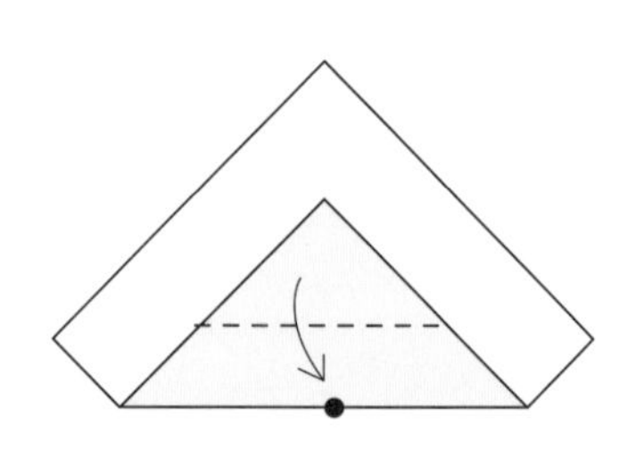

4. 翻轉紙張。

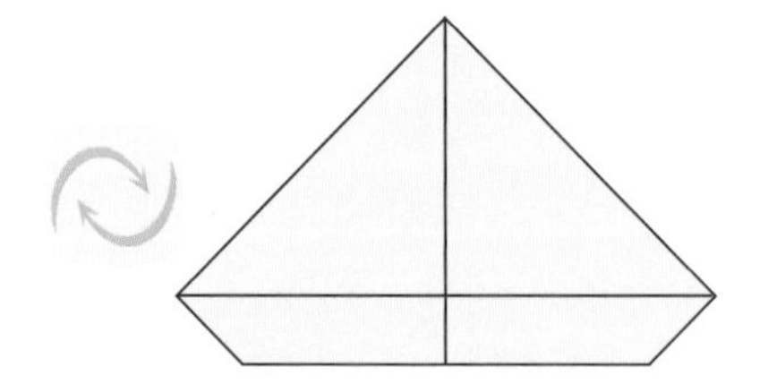

5. 把上方的紙角沿虛線曲摺（先向下再向上）。

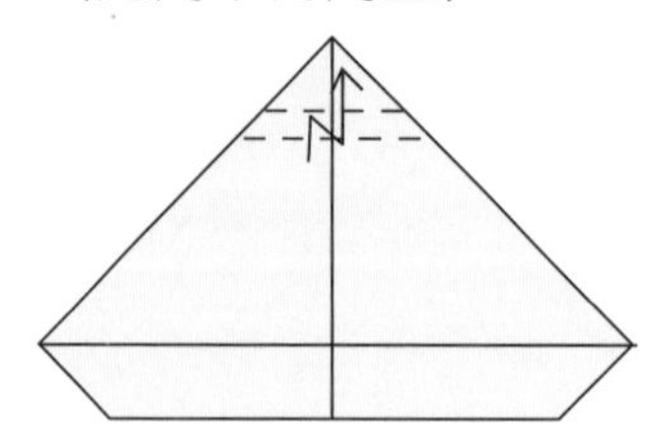

6. 將下方的兩條短斜邊沿虛線摺向中線，然後翻轉紙張，小雞就完成了。

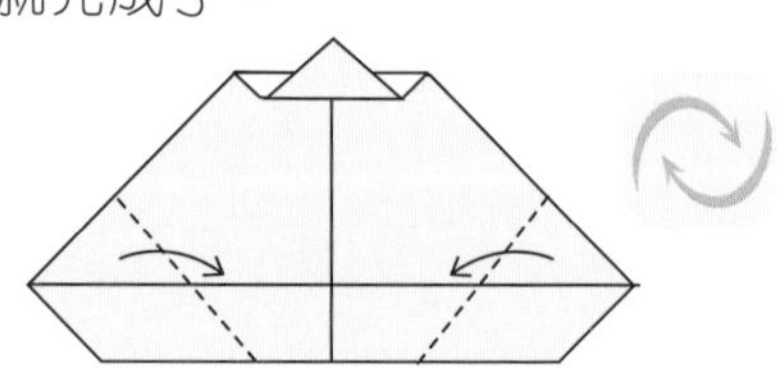

兩條斜邊都要緊貼中線。

畫一畫

把小雞的雞冠塗成紅色，把喙部塗成橙色，再畫上眼睛。

唱唱兒歌：

《小雞》

小小雞，嘰嘰嘰，
愛吃蟲，愛吃米，
吃飽了，玩遊戲，
蹦蹦跳跳心歡喜。

小狗

方法：

❶ 上方的紙角沿虛線向下對摺。

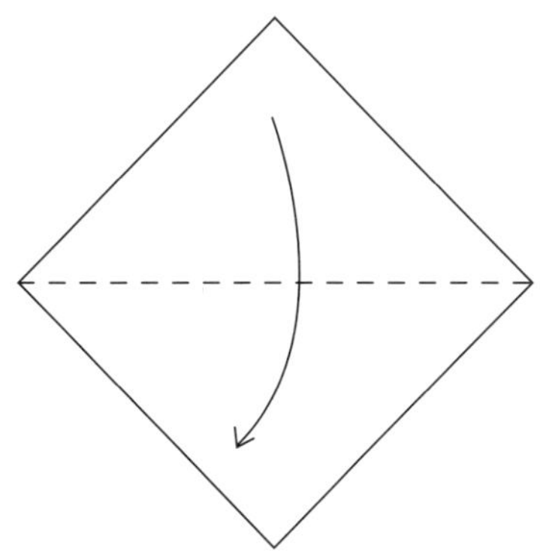

❷ 沿虛線左右對摺後再攤開。

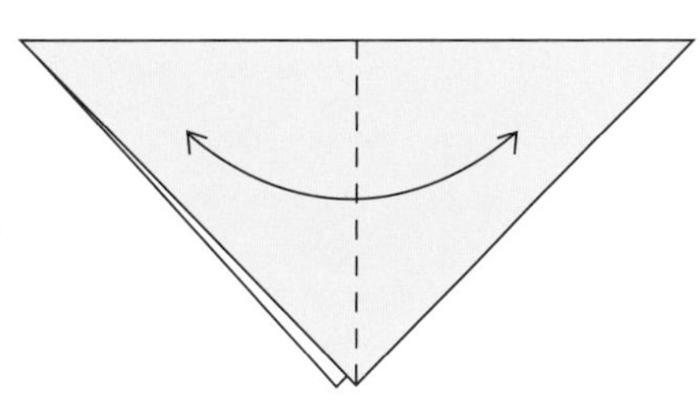

❸ 沿虛線將兩個尖角向下摺。

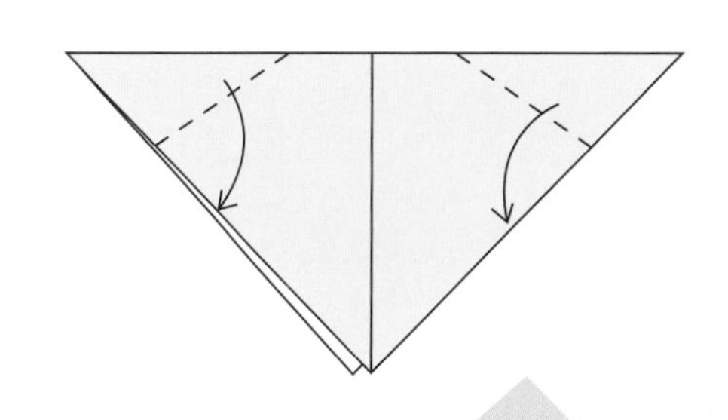

❹ 將下方的紙角(兩層一起)向上摺，小狗就完成了。

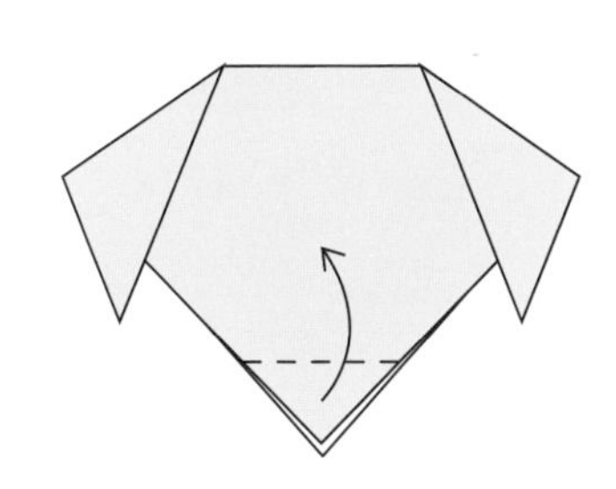

這一步的虛線沒有指定位置，但是虛線越接近中線，小狗的耳朵就會越大。

畫一畫

用黑色或棕色的筆，幫小狗畫上眼睛和嘴巴。

試一試

根據步驟 3 的指示，為小狗摺出大小不同的耳朵。

狐狸

方法：

❶ 沿虛線向左對摺。

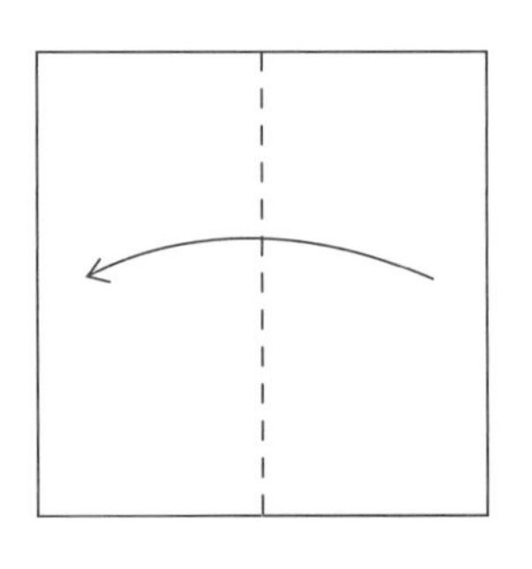

❷ 把左下角的表層紙張沿虛線向外摺。

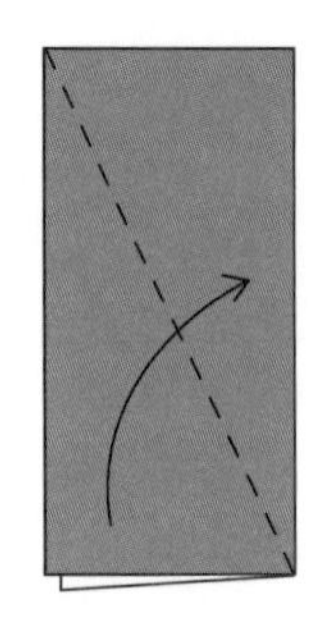

❸ 底層的紙張同樣往外摺。

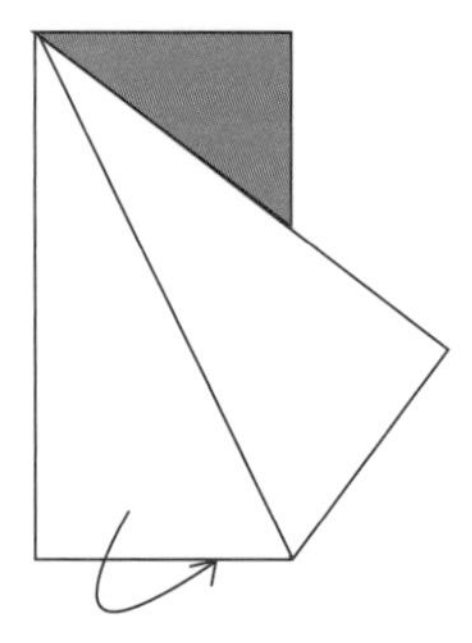

❹ 完成步驟 3 後的樣子。

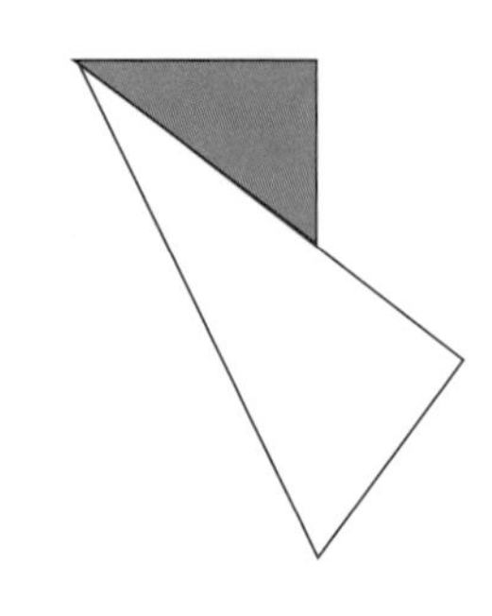

❺ 上方的紙邊沿虛線向下摺再攤開。

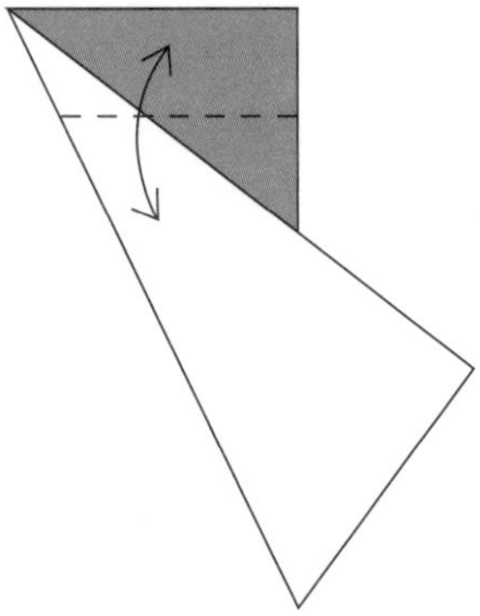

❻ 沿摺痕把表層的紙邊向下摺，狐狸就完成了。

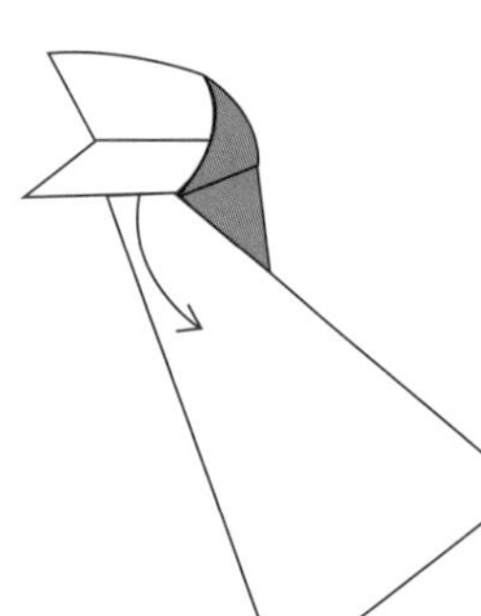

開口右側會出現一個小三角形，要把這個三角形壓平。

畫一畫

為狐狸畫上瞇着的眼睛和尖尖的鼻子。

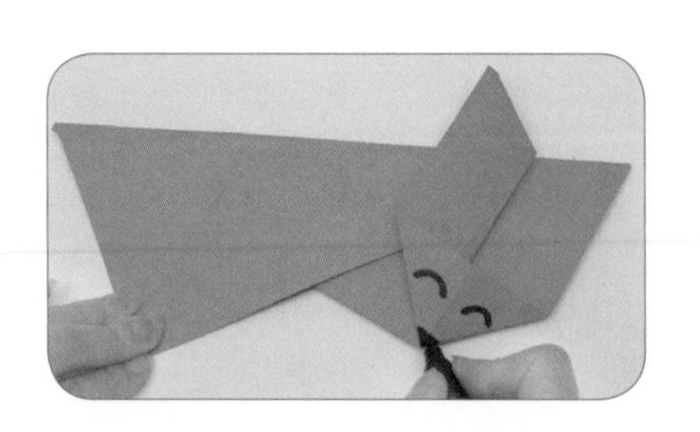

試一試

找一找並觀察狐狸的真實照片，然後給狐狸貼上漂亮的紙尾巴。

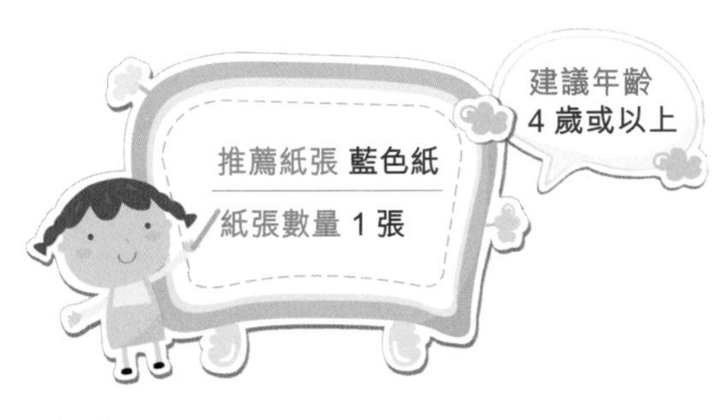

蟬

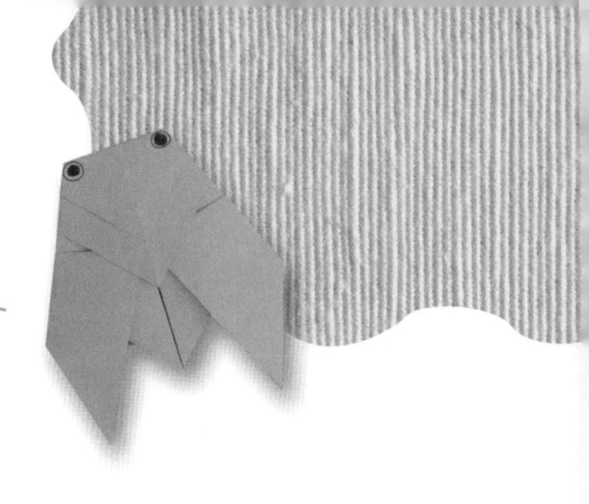

方法：

❶ 沿虛線向上對摺。

❷ 將左、右兩角沿虛線摺向上方的紙角，形成一個小正方形。

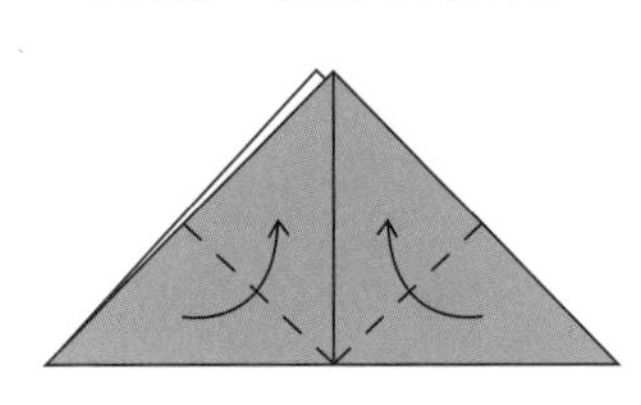

❸ 將兩個尖角沿虛線向下摺，角尖稍微向外。

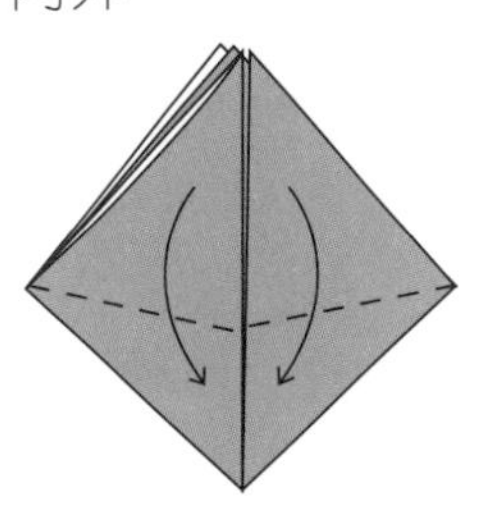

❹ 把上方表層的紙角沿虛線向下摺。

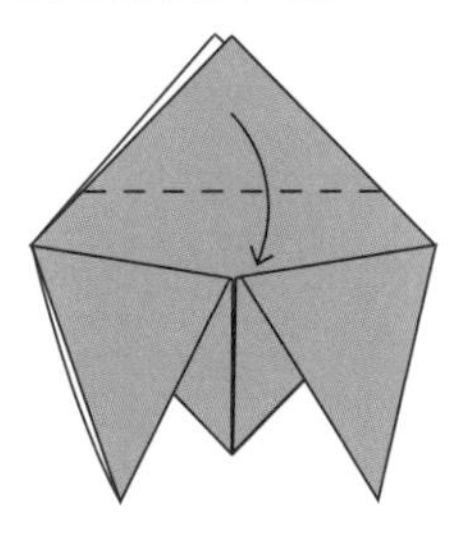

❺ 把底層的紙角同樣向下摺，兩層紙角不要完全重疊。

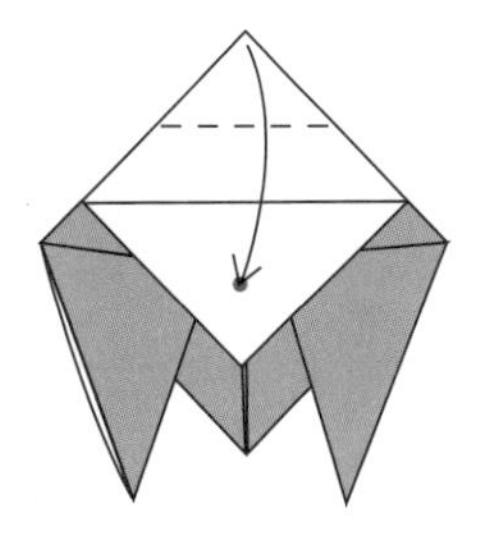

❻ 沿虛線將左右兩部分向後摺，蟬兒就完成了。

向後摺的部分要左右對稱啊！

畫一畫

用筆為這隻蟬畫上眼睛。

蟬又叫「知了」，用綠色紙張剪出葉子，讓牠在葉子上安居。

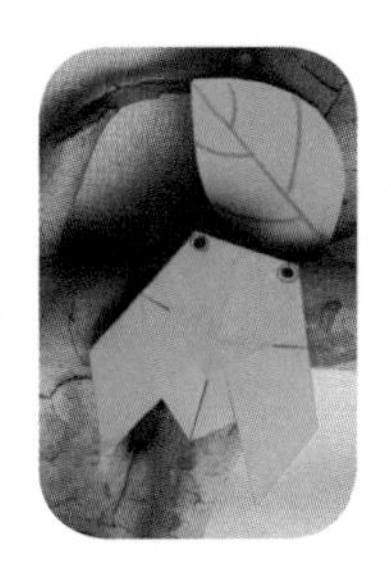

延伸活動

唱唱兒歌：《知了》

知了你別叫，媽媽剛睡着。
知了點點頭，知了知道了。
知了真不好，剛說又忘了。

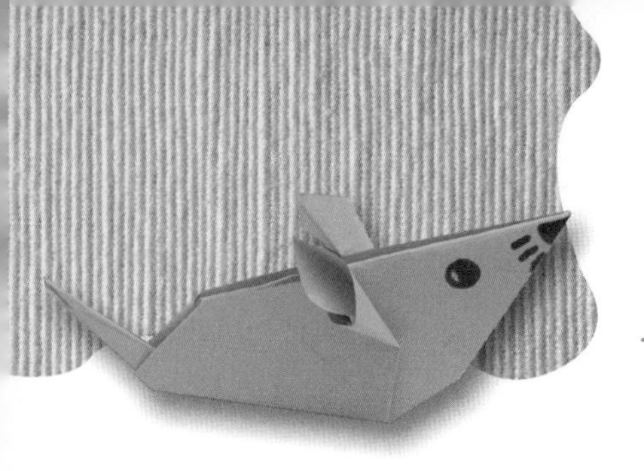

老鼠

方法：

1. 沿虛線對摺再攤開。

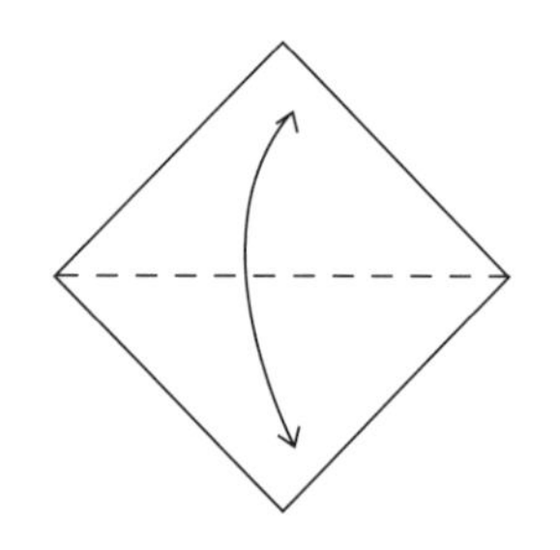

2. 將左方的兩邊沿虛線摺向中線。

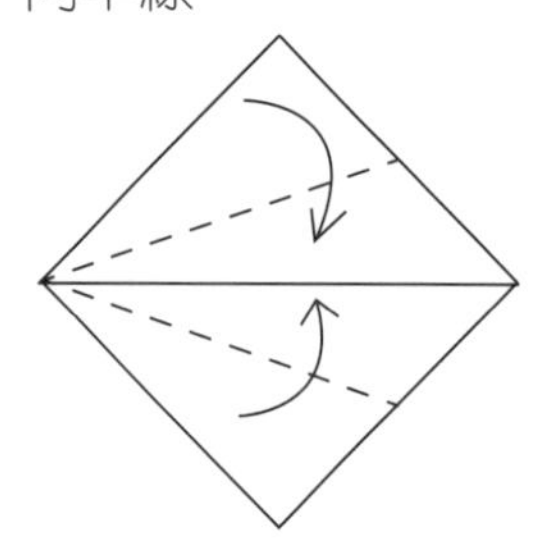

3. 右方的斜邊沿虛線摺向中線再攤開。

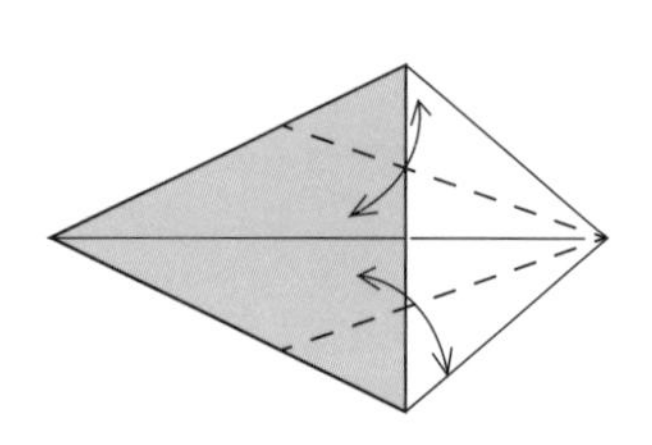

4. 揭起粗箭嘴所示的紙邊，然後往左方推摺。

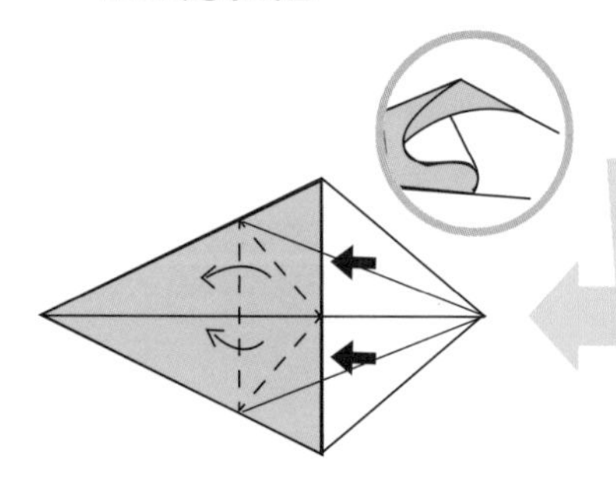

可以預先沿虛線摺出摺痕，這樣推摺時會更容易。

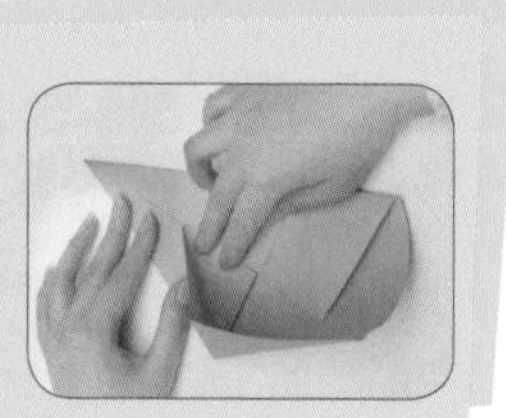

5. 揭起粗箭嘴所示的紙角，分別沿虛線向後摺。

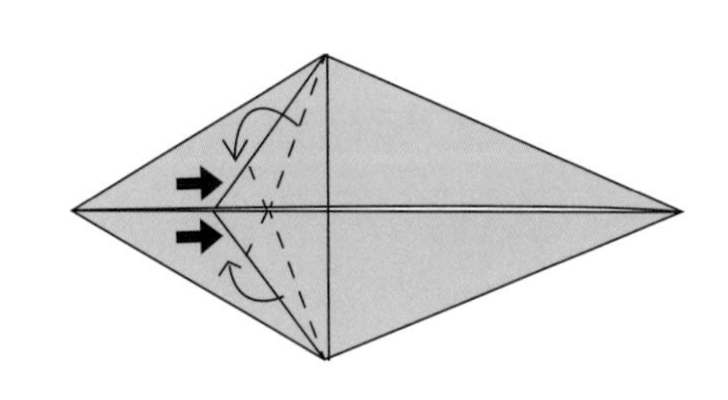

6. 沿虛線摺疊。

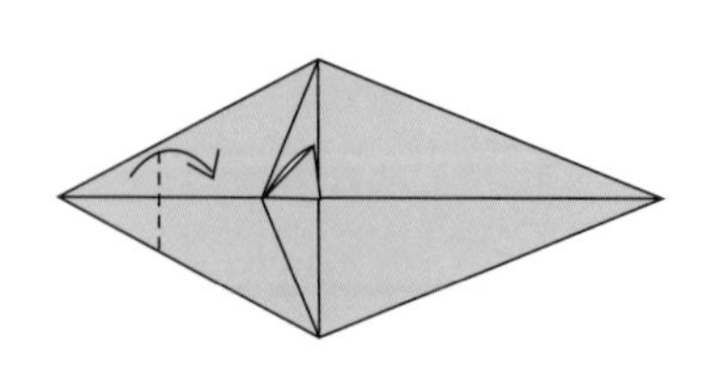

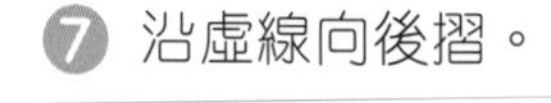

7. 沿虛線向後摺。

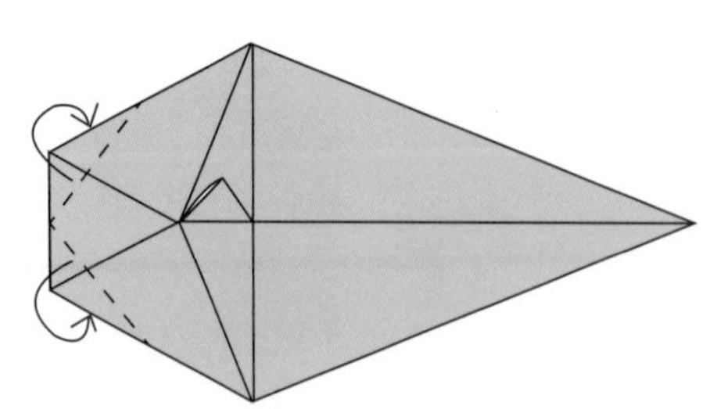

8. 沿中線向後對摺。

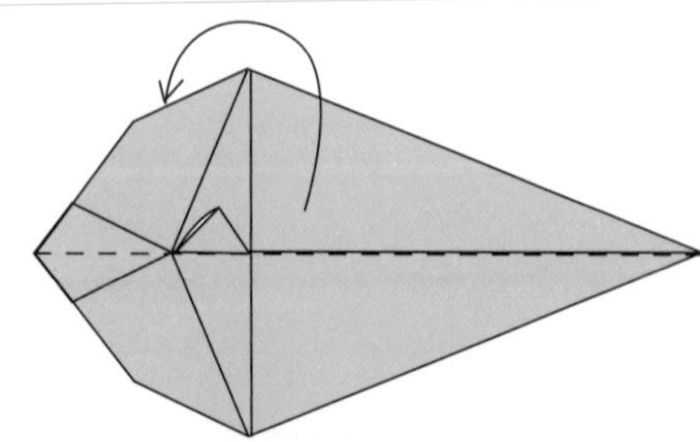

9 沿虛線向下摺，背面也是一樣。

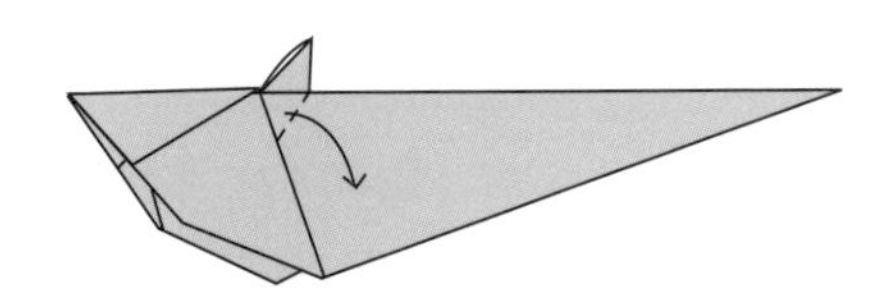

10 打開開口，背面也是一樣。

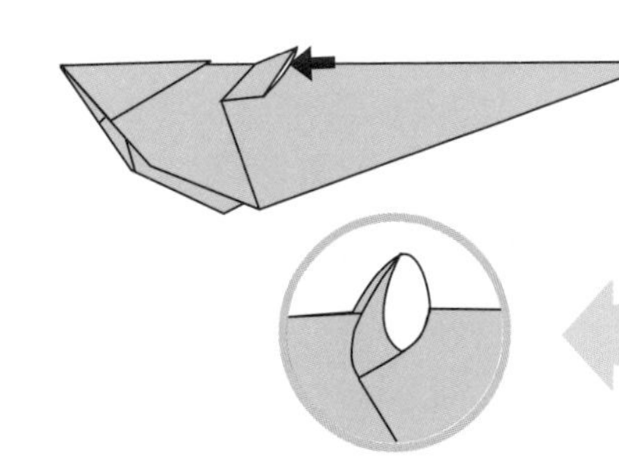

將手指插進紙洞，會令老鼠的耳朵更立體。

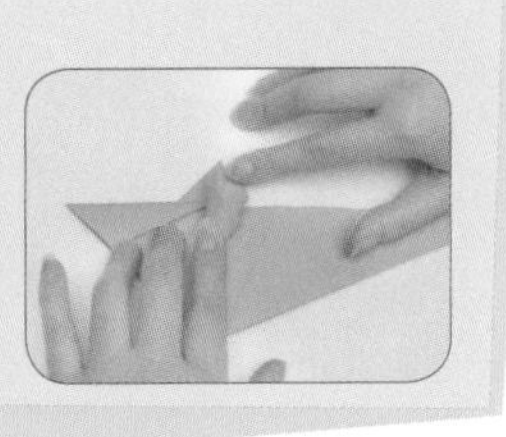

11 沿虛線往內推摺。

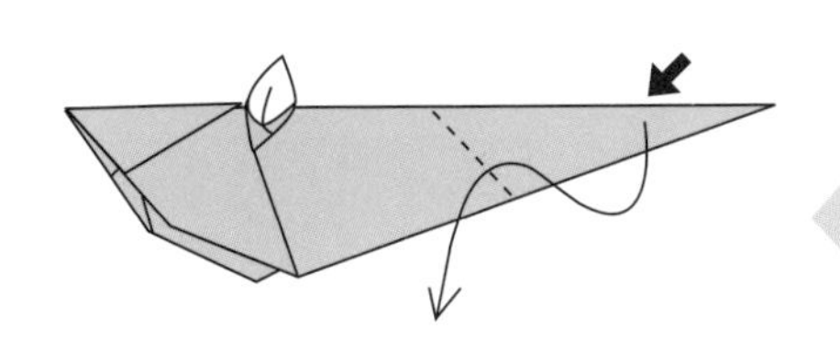

用一隻手固定紙張，另一隻手從側面把尖角推進紙層之間。

12 沿虛線再向內摺，老鼠就完成了。

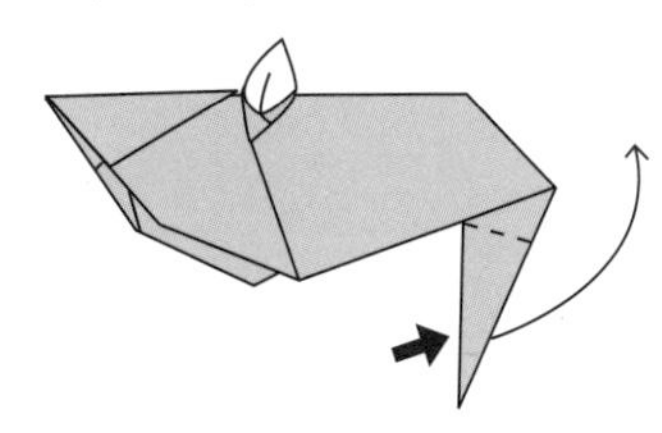

畫一畫

用灰色或黑色筆為老鼠畫出眼睛、鬍鬚和嘴巴。

完成步驟 10 後，把紙張上下倒轉，然後把紙張的左右兩端往內摺，分別摺出尾巴和嘴巴，你看到一條小魚游過來嗎？

乳牛

方法：

❶ 沿虛線對摺再攤開。

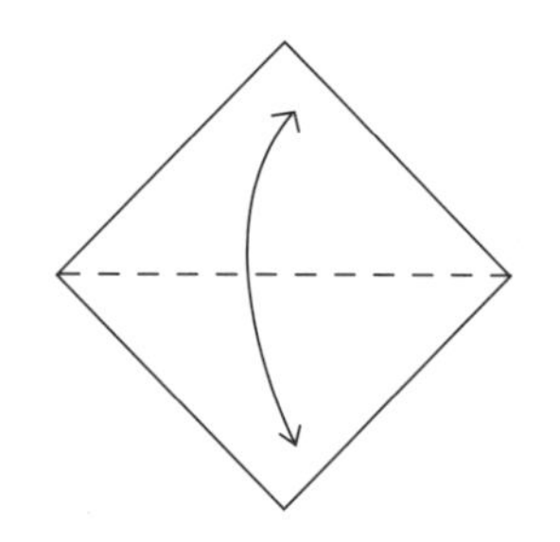

❷ 將上下兩角沿虛線摺向中線。

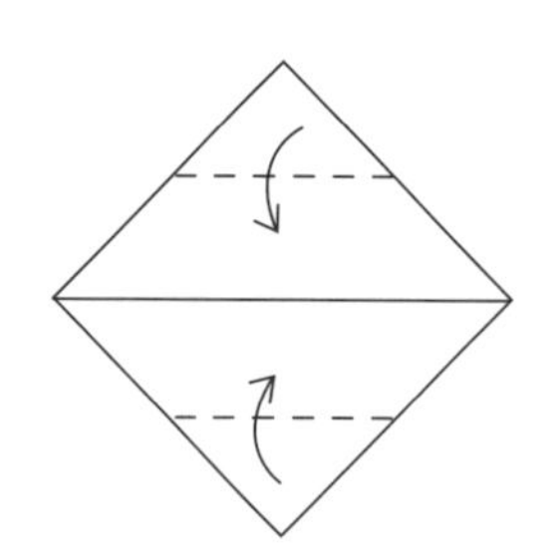

❸ 將兩角再沿虛線向外摺。

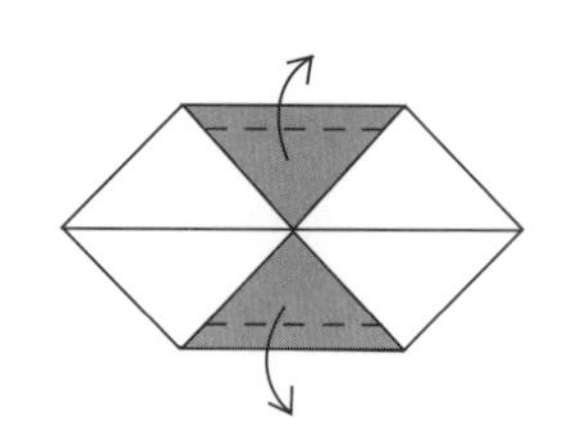

❹ 將紅點指示的紙角沿虛線摺疊再攤開。

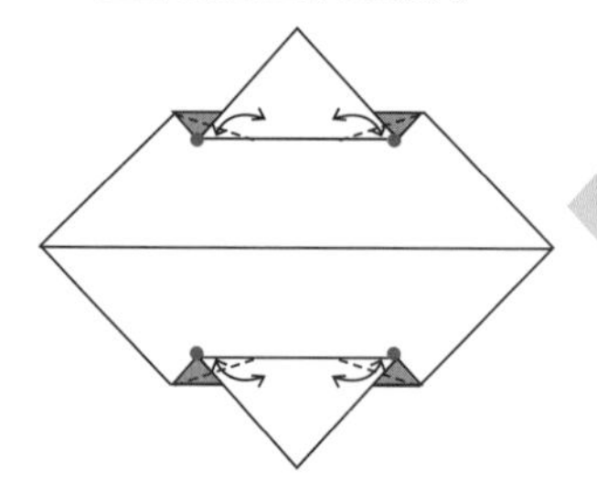

要用力把 4 個小角壓平，才能留下清晰的摺痕。

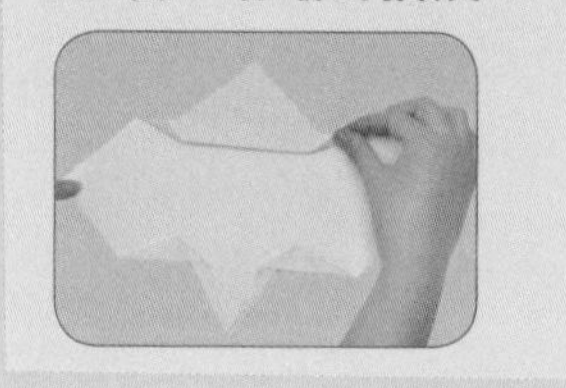

❺ 將紅點指示的紙角沿虛線摺疊再攤開。

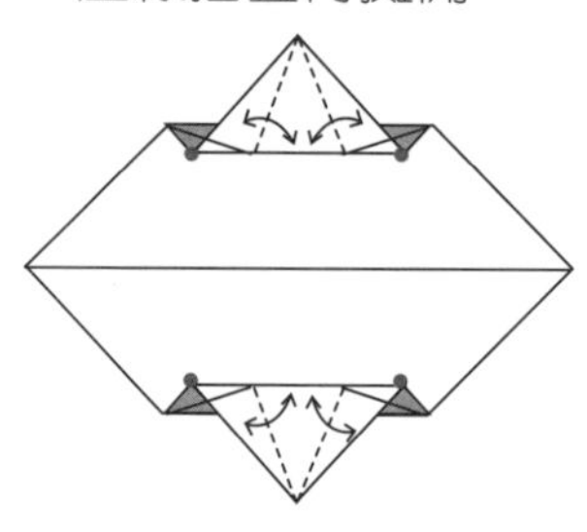

幼兒可以在完成步驟 5 後，再重複步驟 4，把摺線壓得更清晰。

❻ 揭開粗箭嘴所示的地方，沿步驟 4、5 的摺痕把紙張壓平。

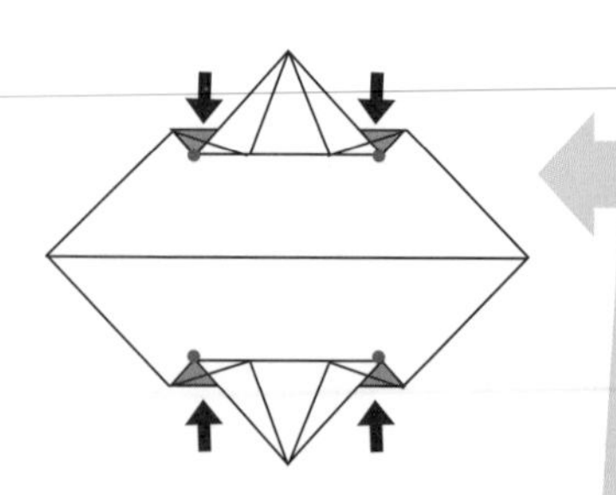

完成步驟 6 之後的樣子如下：

❼ 將三個紙角沿虛線摺疊。

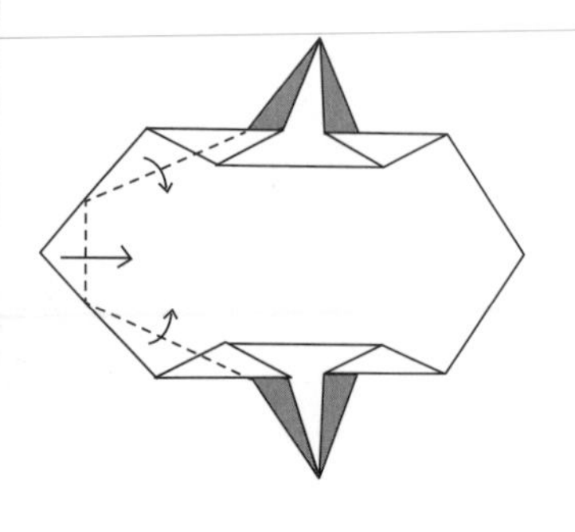

❽ 左側沿虛線曲摺（先向右再向左）。

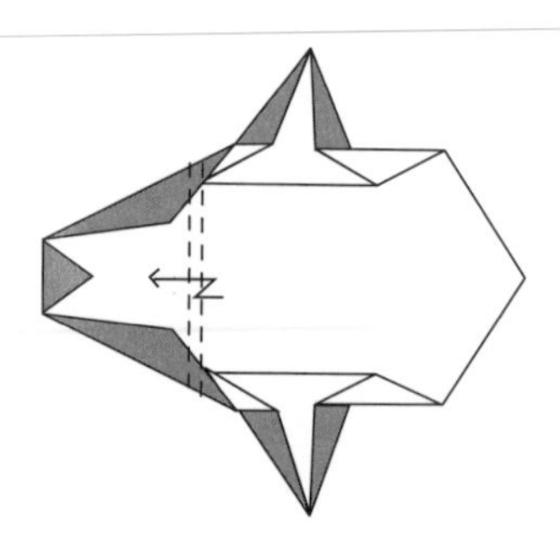

⑨ 將橙點所示的紙角沿虛線摺疊。

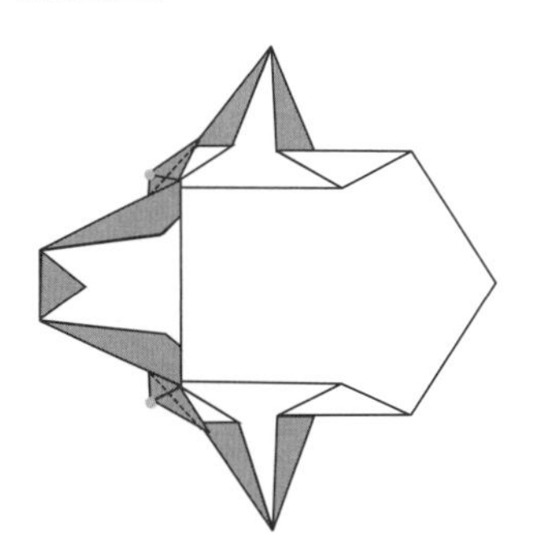

⑩ 沿摺痕上下對摺。

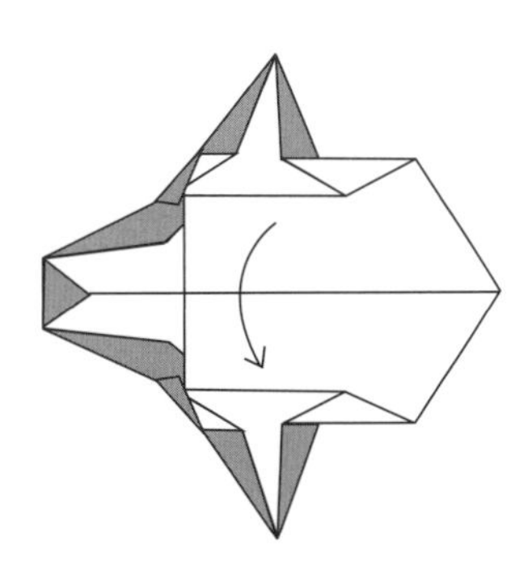

⑪ 把右端的尖角沿虛線向內摺。

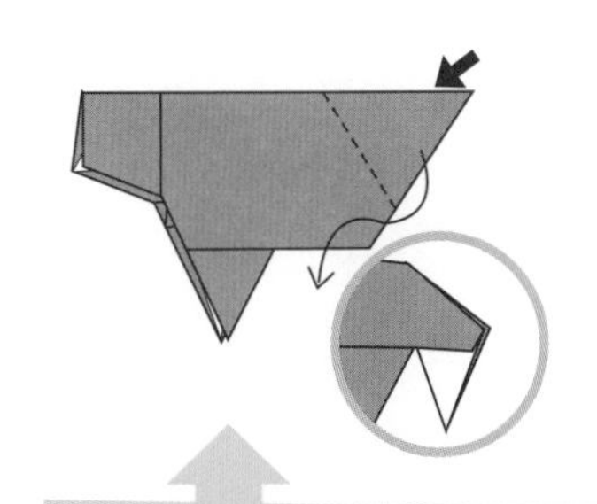

以手指從側面按住尖角，把尖角推進兩層紙張中間。

⑫ 用剪刀沿剪切線剪開。

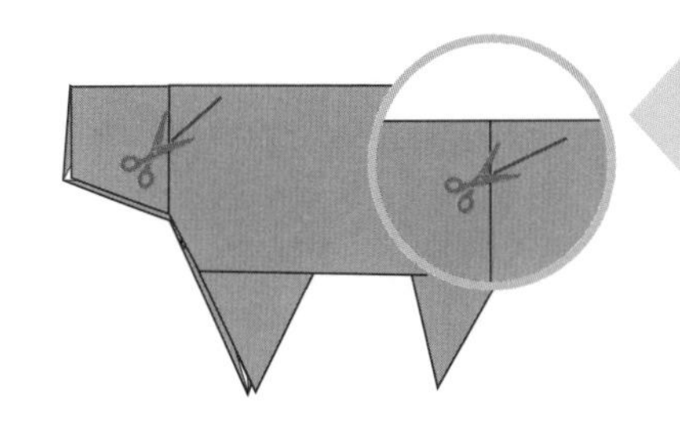

從下往上剪，只需剪開表層的紙張。

⑬ 將剪開的部分沿虛線向上翻，乳牛就完成了

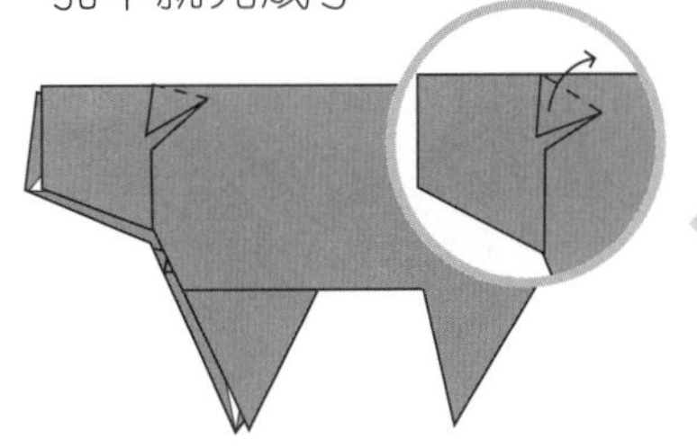

翻起的部分是乳牛的耳朵，耳尖要高於乳牛的頭。

畫一畫

用棕色或黑色的筆，為乳牛畫出眼睛和花紋。

老虎

方法：

❶ 沿虛線向下對摺。

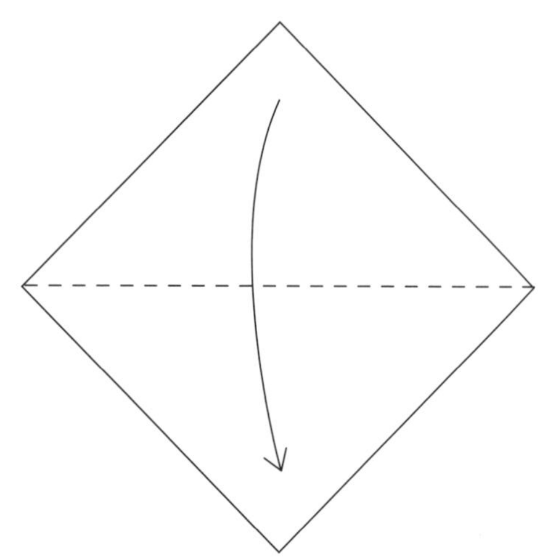

❷ 將左右兩角沿虛線向下摺。

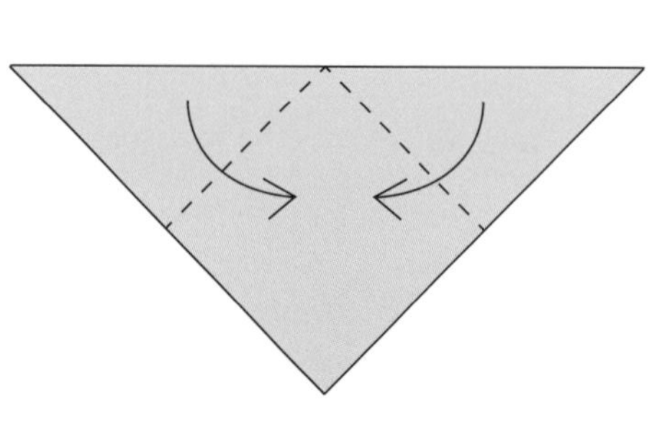

❸ 將下方的兩個尖角再沿虛線向上摺。

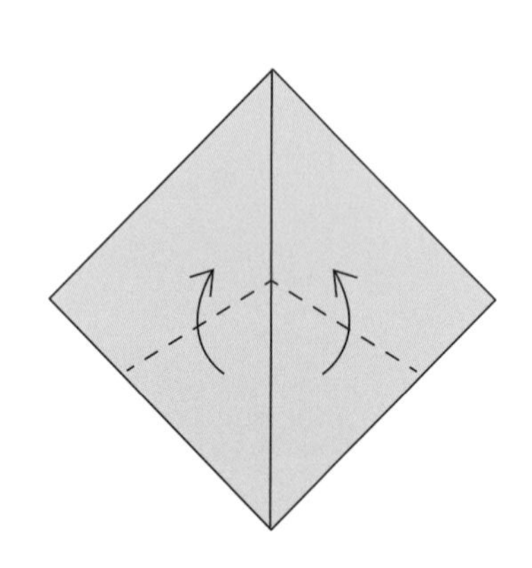

❹ 將紅點指示的紙角摺向中間。

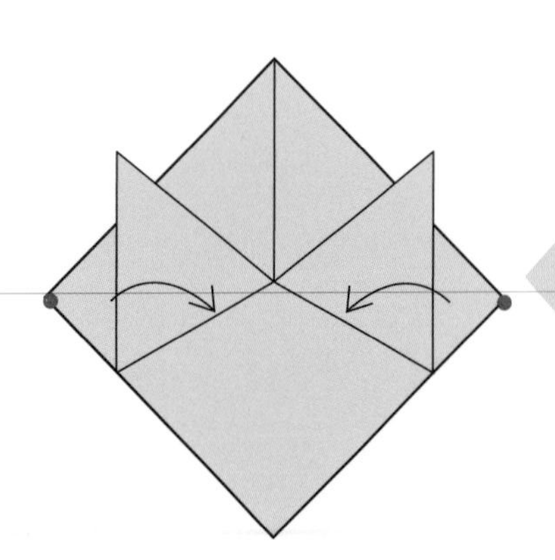

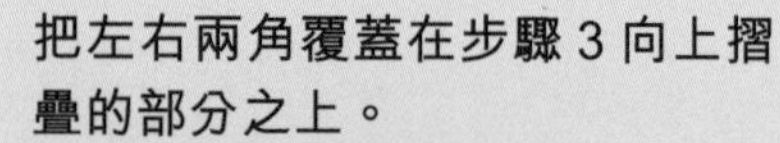

把左右兩角覆蓋在步驟 3 向上摺疊的部分之上。

❺ 將上方的紙角沿虛線向下摺。

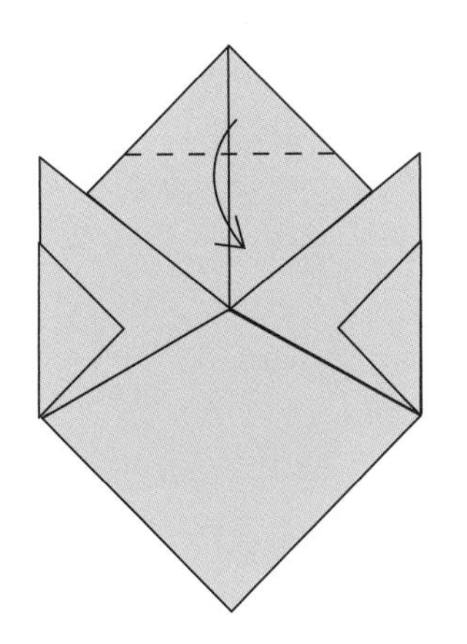

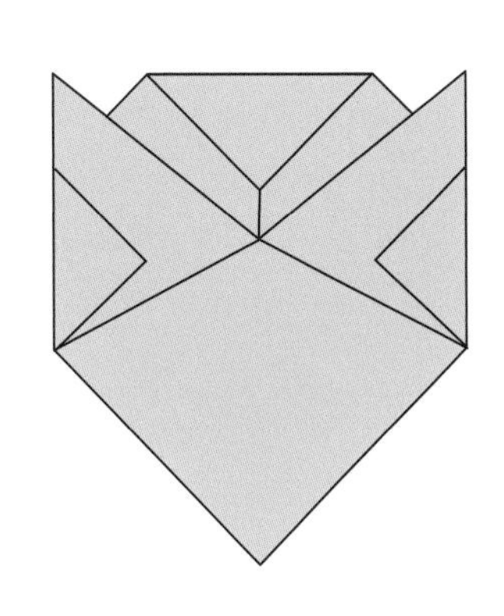

❻ 翻轉紙張，把下方的表層紙角向上摺。

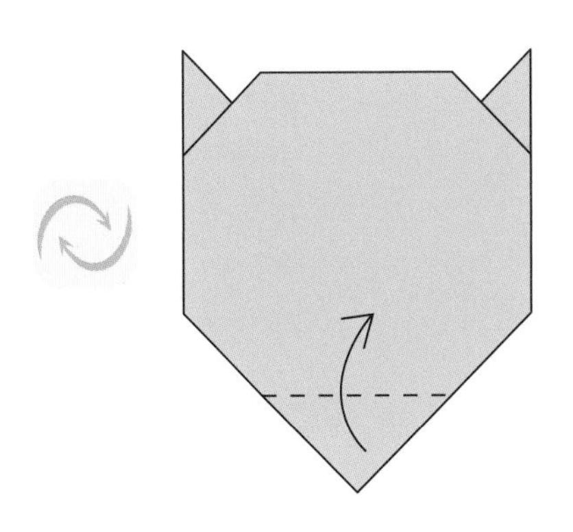

❼ 把小角沿虛線向下摺。

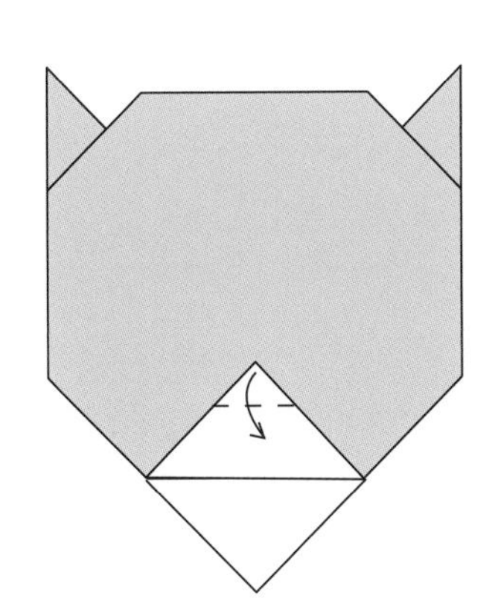

❽ 把底層的紙張向後摺，老虎就完成了。

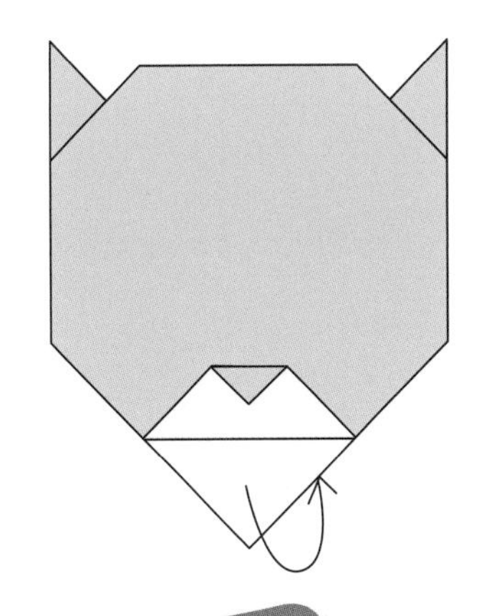

畫一畫

用棕色的筆，畫出老虎的五官、花紋和額上的「王」字。

謎語

山中一大王，
黃袍穿身上，
雖然沒兵將，
一叫誰都慌。

謎底：老虎

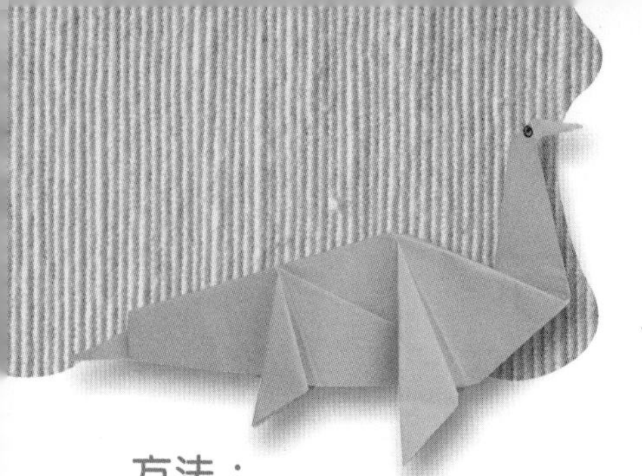

雷龍

方法：

1. 把四邊對摺再攤開。

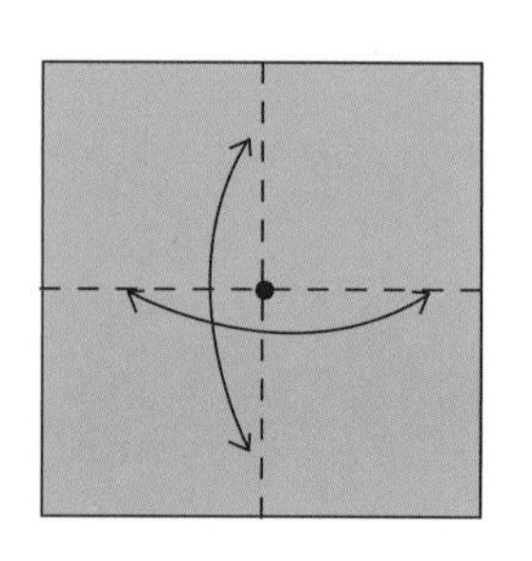

2. 把上方的兩角往後摺向中點，下方兩角往前摺向中點。

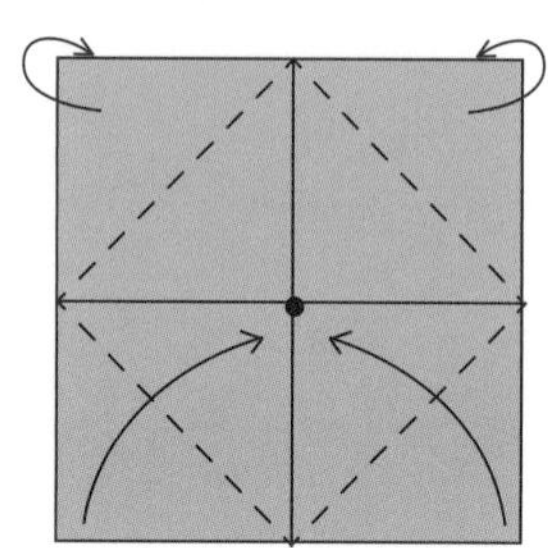

3. 將中間的紙邊沿虛線向下摺，跟下方的紙邊對齊。

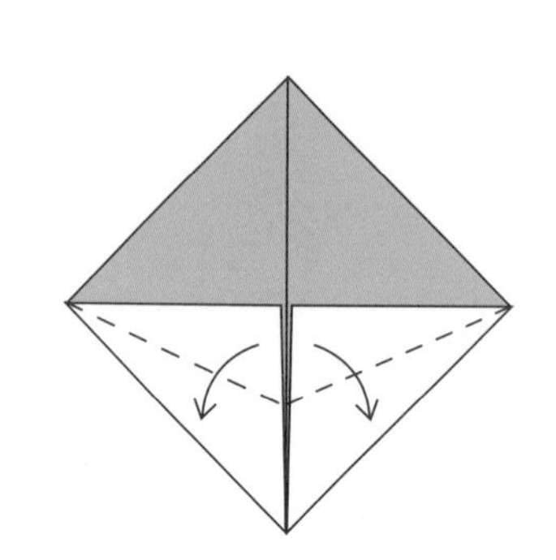

4. 沿虛線向外摺，摺好後如圖 b 所示。

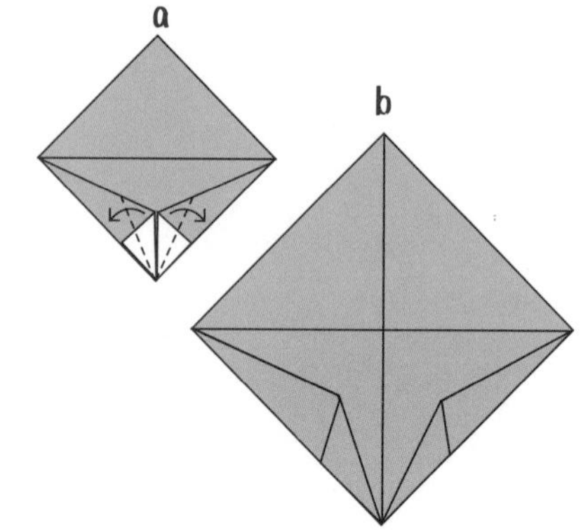

5. 翻轉紙張，將紙邊沿虛線摺向中線。

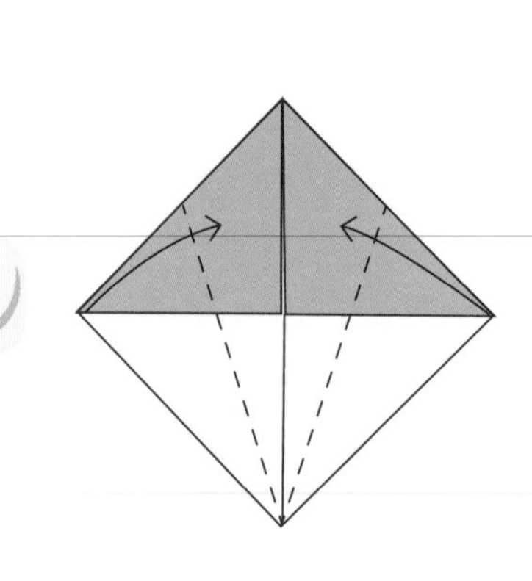

6. 將短斜邊沿虛線摺向中線再攤開。

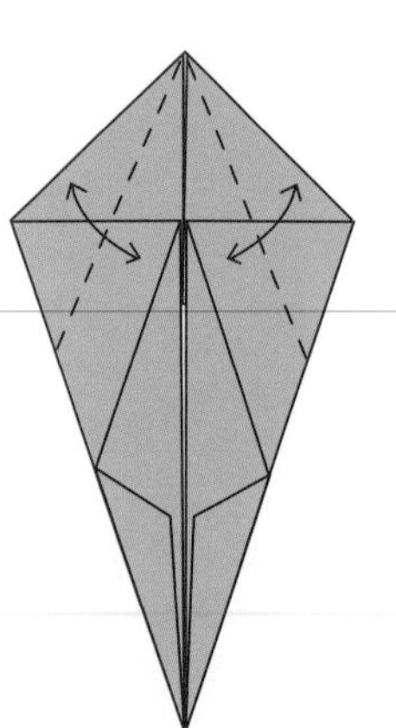

7. 用手指按住星星，從粗箭嘴所示的開口向下推摺。

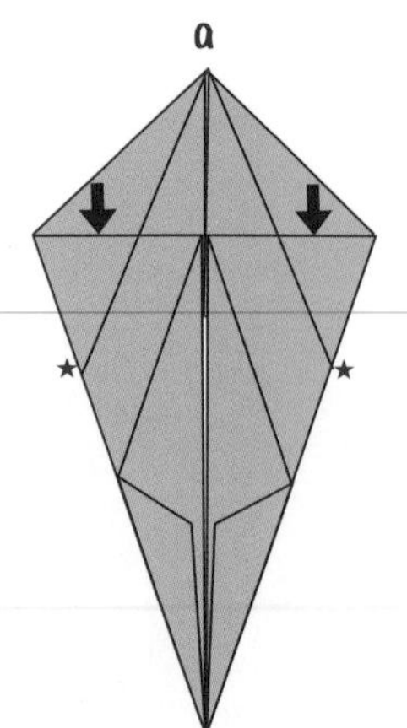

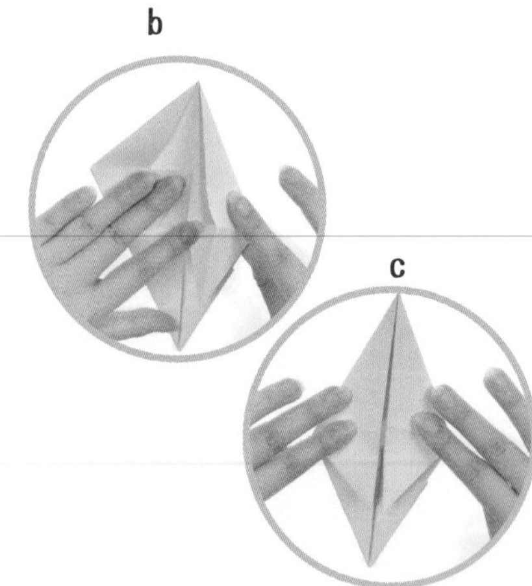

8 步驟 7 完成後的樣子。

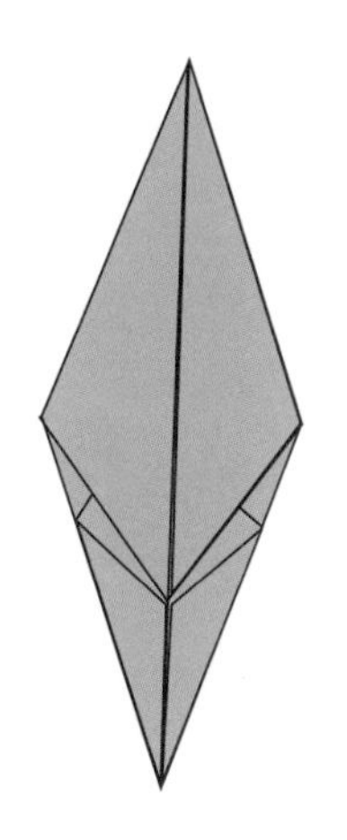

9 沿虛線曲摺（先向後再向前），然後左右向後對摺。

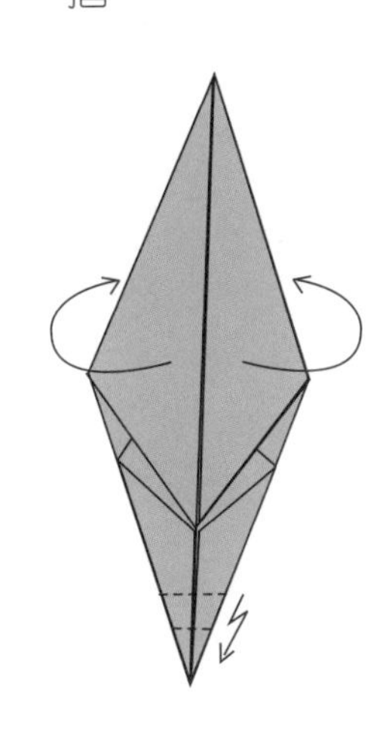

10 將右邊的尖角向內推摺，形成雷龍的頸部。

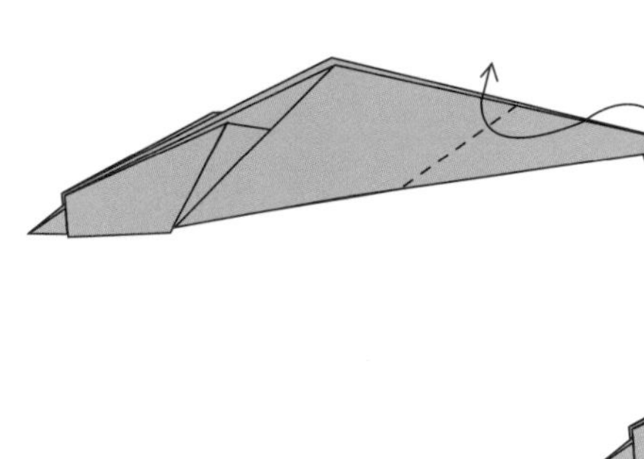

11 將紅點所指的尖角先沿①向右摺（如圖 a 所示），再沿②向左摺（如圖 b 所示）。背面也是一樣。

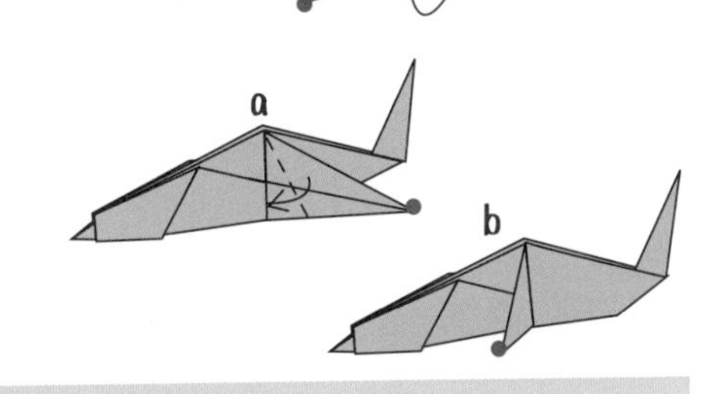

12 按粗箭嘴所示，把內層的紙張向右拉然後往下摺，摺成雷龍的後肢。背面也是一樣。

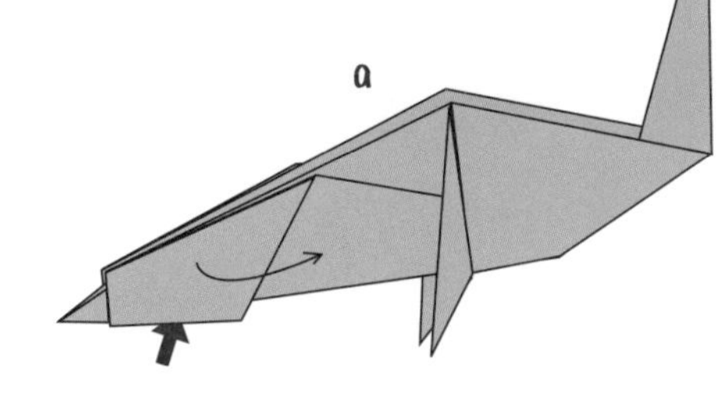

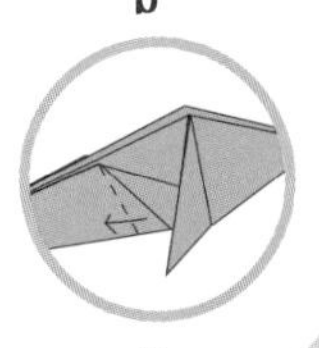

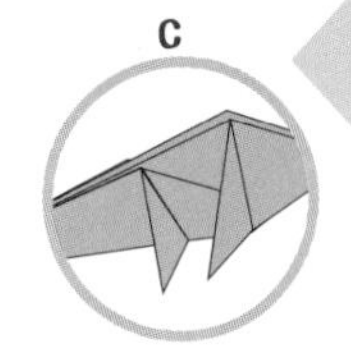

步驟 12 完成後的樣子如下：

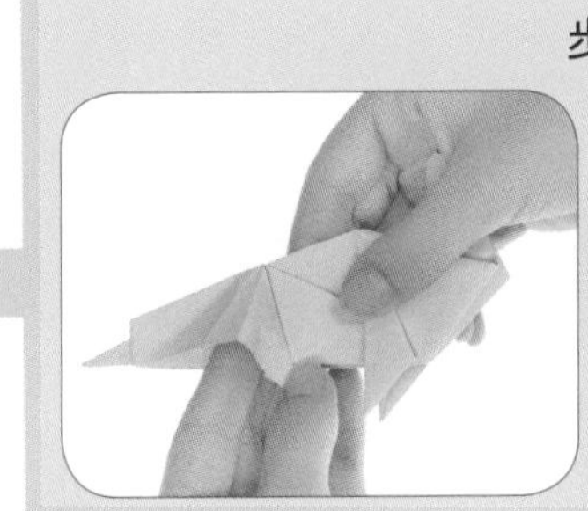

13 把頭部沿虛線向內摺，摺出頭部，雷龍就完成了。

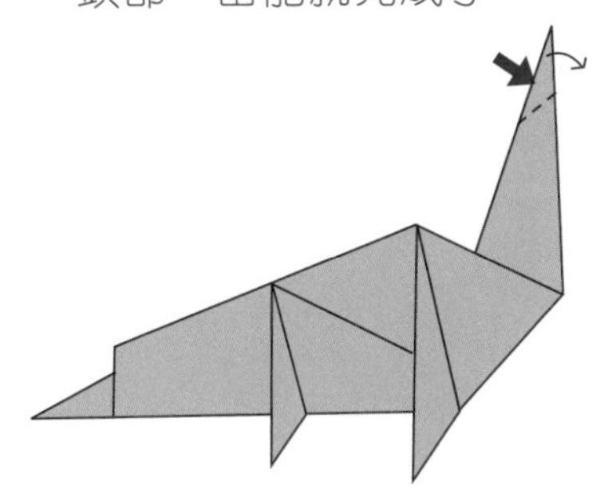

畫一畫

用筆為雷龍畫出眼睛。

和好朋友一起摺出各種顏色的雷龍，組成一個恐龍世界。

蛇

建議年齡
4 歲或以上

推薦紙張 **藍色紙**

紙張數量 **1 張**

方法：

❶ 上下對摺再攤開。

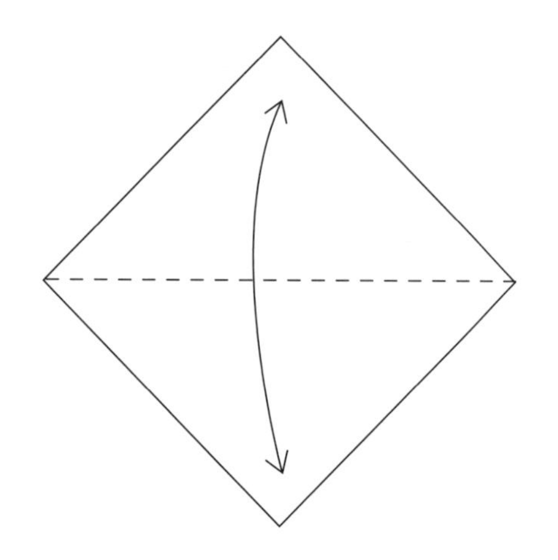

❷ 把右方的兩邊沿虛線摺向中線。

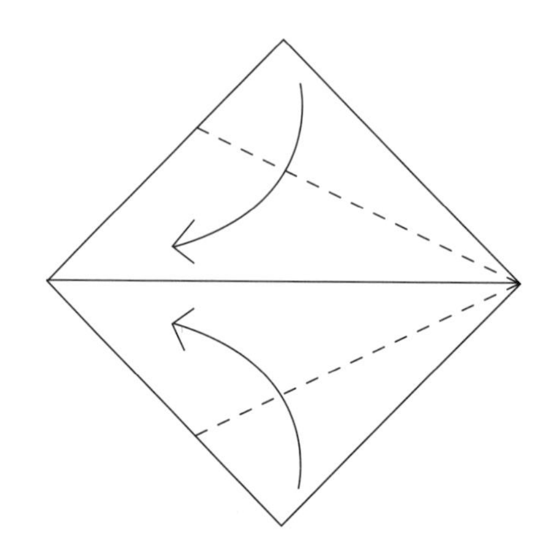

❸ 長斜邊沿虛線摺向中線。

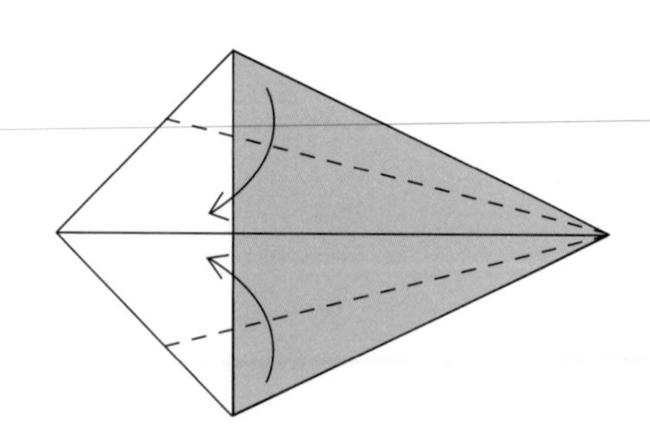

❹ 短斜邊沿虛線摺向中線。

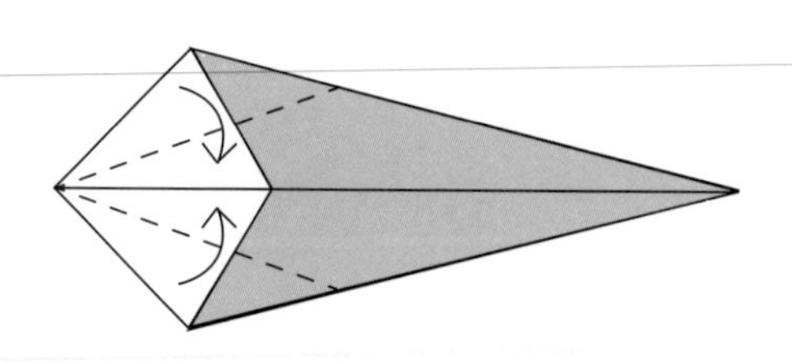

⑤ 翻轉紙張，然後上下對摺。

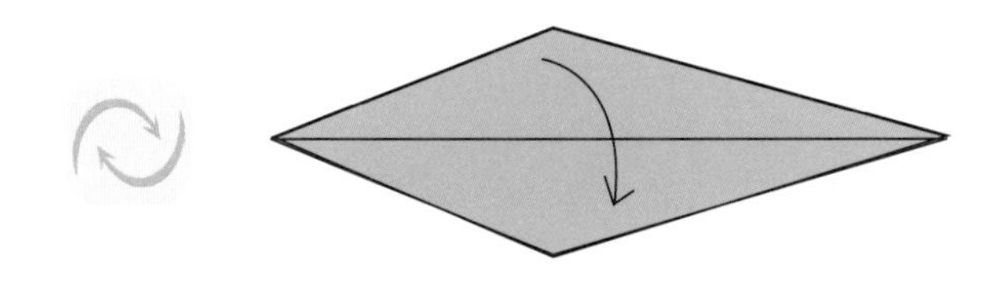

⑥ 將長邊推摺成多段，摺好後如圖示。

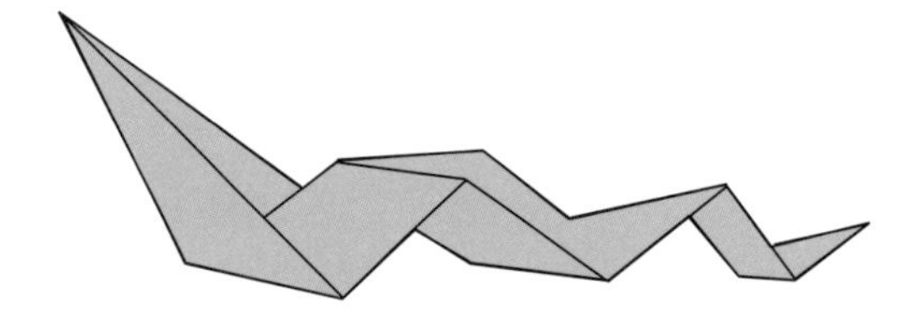

用向內推摺的方法輪流向上、下方摺，先從接近蛇頸的地方開始。

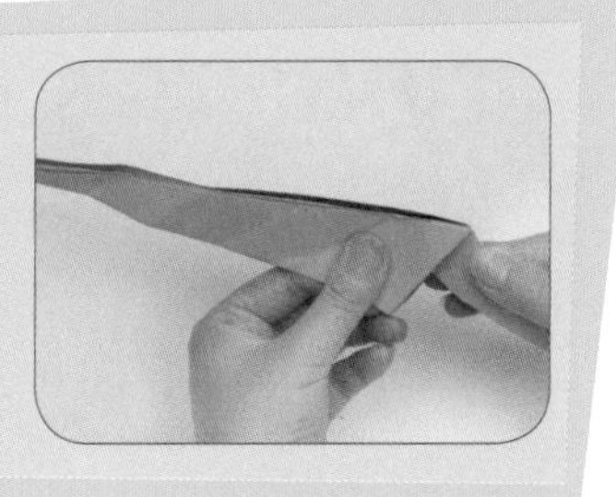

⑦ 左邊剩餘的部分向下摺出頭部。

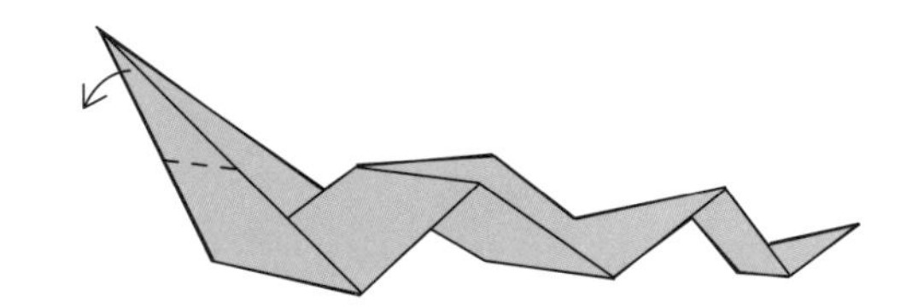

⑧ 將頭部的尖端往內摺，摺出平的嘴巴。

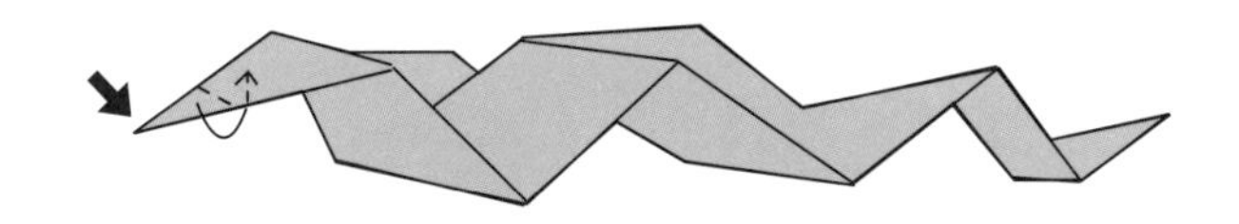

畫一畫

用筆為蛇畫出眼睛。

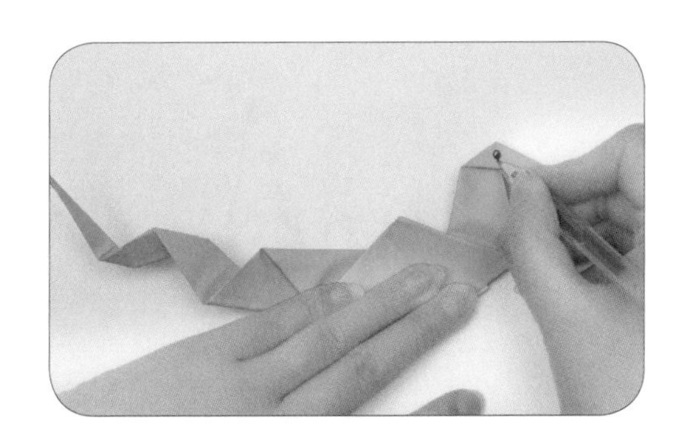

在蛇嘴上貼兩根短線，看看像不像蛇的舌頭？

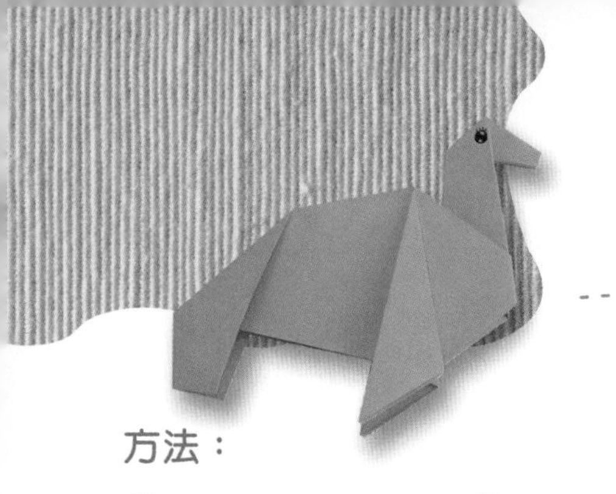

馬

方法：

❶ 上下對摺再攤開。

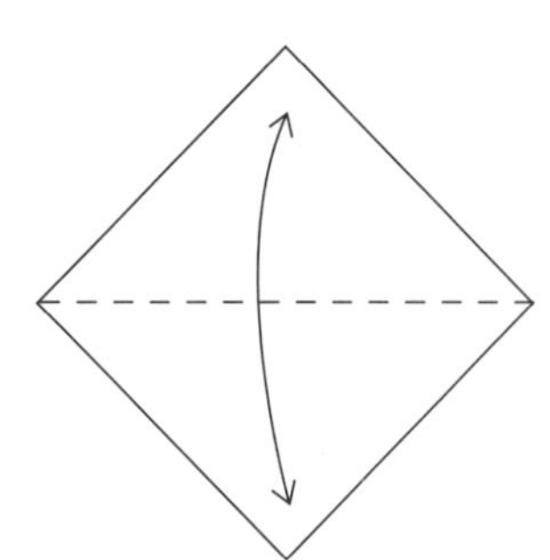

❷ 把右方的兩邊沿虛線摺向中線。

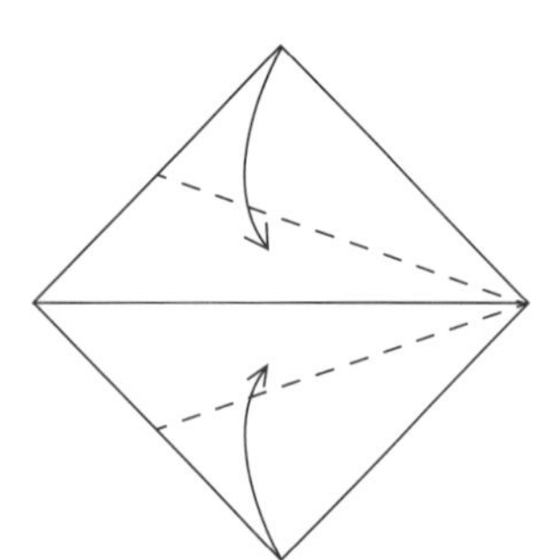

❸ 短斜邊沿虛線摺向中線。

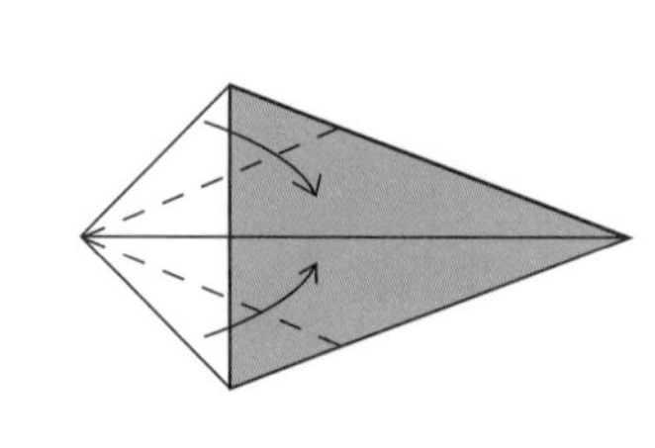

❹ 把步驟 3 摺疊的部分攤開，沿虛線向右側推摺。

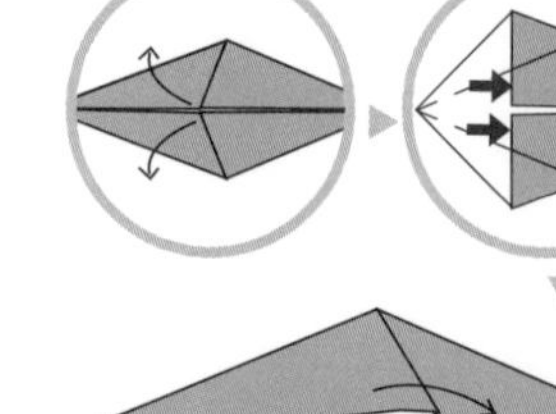

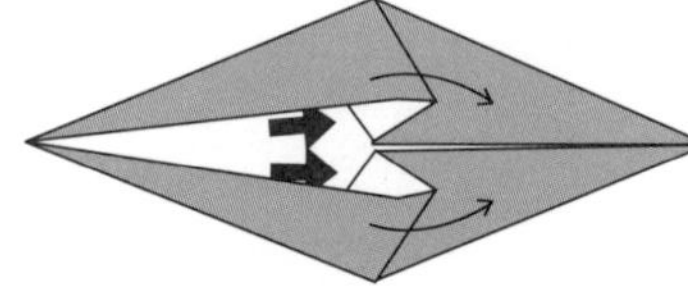

❺ 上下向後對摺。

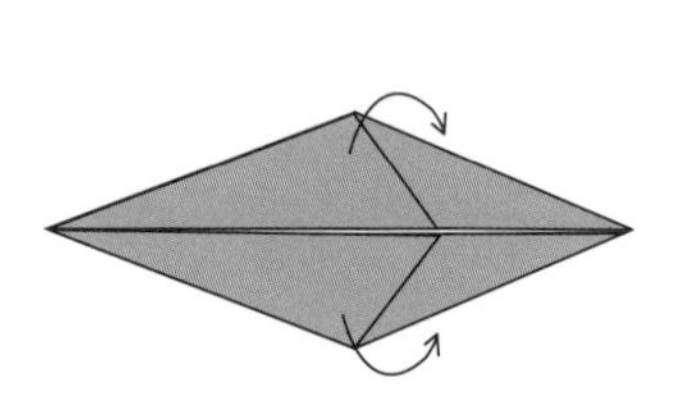

❻ 將左邊的尖角向內摺，形成馬的頭部。

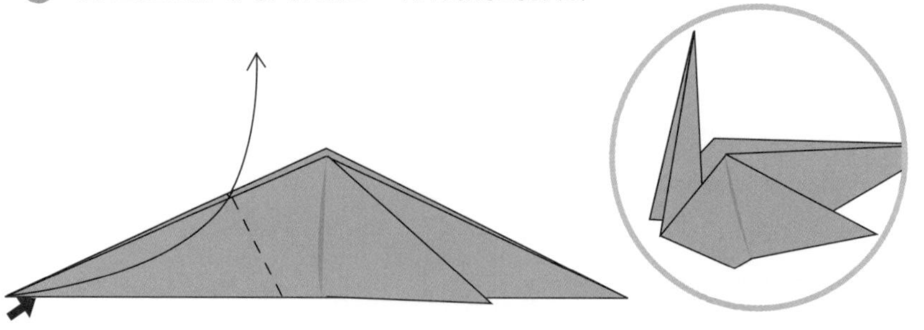

❼ 再把尖角向下方內摺，摺出馬的頭部。

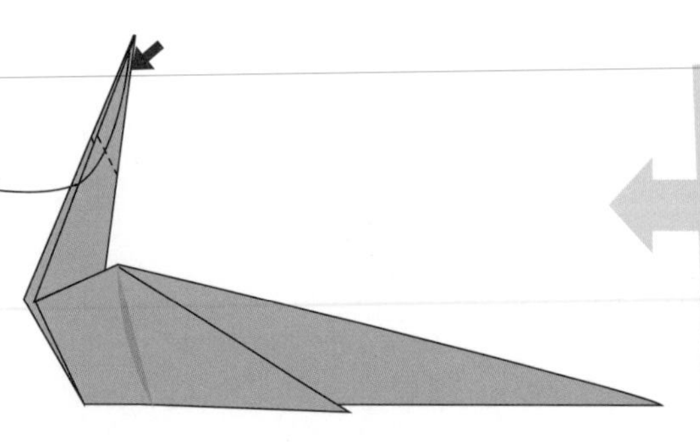

可以預先摺出摺痕，才把尖角輕輕往內推。

8 將尖角向內摺，摺出方形的馬嘴。

9 從正反兩面，把表層的尖角分別摺向另一側。

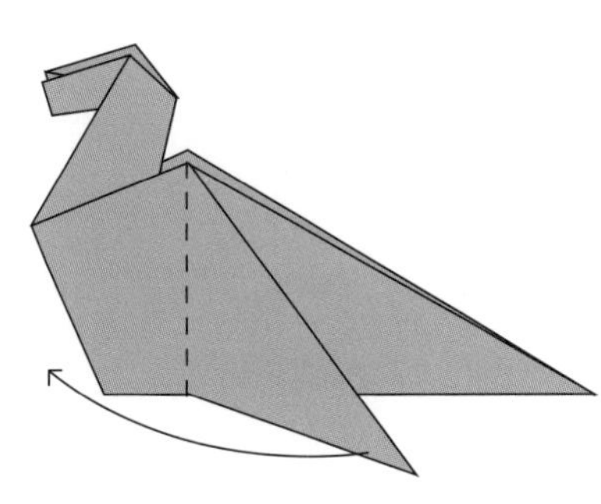

10 把右方剩餘的尖角向下摺，摺成馬的後腿。

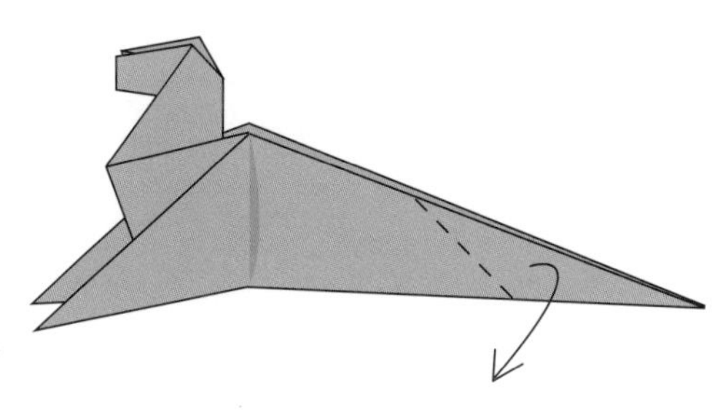

11 將左方的三角形沿虛線向下摺出前腿，背面也是一樣。

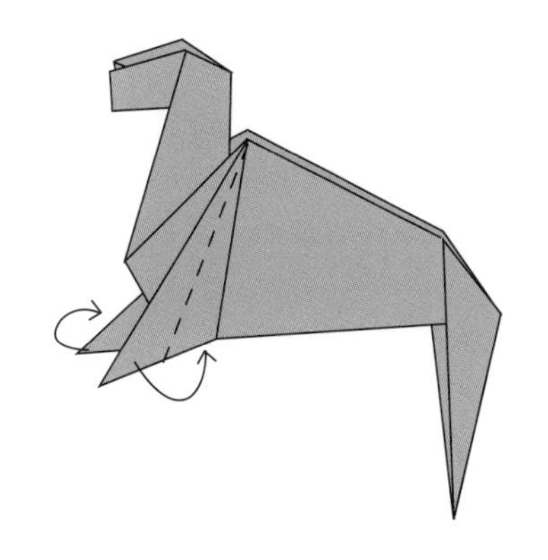

12 將頭部沿虛線向內摺，前腿沿虛線向後摺，四蹄沿虛線向內摺。

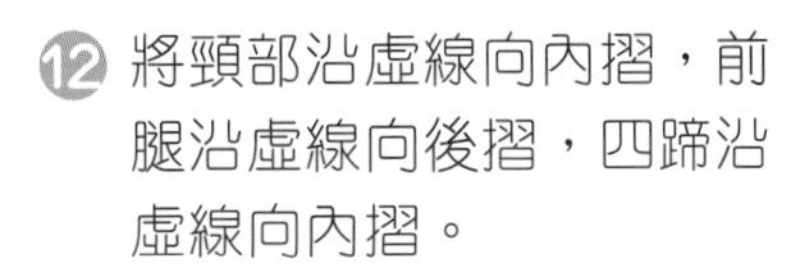

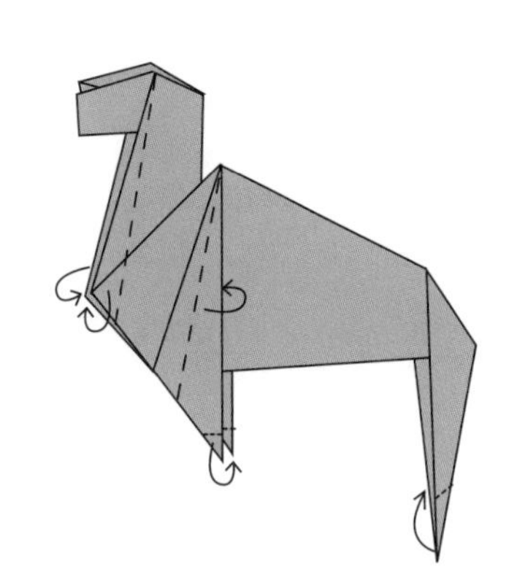

13 一匹駿馬完成了。

畫一畫

用黑色筆為馬匹畫出水汪汪的大眼睛。

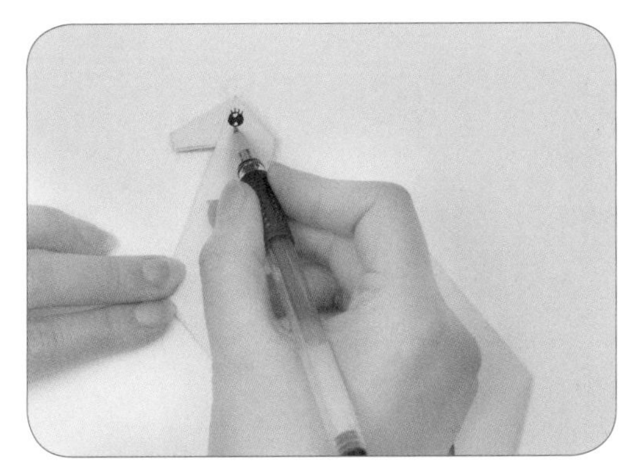

用一小束棉線做成馬尾巴，貼在馬身上。

山羊

方法：

① 摺一個雙菱形（參看第 13 頁），沿剪切線把表層的紙角剪成兩半，再把底層的角向下摺。

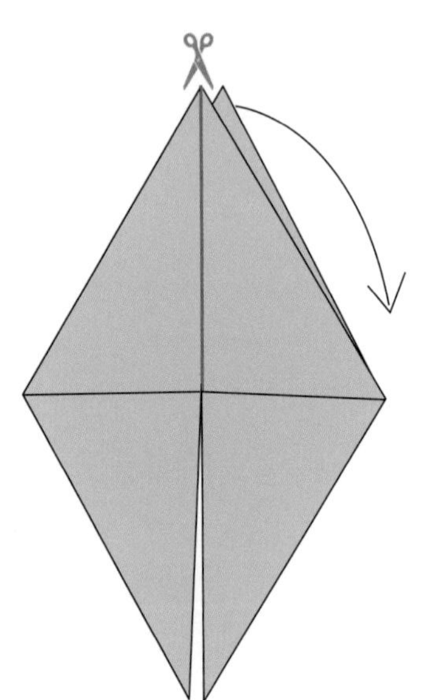

② 把上方的尖角沿虛線向外摺。

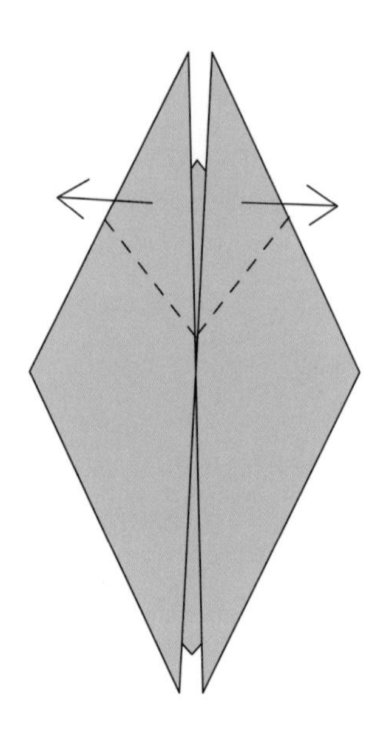

③ 再把尖角沿虛線摺疊。

④ 將下方的兩角曲摺（先向上再向下）。

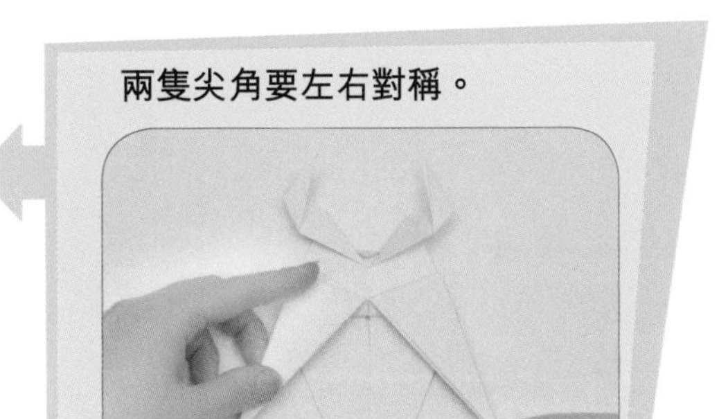

⑤ 正上方的角沿虛線向下摺。

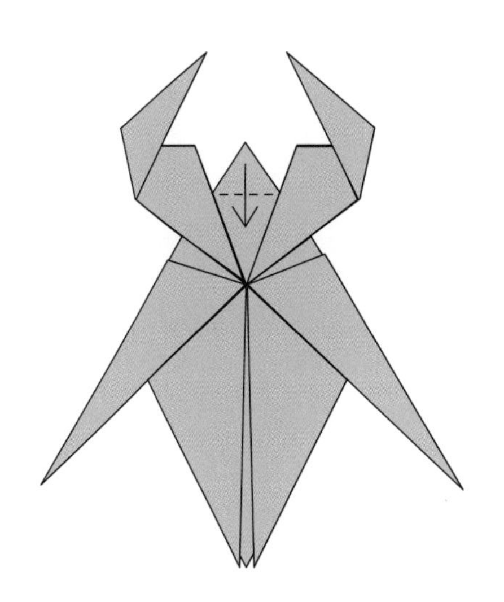

⑥ 翻轉紙張，山羊就完成了。

畫一畫

用筆為山羊畫出五官和鬍鬚，咩……

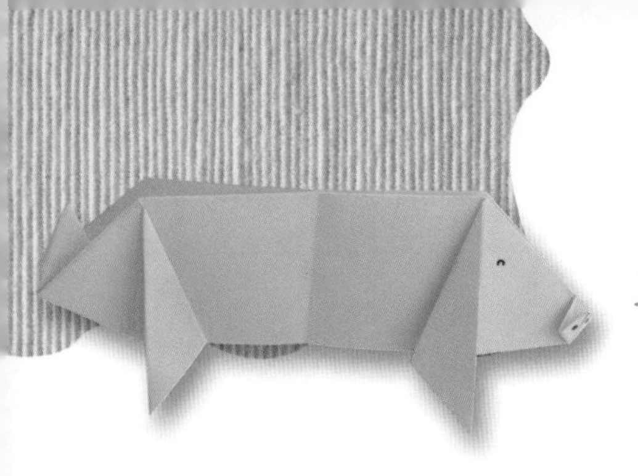

小豬

方法：

❶ 四邊對摺再攤開。

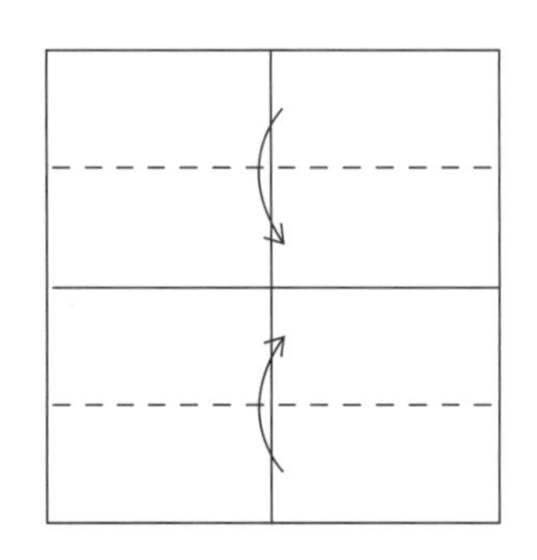

❷ 上下兩邊沿虛線向中線摺疊。

❸ 左右兩邊沿虛線摺向中線再攤開。

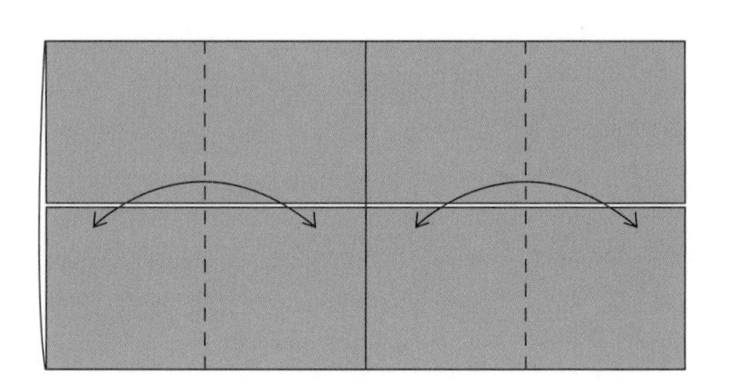

❹ 固定紅點處，把左上角向中間推摺，其餘三個紙角也是同樣做法。

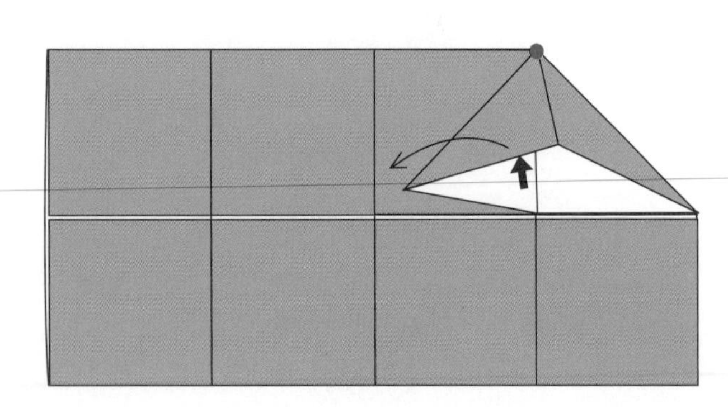

❺ 上下向後對摺。

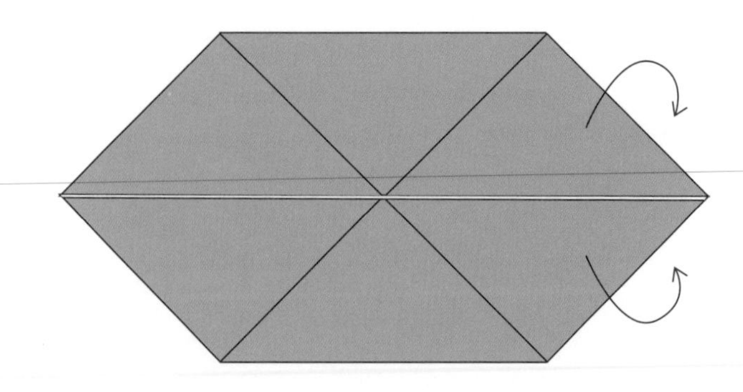

⑥ 將中間的兩條斜邊沿虛線摺疊，背面也是一樣。

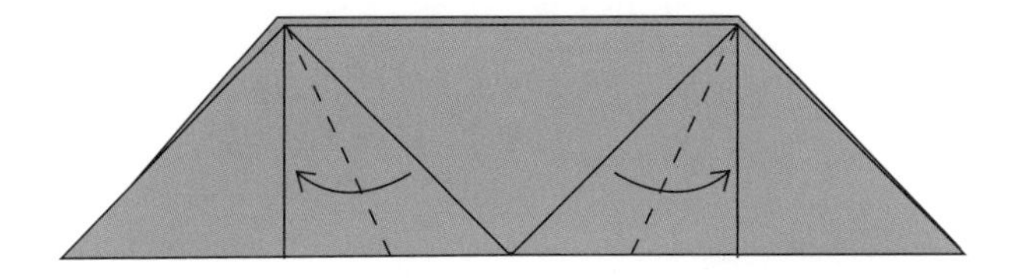

⑦ 把右端的尖角向內摺，形成豬尾巴。

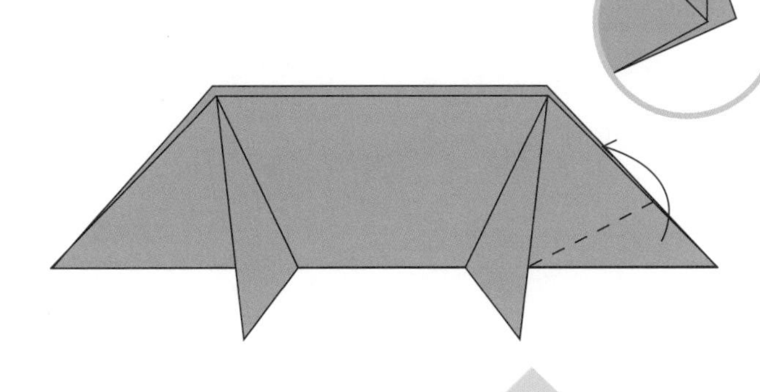

⑧ 把左端的尖角向內摺，再打開壓平，摺成豬的嘴巴。

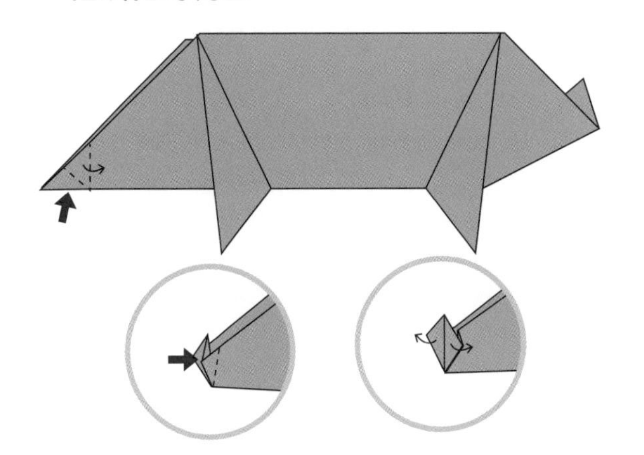

尾巴不要完全隱藏在身體內。

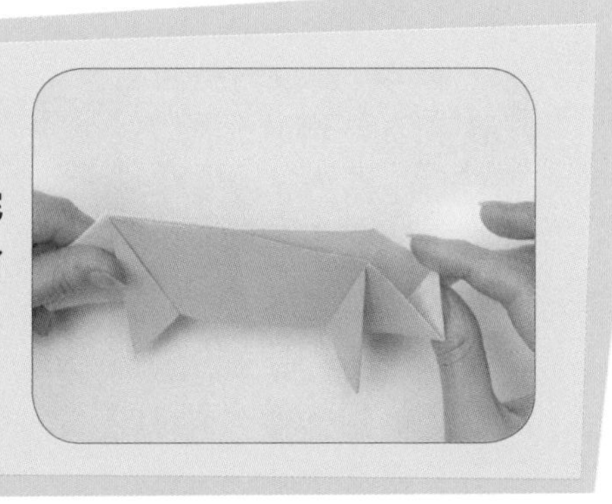

畫一畫

用筆為小豬畫上眼睛和鼻孔。

延伸活動

謎語

四柱八欄杆，
住着懶惰漢。
鼻子團團轉，
尾巴打個圈。

謎底：豬

親子摺紙互動要點

摺紙雖然充滿趣味，但是遇到「三分鐘熱度」的孩子，家長也許需要更多小竅門，才能吸引他們的注意力！

描述得當，更易理解

家長在給孩子講解摺紙法的時候，要注意自己的語氣和措辭。輕柔、舒緩的聲音，可以減輕孩子的壓力；簡單、直接的用語，可以讓孩子更容易理解。如果家長在指導的時候自己沉不住氣，覺得索然無味，孩子便可能會抗拒嘗試。適當地加入比喻，如拍拍手、點點頭等，可以加強孩子的記憶能力，增強趣味性。

多用摺紙做遊戲

每一個摺紙作品都是獨立的，但若將它們組合起來，就能構成了有趣的遊戲場景。以小動物為例，可以餵小兔子「吃」紅蘿蔔，可以講《三隻小豬》的故事，也可以組成一個侏羅紀公園，還可以來一場別開生面的動物大會……這些遊戲會讓孩子更加熱愛摺紙，思維也更加活躍。

多多鼓勵孩子

孩子的年齡小，肌肉的靈活度相對弱一些。他們的作品往往歪歪扭扭、露縫露角、大小不一……但是沒關係，摺紙的樂趣不在於成品有多麼像真和整齊，而是孩子在過程中曾經認真地努力過。牢記這一點，家長就能夠由衷地讚美孩子的每一點進步，分享他的滿足感。

第三章
漂亮的花草樹木

四葉草

方法：

❶ 四邊對摺再攤開。

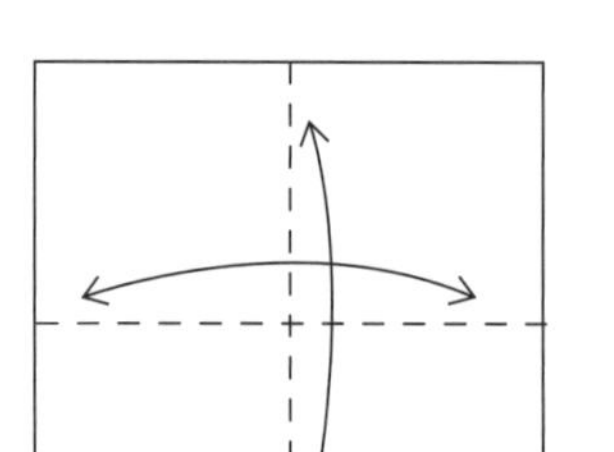

❷ 向下對摺兩次。

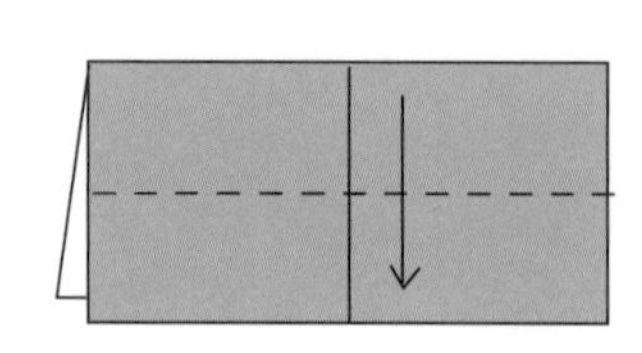

❸ 左右兩邊沿虛線向下摺。

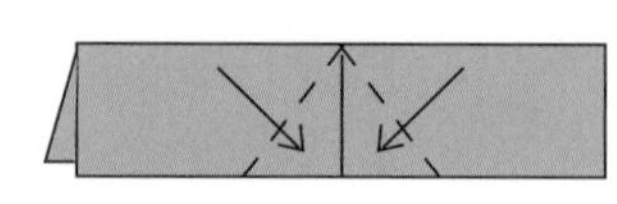

❹ 下方紙角沿虛線向後摺。

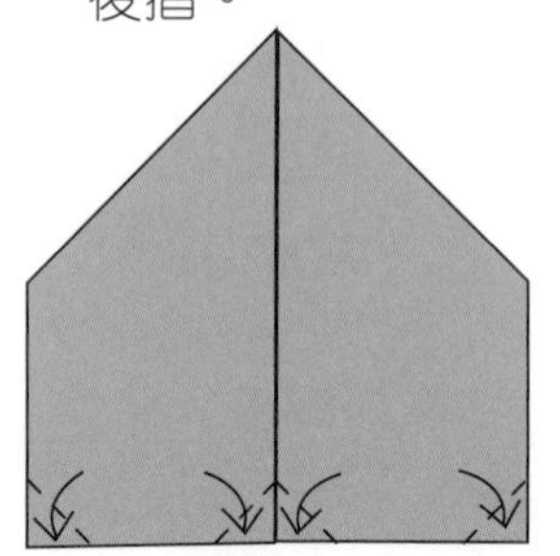

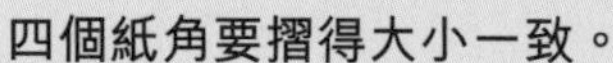

四個紙角要摺得大小一致。

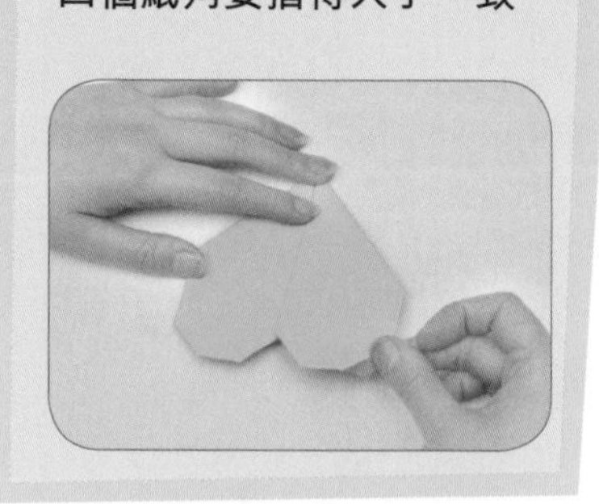

❺ 把紙張上下倒轉，你會看到一個心形圖案。

❻ 按照步驟 1 至 5，摺出四個心形圖案，然後拼在一起。

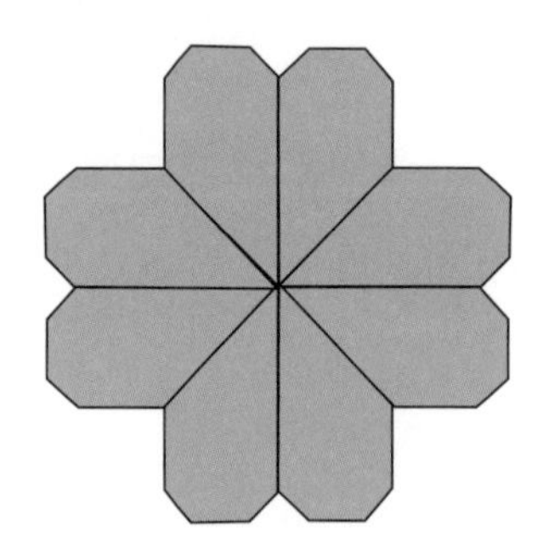

畫一畫

用筆給四葉草畫上好看的花紋。

試一試

用筆在四葉草的中心劃一個圓圈，就成了一朵好看的花朵。

發揮創意

用繩子和膠紙把四葉草組合成一串串珠簾，把它掛在窗邊。

葉子

方法：

❶ 四角對摺再攤開。

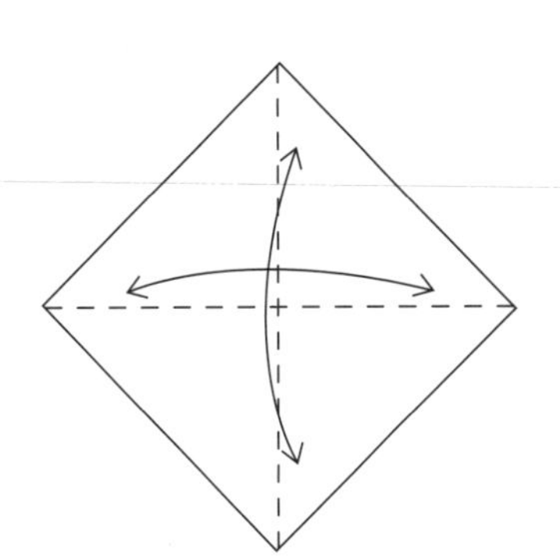

❷ 上下兩角沿虛線摺向中線。

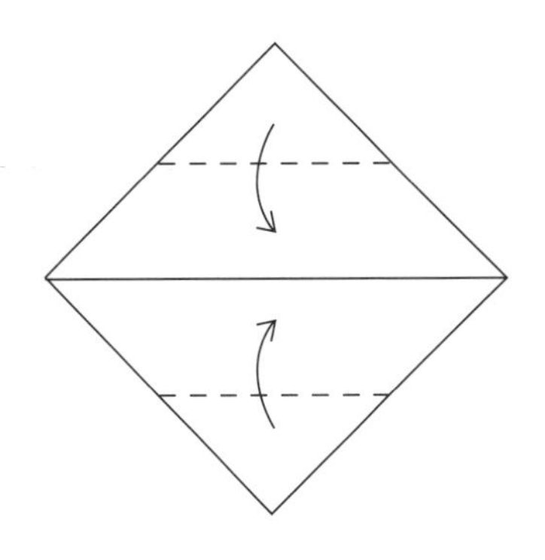

❸ 上下兩條短邊沿虛線摺向中線。

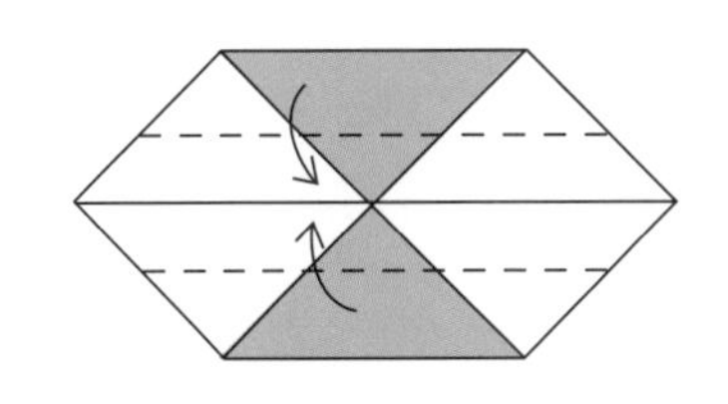

上下兩條短邊摺向中線時要對齊哦。

❹ 沿虛線摺疊。

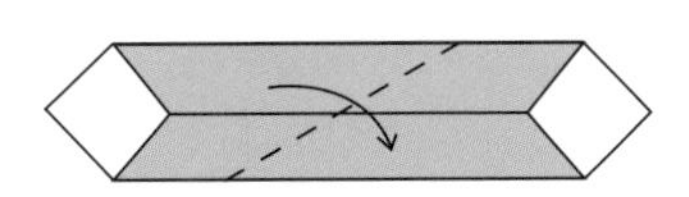

❺ 葉子完成了。

畫一畫

用筆為葉子畫上葉脈。

試一試

用第 40 頁的方法摺出各種顏色的花朵，然後把葉子和花朵組合起來。

玫瑰花

方法：

❶ 四角對摺再攤開。

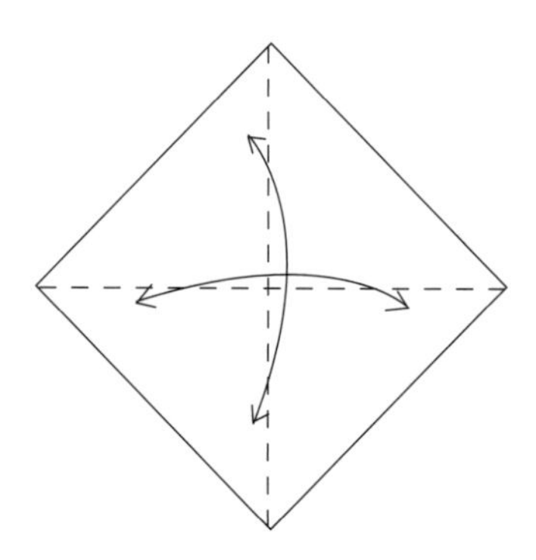

❷ 沿虛線把下方的紙邊摺向中間再攤開。

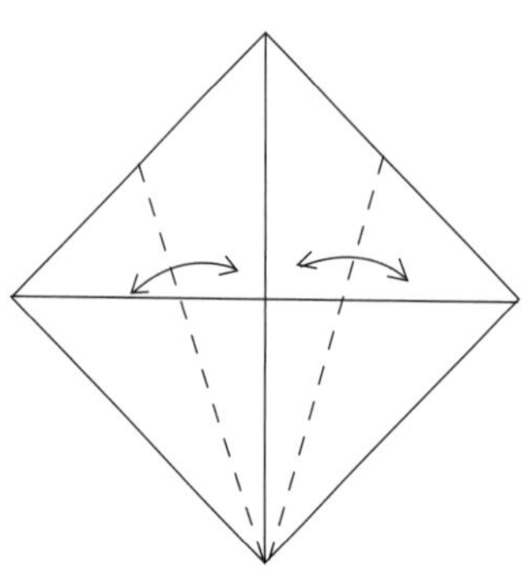

❸ 上方的兩邊也沿虛線摺疊再攤開。

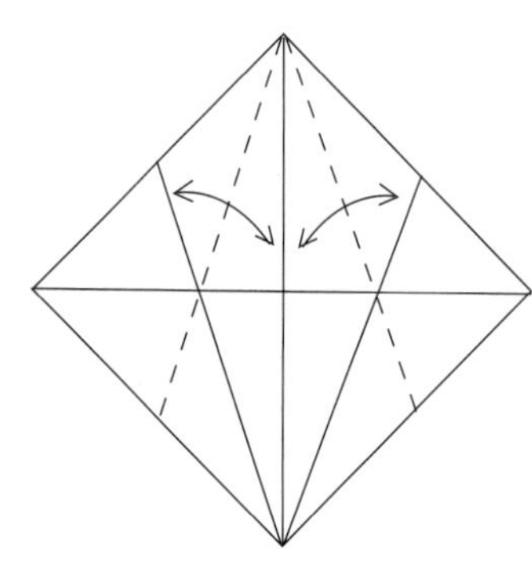

❹ 把食指放在箭嘴所示的地方，拇指和中指放在紙張下，然後向中間捏合。

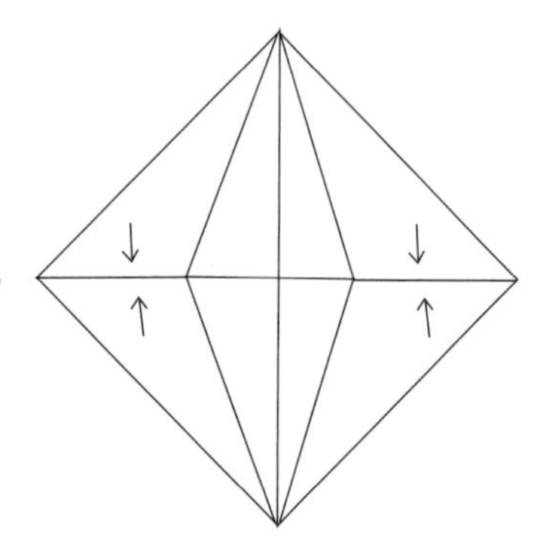

❺ 沿摺痕把中間的尖角向上壓平。

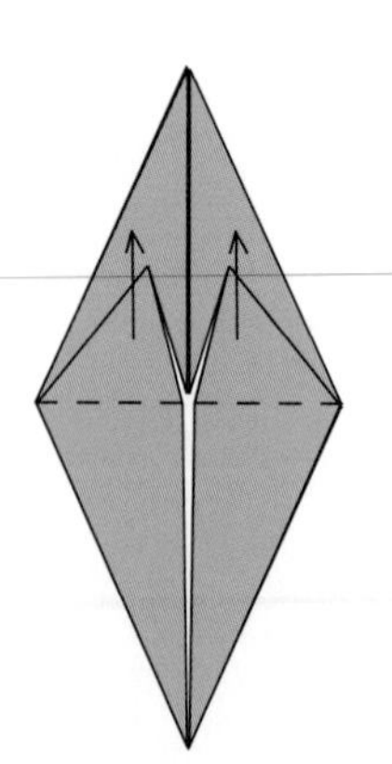

❻ 將下方的紙角向上摺（紅點對紅點）再攤開。

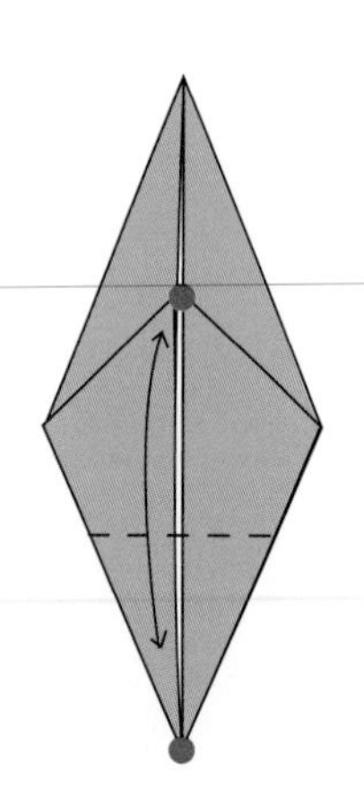

❼ 完成步驟 6 後的樣子。

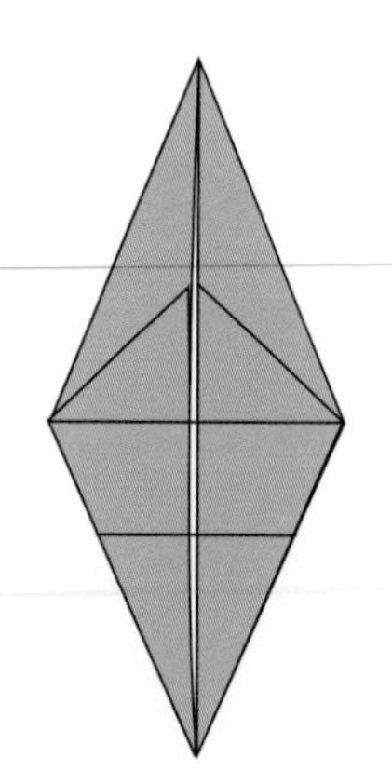

❽ 沿虛線摺疊再攤開。

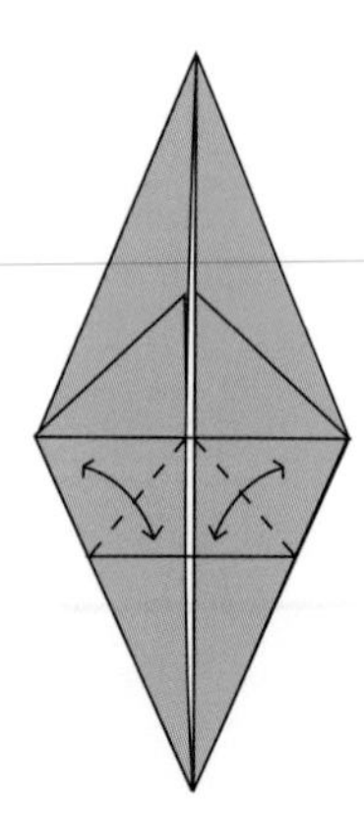

⑨ 沿粗箭嘴向左右揭開，再沿摺痕把下方的角向上摺，與紅點對齊。

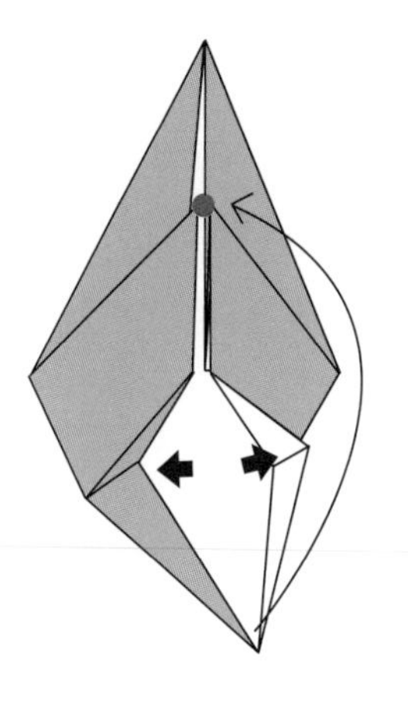

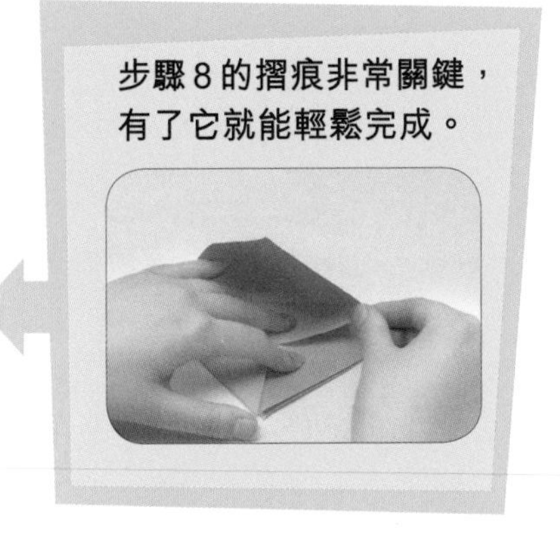

步驟 8 的摺痕非常關鍵，有了它就能輕鬆完成。

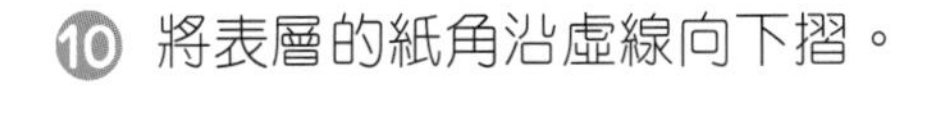

⑩ 將表層的紙角沿虛線向下摺。

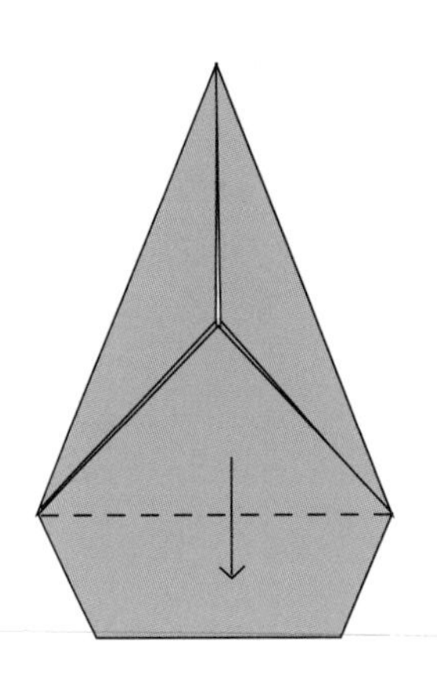

⑪ 將紙張上下倒轉，再把兩個小尖角向上翻。

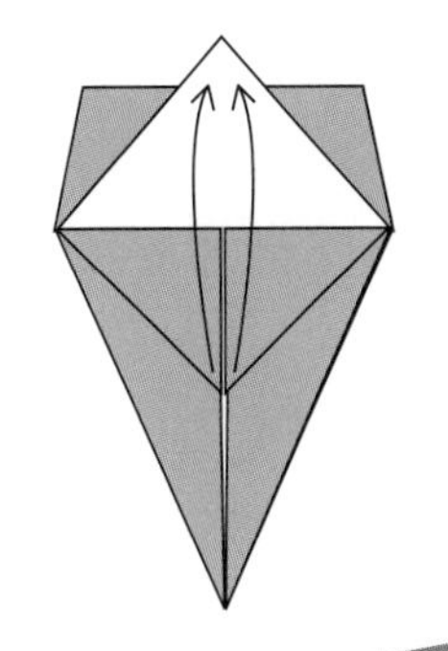

⑫ 將最下方的角按步驟 6 至 10 的方法摺好，完成後如圖示。

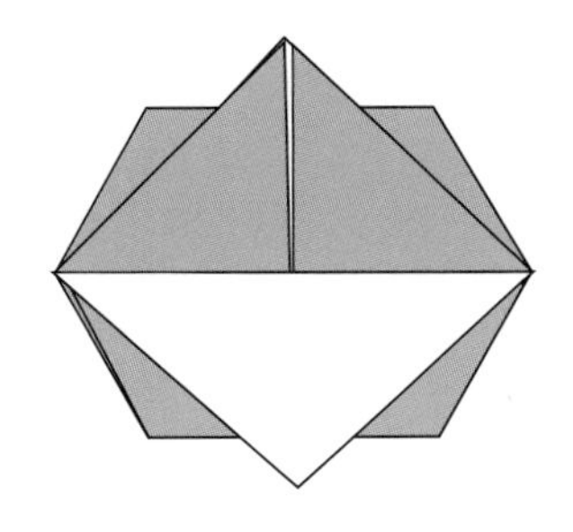

⑬ 將上方的左角套入右角然後壓平，玫瑰花就完成了。

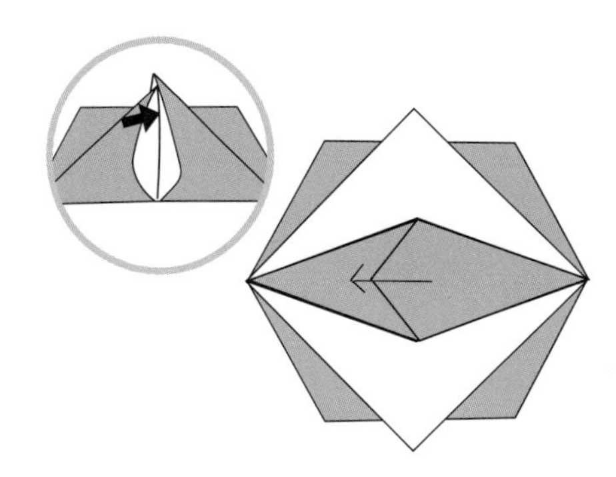

試一試

用飲管當作花莖，再用綠色紙剪出兩片葉子貼在花莖上。

畫一畫

用筆為玫瑰花葉畫上葉脈。

鬱金香

方法：

❶ 把橙色紙沿虛線向上對摺。

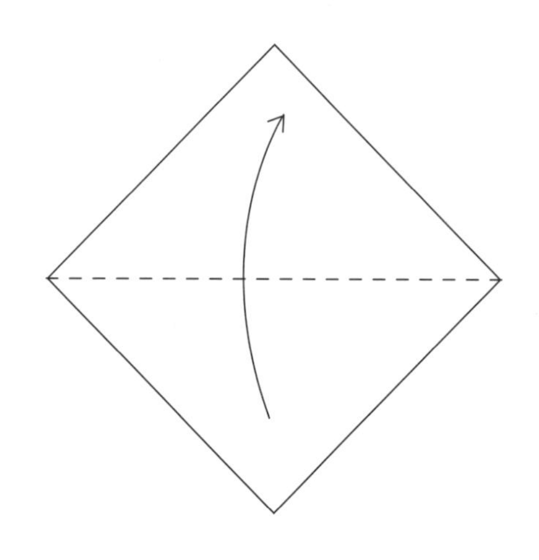

❷ 左右兩角沿虛線向上摺。

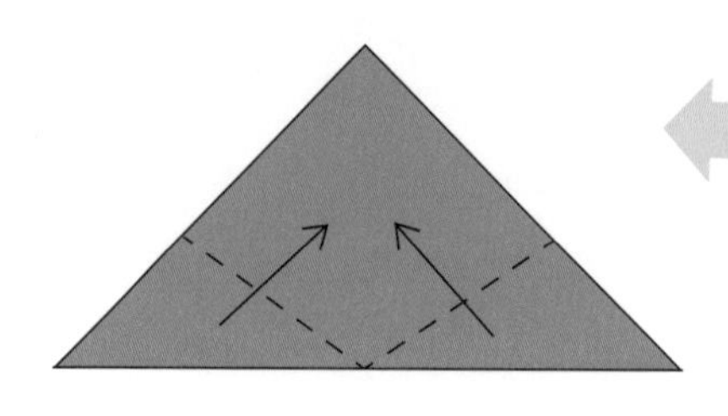

三隻紙角不要重疊。

❸ 沿虛線把三個紙角向後摺，花冠便完成了。

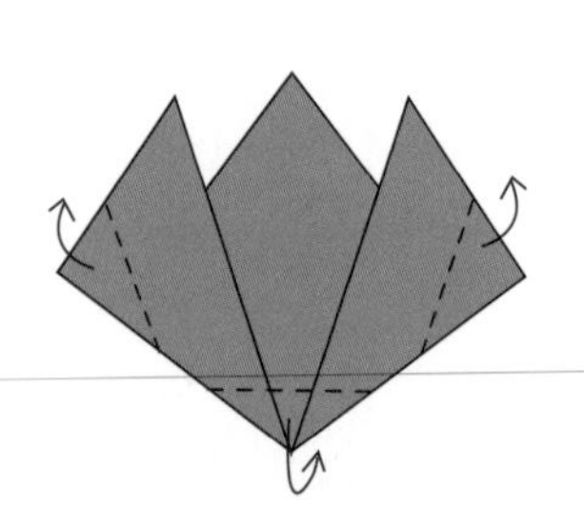

❹ 把綠色紙對角摺後攤開，再把右方的紙邊沿虛線摺向中線。

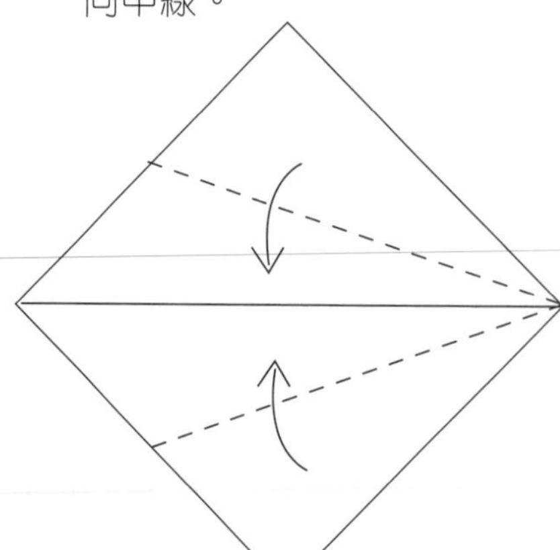

❺ 短邊也沿虛線摺向中線。

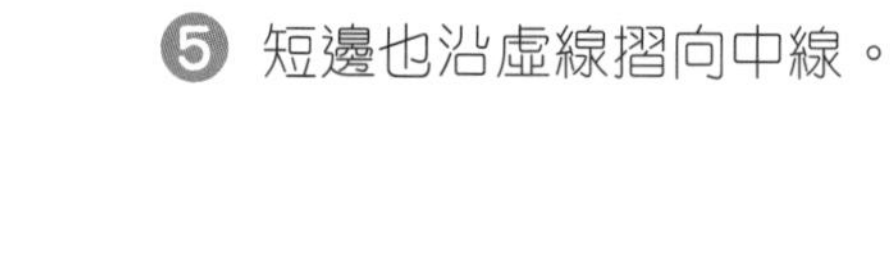

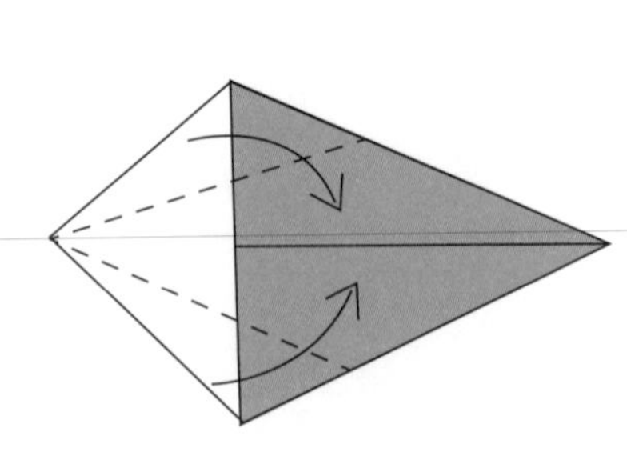

❻ 上下對摺，做成一片葉子。

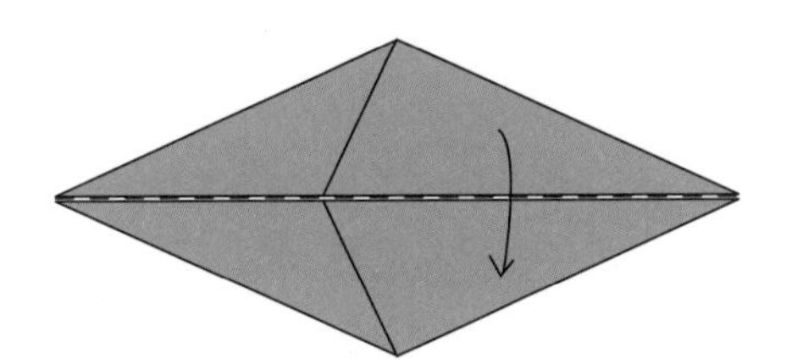

❼ 重複步驟 4 到 6，再做一片葉子。

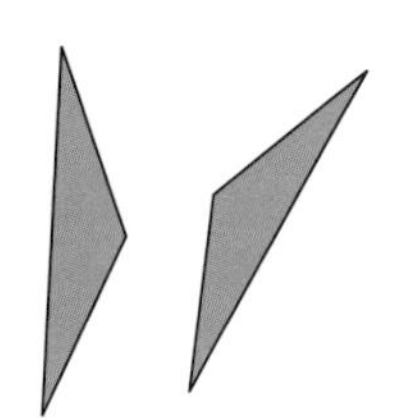

❽ 另取一張綠色紙，沿虛線捲摺，做成花莖。

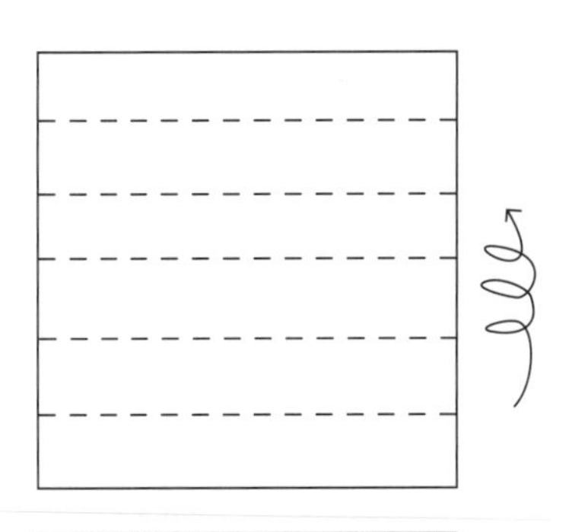

❾ 將花朵、葉子與花莖黏在一起，鬱金香就完成了。

畫一畫

用筆為鬱金香的葉子畫上好看的葉脈。

延伸活動

鬱金香的顏色多種多樣，根據右圖的提示摺出不同顏色的鬱金香。

牽牛花

方法：

❶ 雙正方形（參看第 12 頁）開口向上，下方的兩邊沿虛線摺向中線，背面也是一樣。

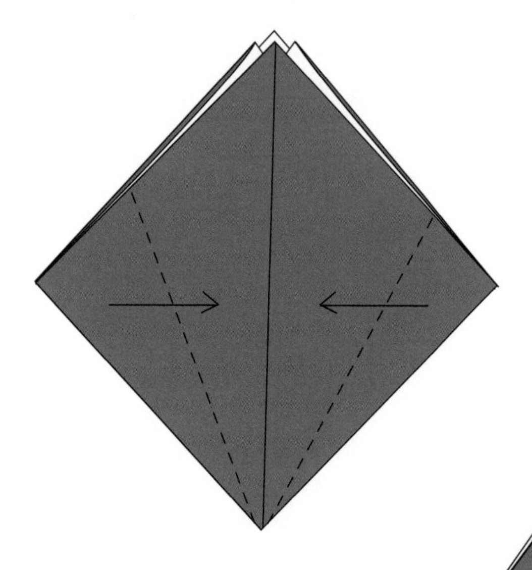

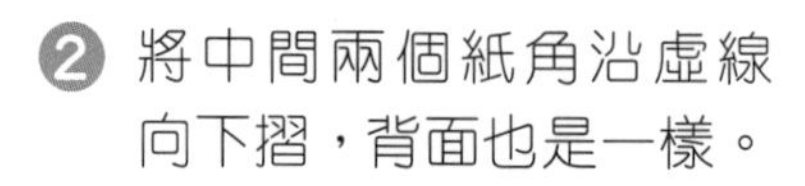

❷ 將中間兩個紙角沿虛線向下摺，背面也是一樣。

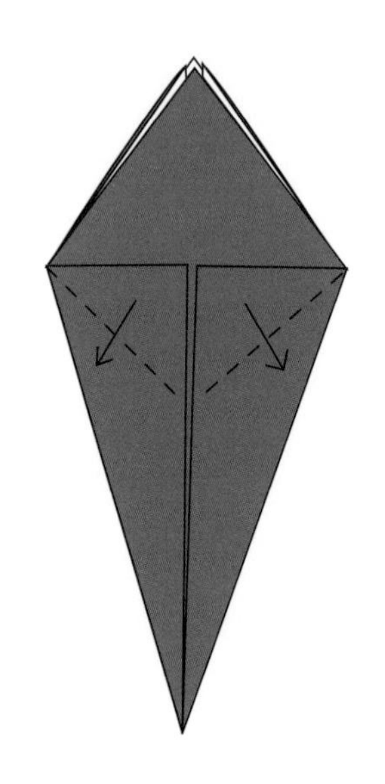

❸ 沿虛線將四個紙角分別從不同方向往下摺。

每摺一下，便要像翻書一樣把紙張翻到「下一頁」。

❹ 將手指從頂端伸入花瓣中間，把四片花瓣輕輕拉開便完成了。

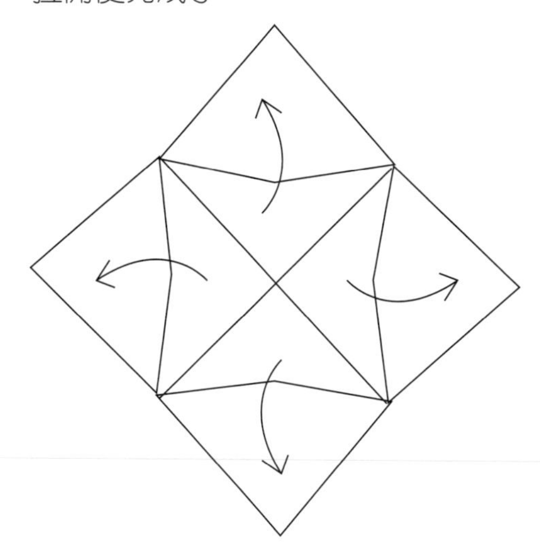

畫一畫

用筆為牽牛花畫出好看的花紋。

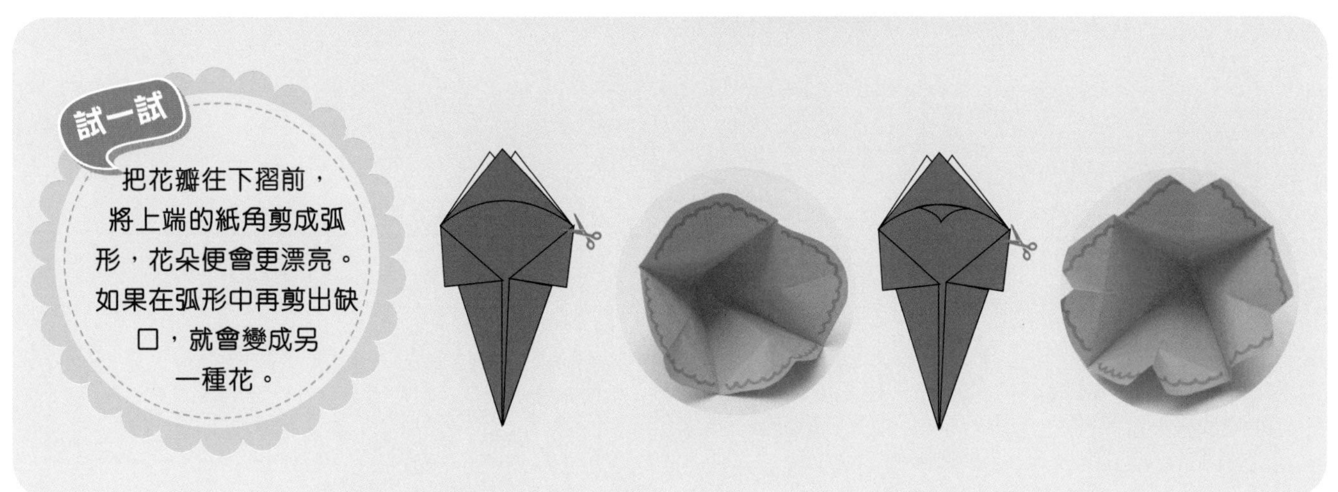

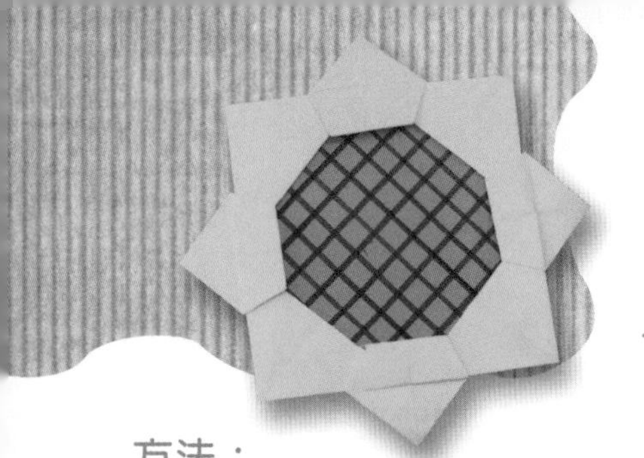

太陽花

方法：

❶ 取出黃色紙，把四邊對摺再攤開。

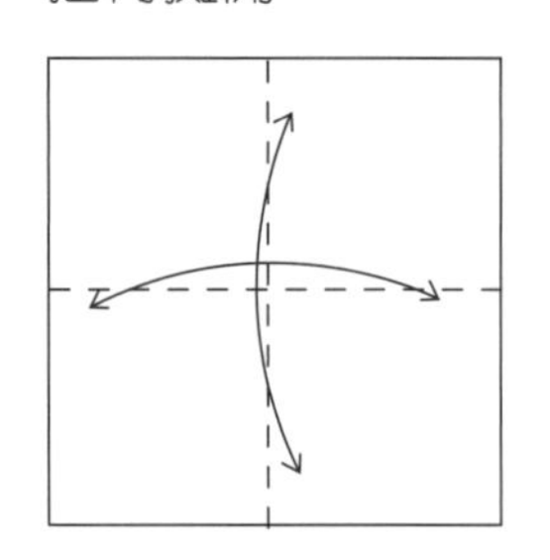

❷ 左右兩邊沿虛線摺向中線。

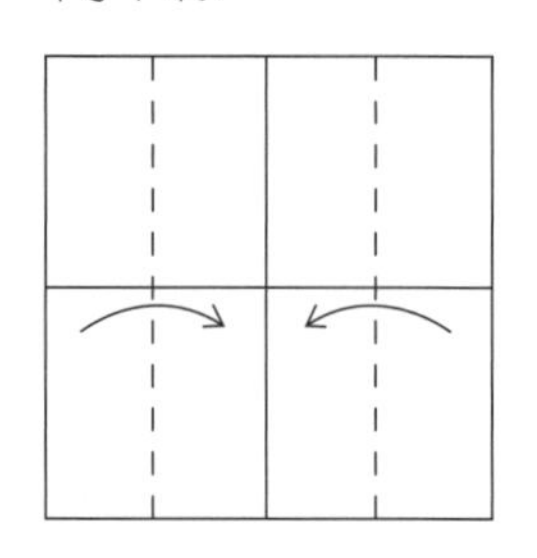

❸ 上下兩邊沿虛線摺向中線再攤開。

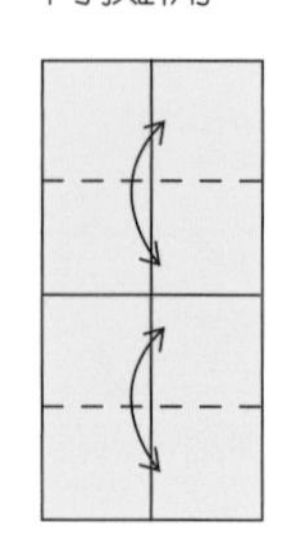

❹ 先沿虛線摺出兩道摺痕，再把中間的紙邊向外推摺，其餘三角也是一樣。

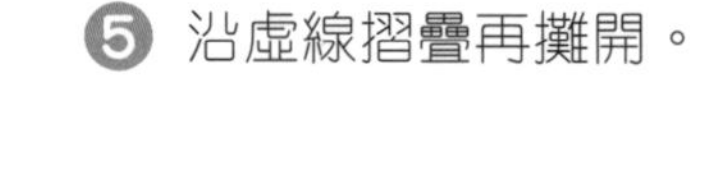

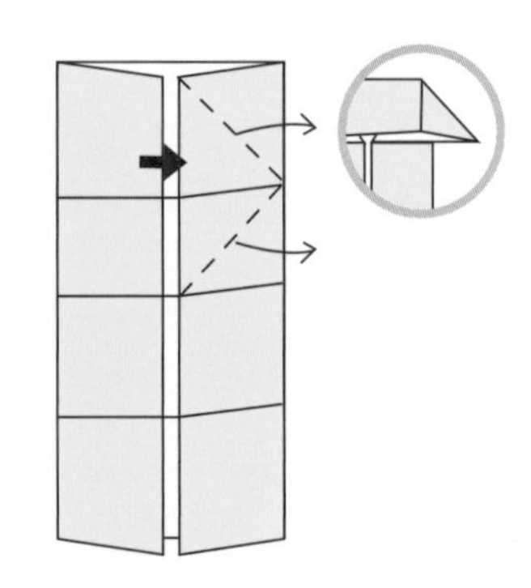

❺ 沿虛線摺疊再攤開。

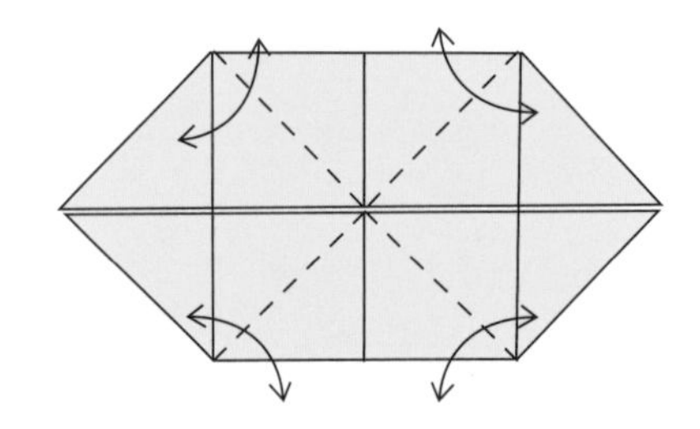

❻ 將粗箭嘴所示的開口揭開，藍線貼藍線，其餘三角也是一樣。

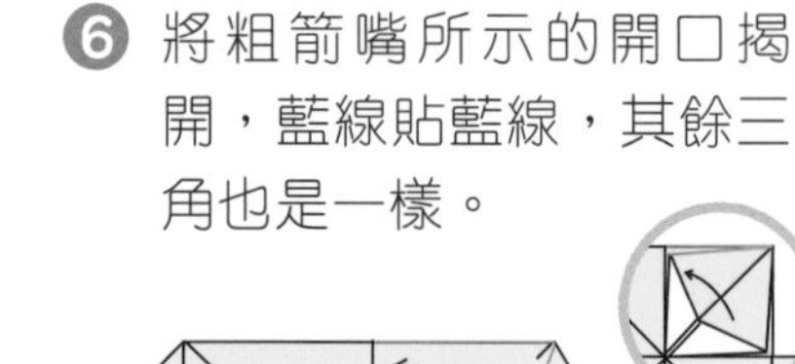

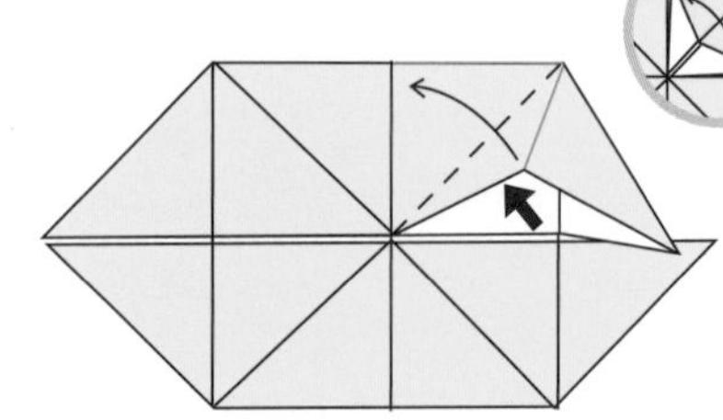

❼ 把中間的紙角沿藍線向外翻。

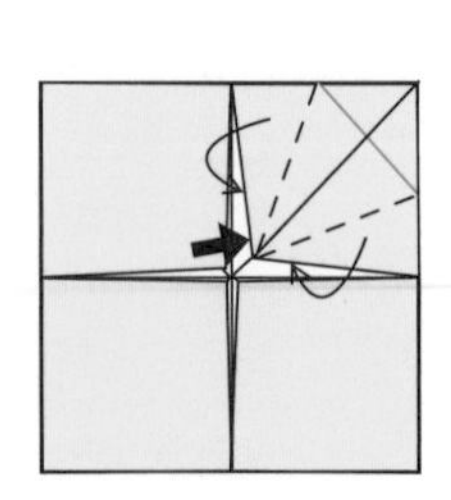

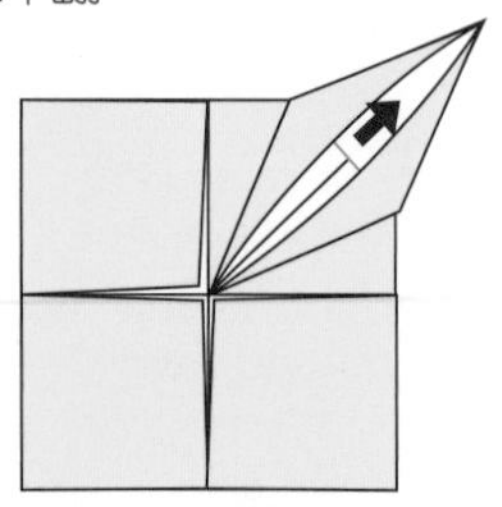

表層的紙角向外翻時，將被牽起的紙邊慢慢向內推，當兩個紙邊對齊後，才用力壓平。

8 在其餘三角重複步驟7。

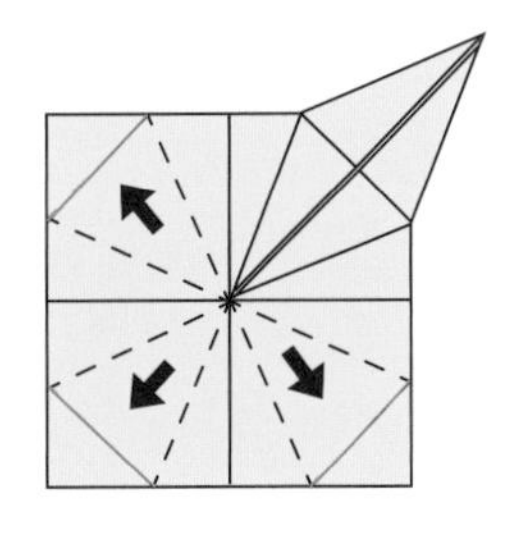

9 將四個紅色的紙角分別沿虛線向外摺。

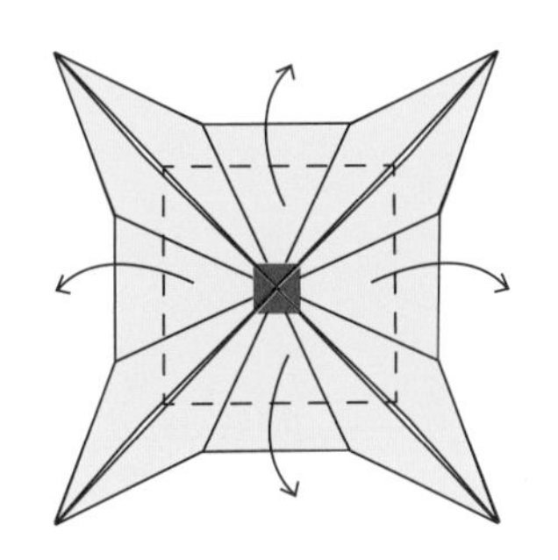

10 將外圍的四個尖角摺向中間，然後按箭嘴的方向插進紙層之內。

11 在橙色紙上畫好種子，插進花朵中。

12 太陽花完成了。

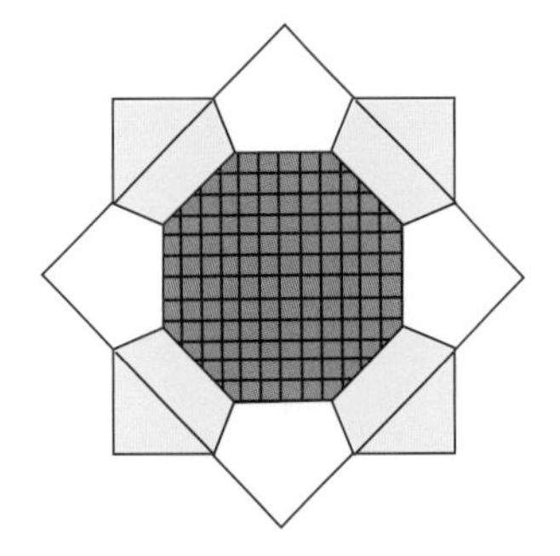

畫一畫

用筆為太陽花的花瓣填上好看的顏色。

剪出兩片葉子，
再把太陽花貼在
葉子上面。

茉莉花

方法：

❶ 將雙正方形（參看第 12 頁）的上下兩角對摺後攤開。

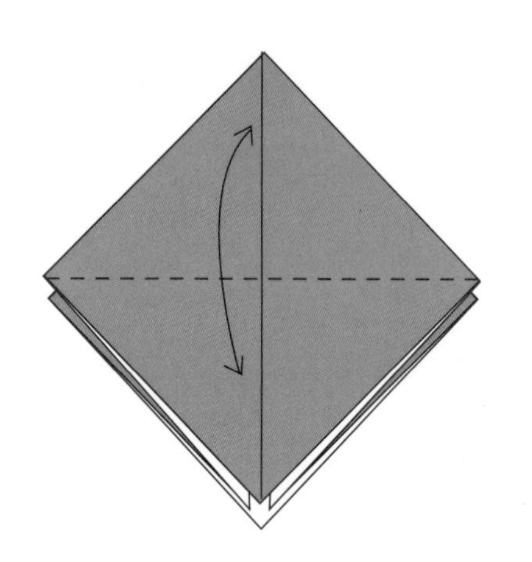

❷ 上方兩邊沿虛線向中線摺疊再攤開，背面也是一樣。

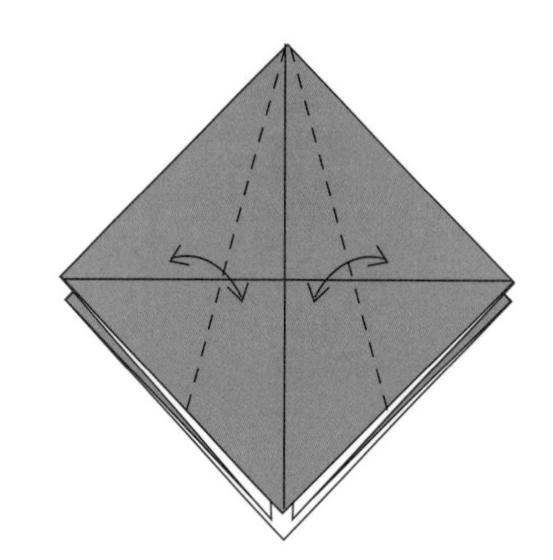

❸ 沿虛線將左右兩角摺至圓點處，然後攤開。背面也是一樣。

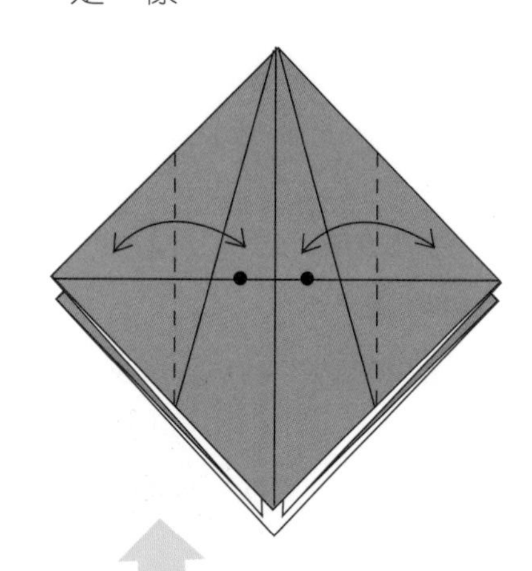

❹ 沿着摺痕，從粗箭嘴的方向將紙邊揭開，在中線上將開口壓平。

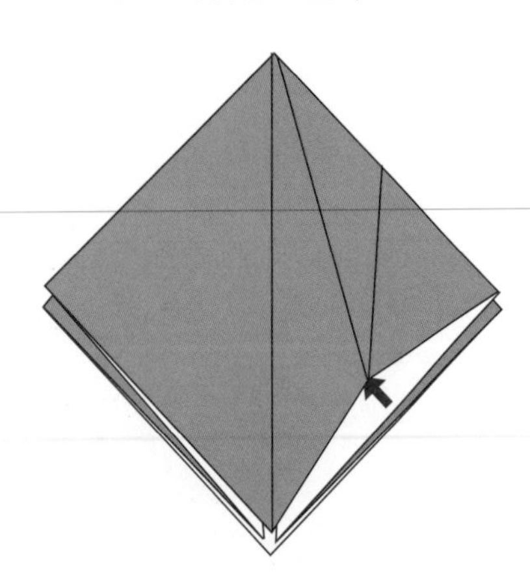

兩個圓點必須跟中線有一段距離。

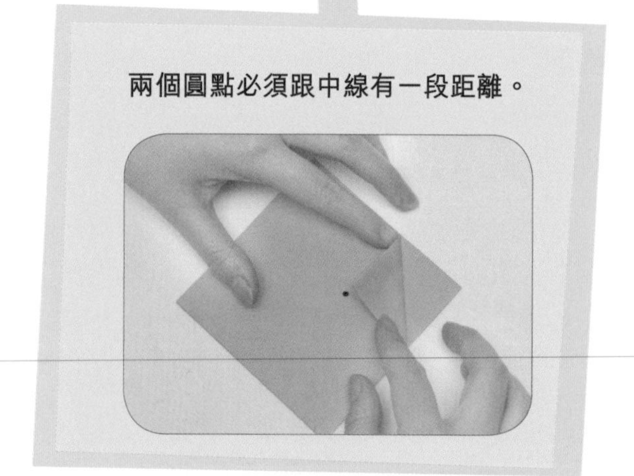

❺ 按住紅點所示的地方（即三條摺痕交會之處），然後把下端的三角形向上揭，沿摺痕壓平。

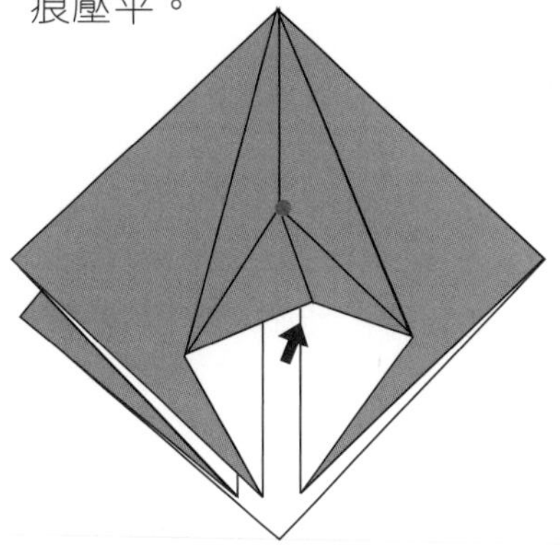

❻ 翻到其餘三面，重複步驟4至5。

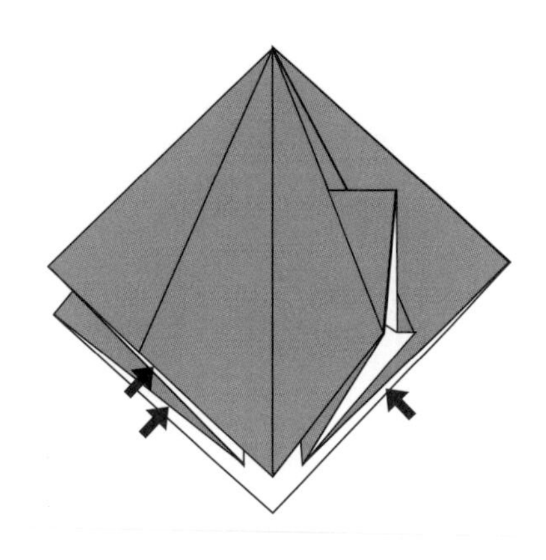

❼ 將下方的角沿虛線向上摺，背面也是一樣。

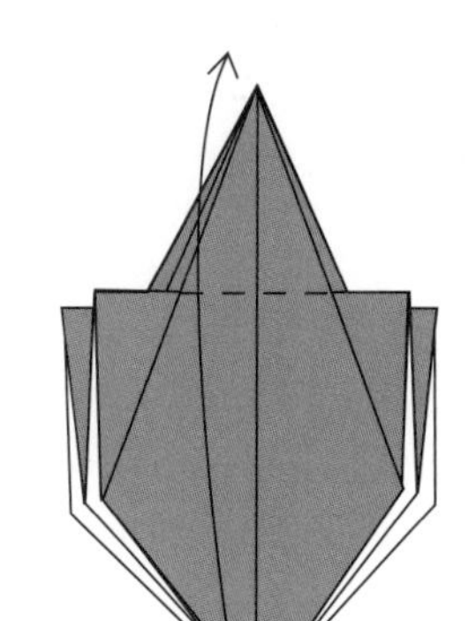

❽ 將右側翻到左側，背面也是一樣。

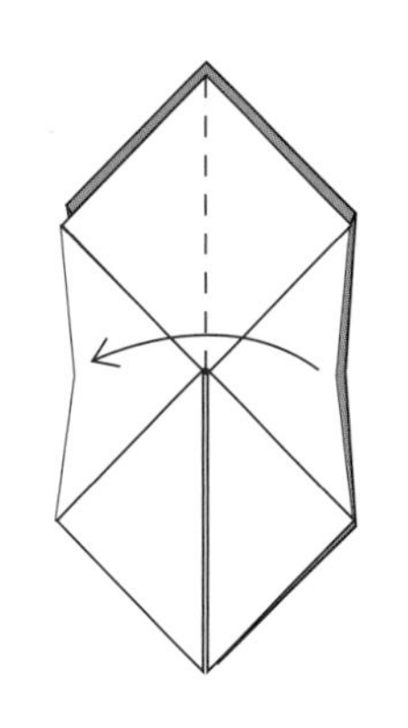

❾ 將下方的角沿虛線向上摺，背面也是一樣。

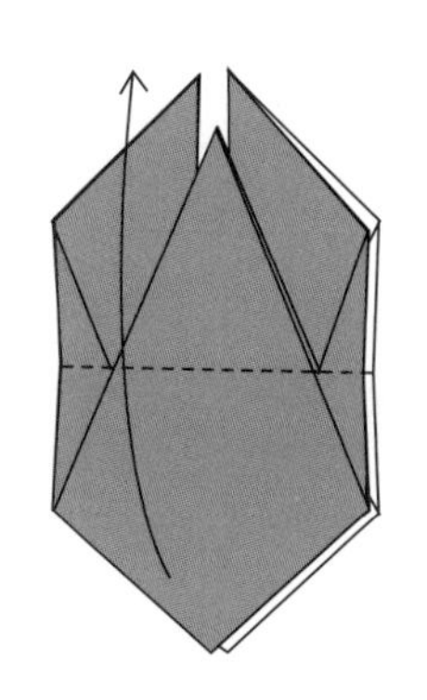

❿ 將上方的四個尖角往外拉，茉莉花就完成了。

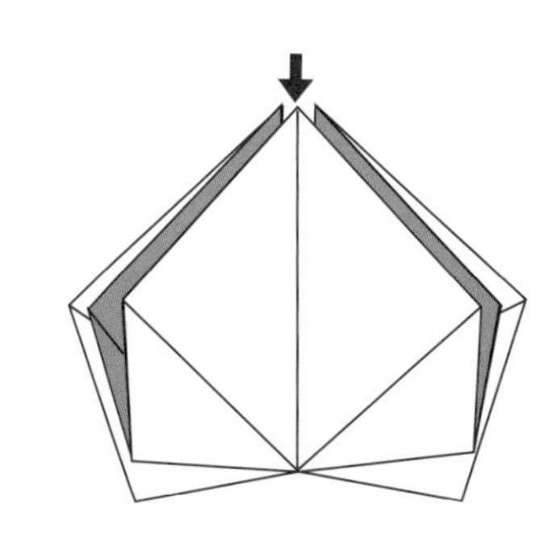

畫一畫

取出棉花棒，沾一點顏料，在花瓣上點上漂亮的斑紋。

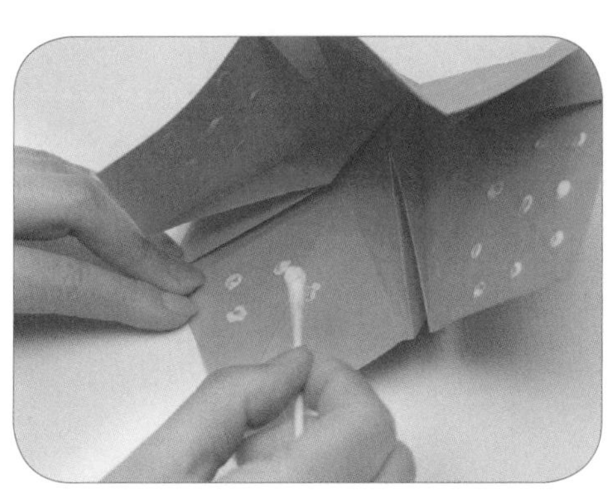

用剪刀將花瓣剪成弧形，就會變成另一種好看的花朵。

仙人掌

方法：

❶ 左右兩角對摺再攤開。

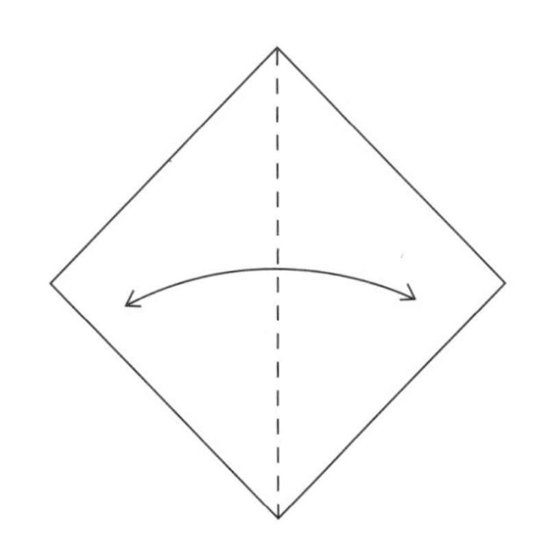

❷ 將上方的兩邊沿虛線摺向中線。

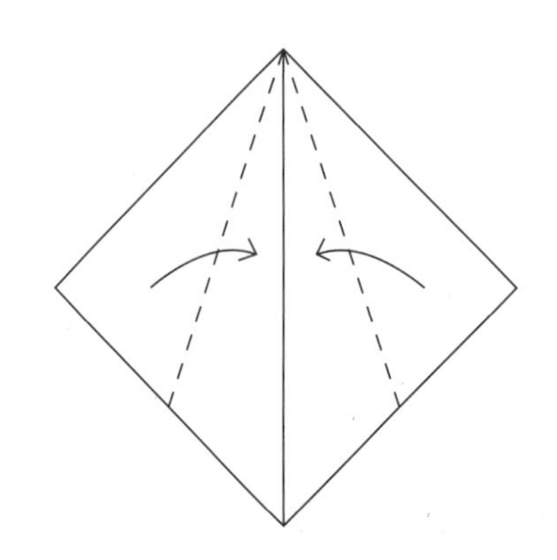

❸ 將下方的短斜邊沿虛線摺向中線。

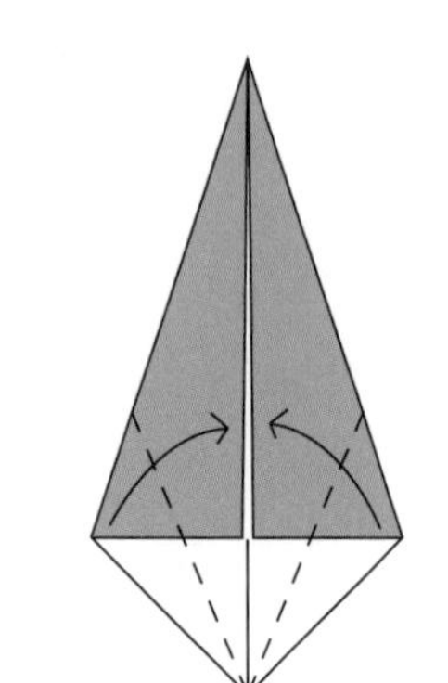

❹ 攤開右下方的短邊。

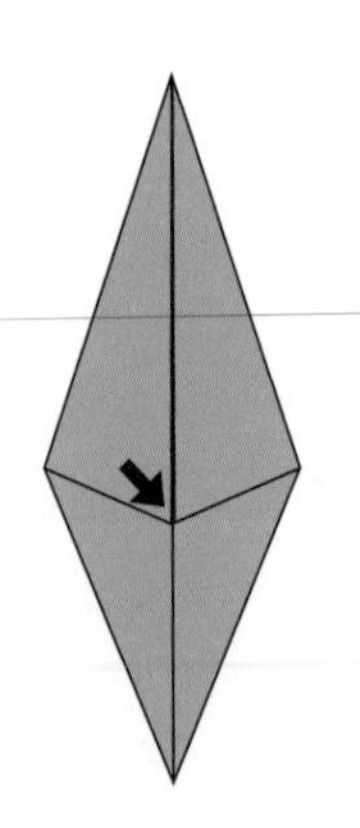

❺ 固定摺痕頂端的紅點，將中間的紙角向上拉摺。

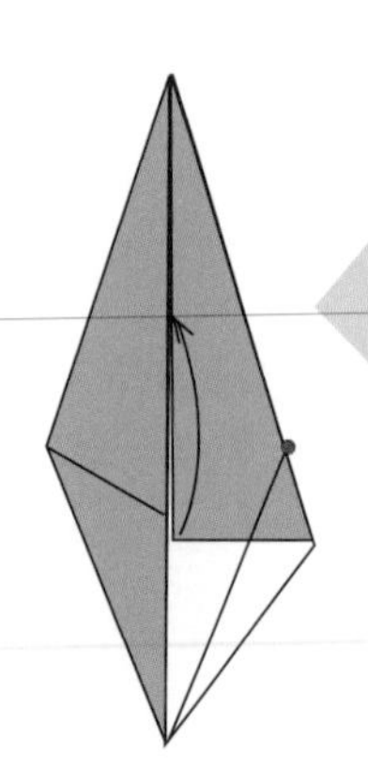

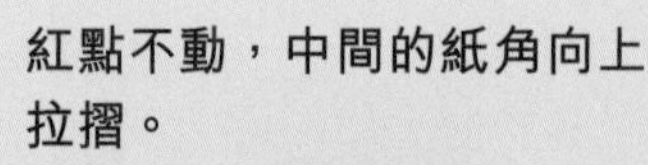
紅點不動，中間的紙角向上拉摺。

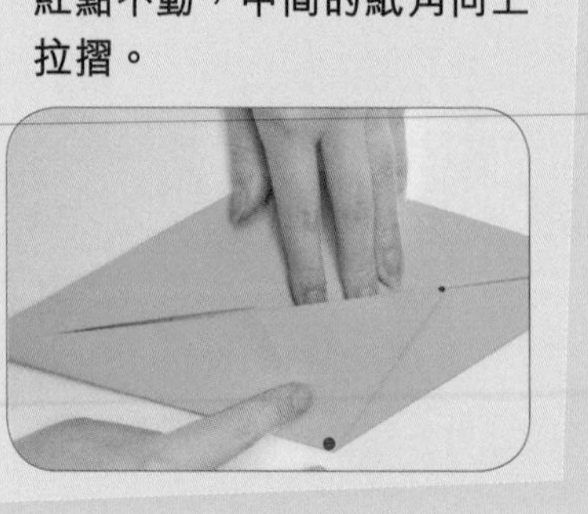

❻ 向後上下對摺。

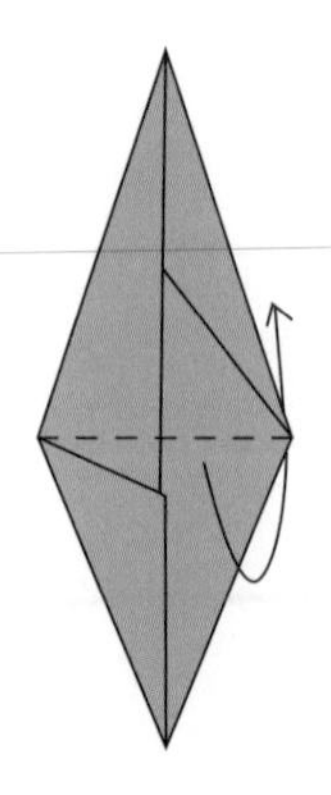

7 將右下方的小三角翻下來，再沿虛線向上摺。

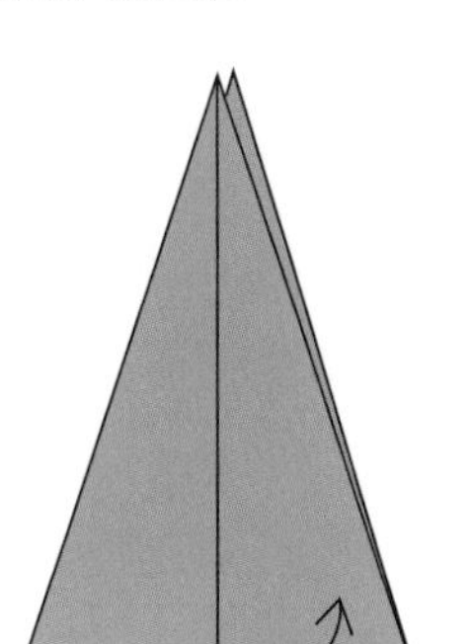

8 完成步驟7的樣子。把紙張翻轉。

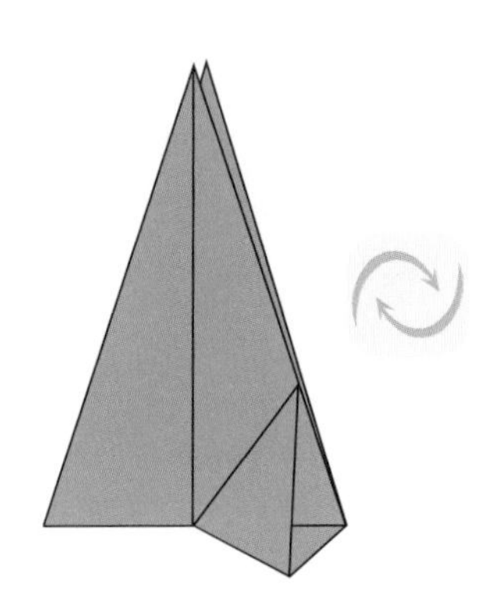

9 右下角沿虛線向左摺，再將上方表層的紙角沿虛線向下摺。

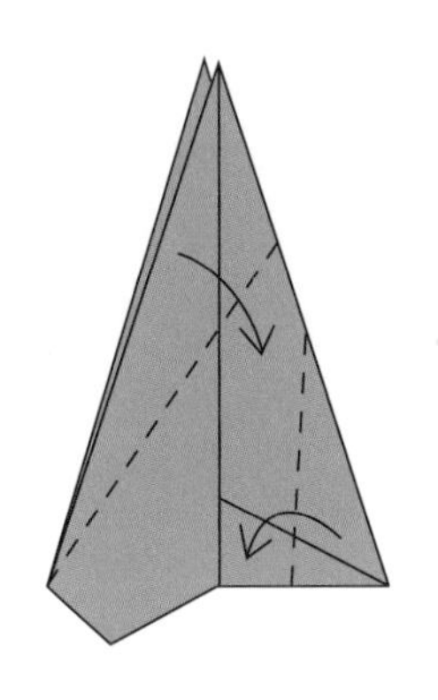

10 將左下角沿虛線向後摺。

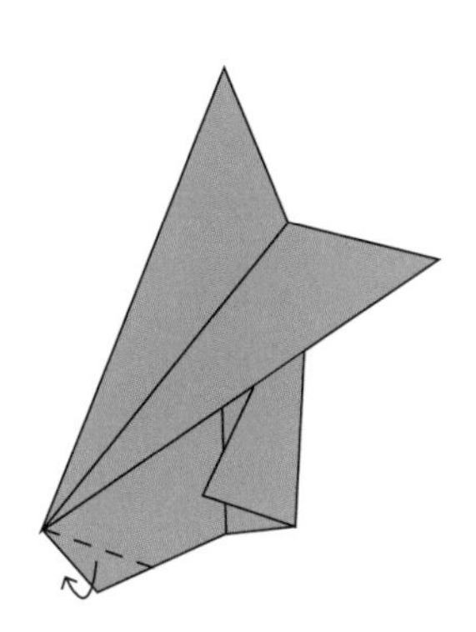

11 將左方的紙角沿虛線向右摺，同時揭開粗箭嘴所示的地方然後壓平。

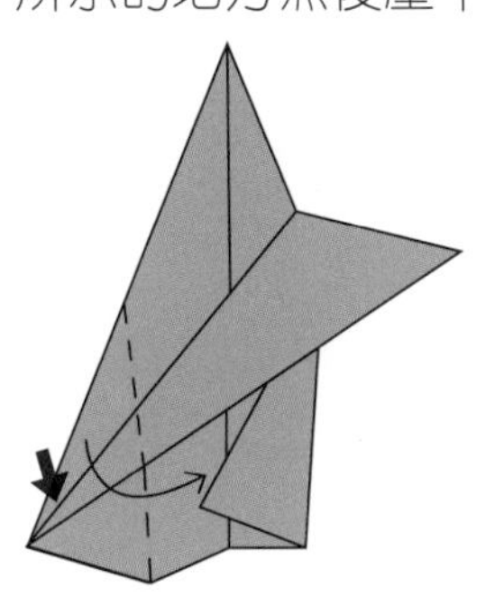

12 將尖角沿虛線摺疊。

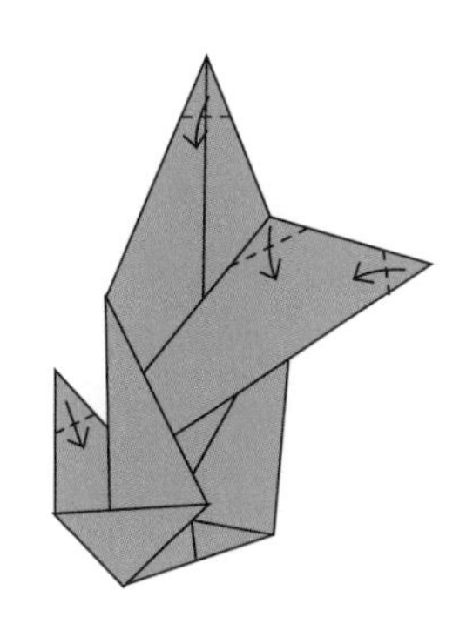

13 完成步驟 12 的樣子。把紙張翻轉，仙人掌就完成了。

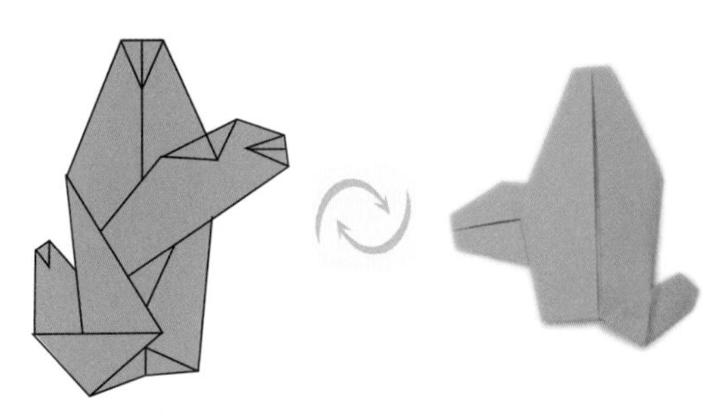

用筆為仙人掌畫上尖刺。

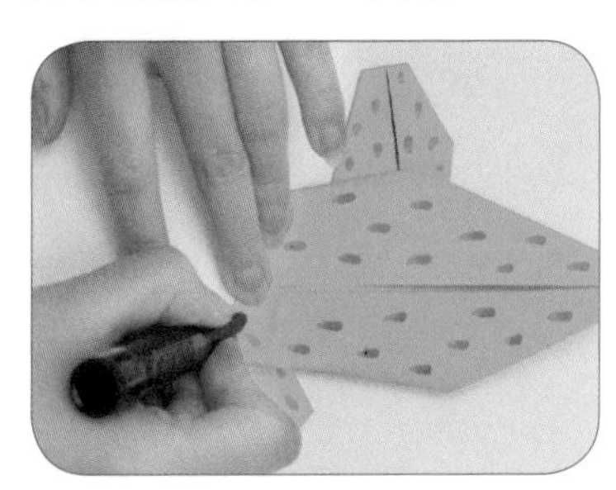

拿出正方形紙，試着摺出梯形，給仙人掌做個花盆。

風鈴草

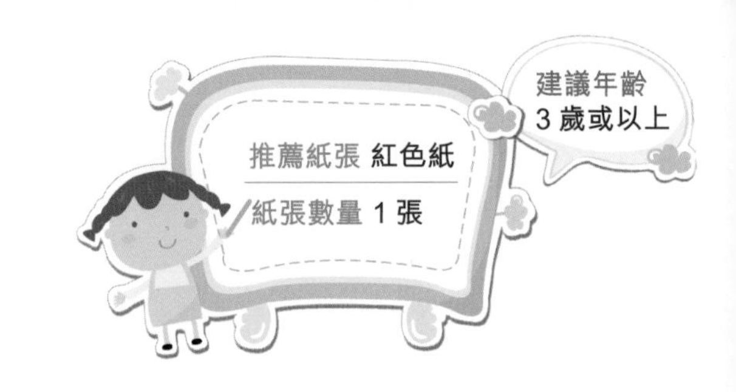

方法：

1. 將雙正方形（參看第 12 頁）左右兩角沿虛線向中線。

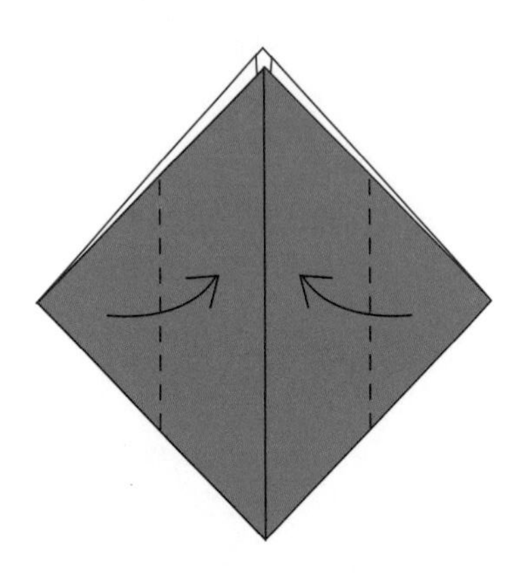

2. 背面摺法相同。

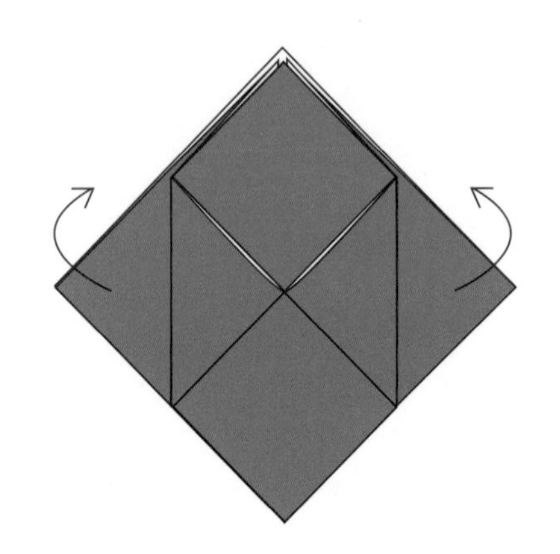

3. 將上方的紙角沿虛線向下摺。

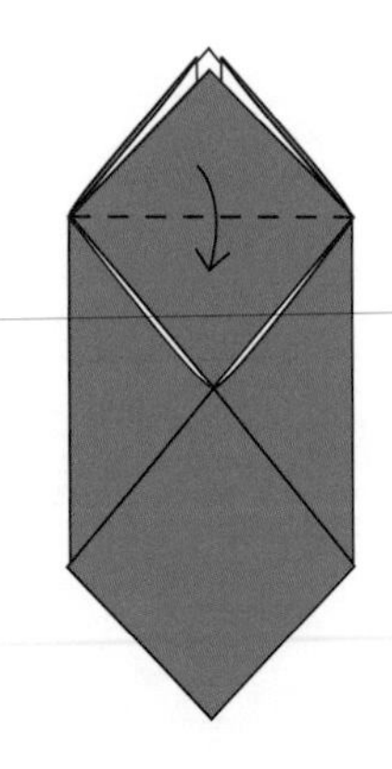

4. 完成步驟 3 的樣子。

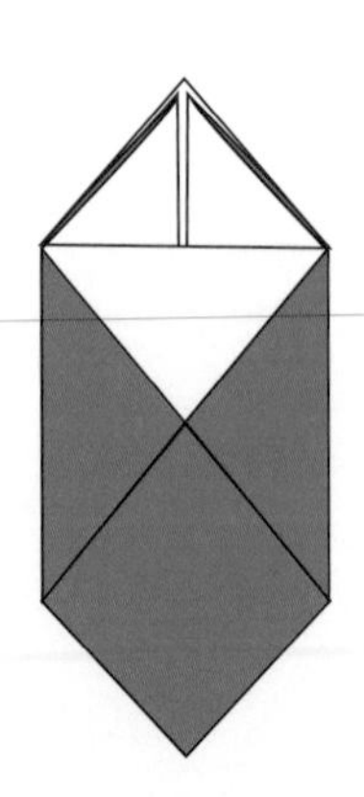

❺ 在其餘三面重複步驟 3。

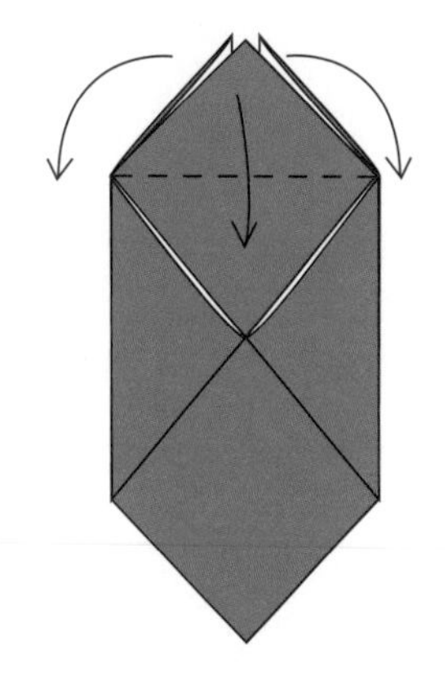

❻ 把剛剛往下摺的四角向不同方向拉開，風鈴草就完成了。

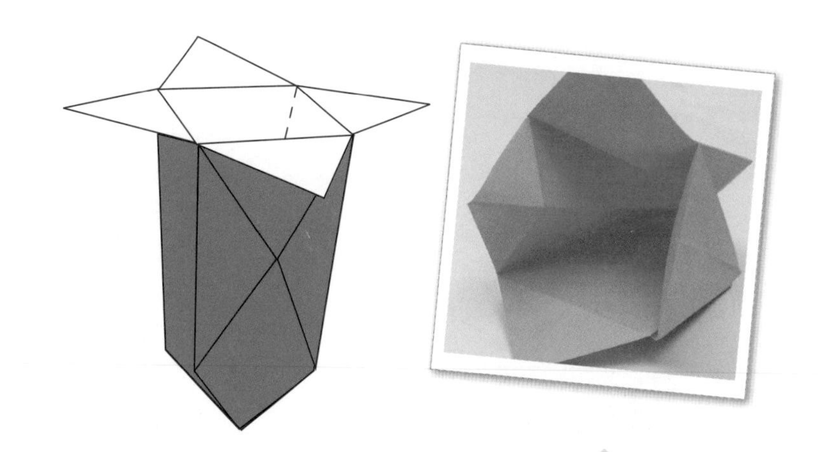

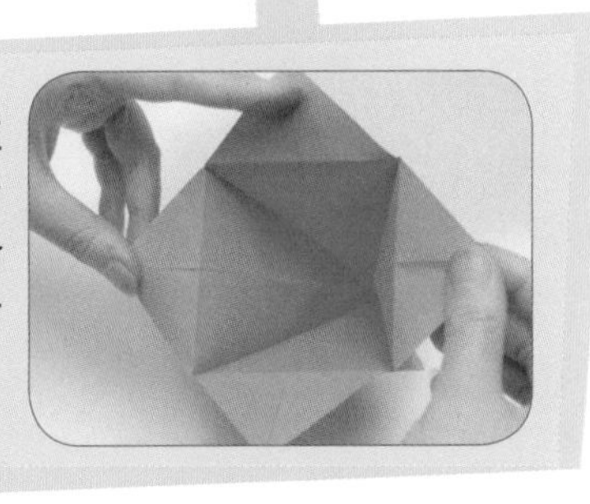

輕輕沿摺痕拉開紙角，四片花瓣之間便會出現一個正方形洞口。

畫一畫

用筆為風鈴草畫上好看的花紋。

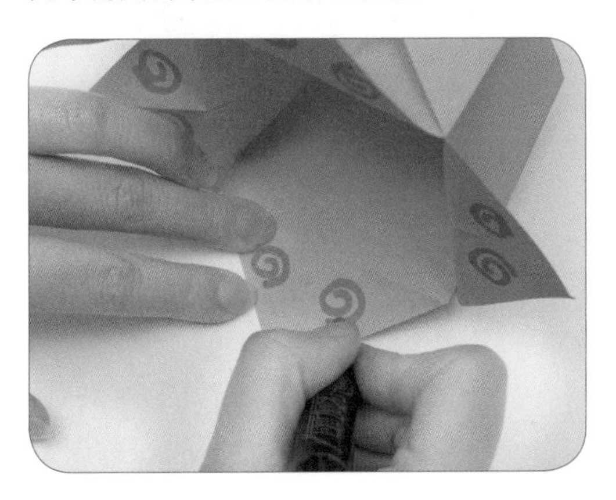

試一試

用毛絨條給風鈴草做花莖和葉子。

發揮創意

將風鈴草倒放，再用繩子綁上鈴鐺，就成了一個好看的風鈴。

楓葉

方法：

❶ 將雙菱形（參看第 13 頁）的短邊沿虛線向中線摺疊，背面也是一樣。

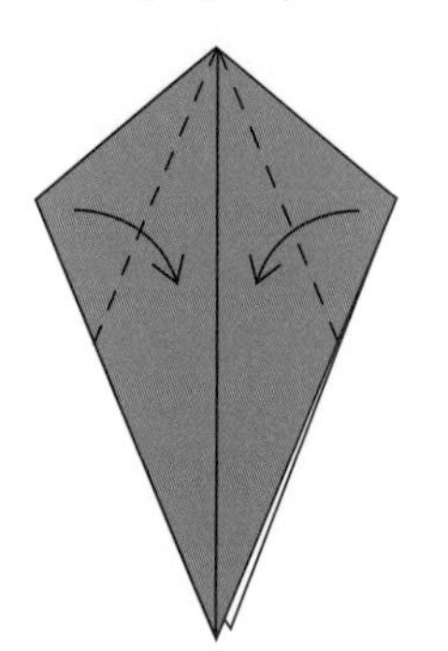

❷ 把內層的紙角從右側向上拉，然後壓平。

❸ 將表層左方的紙角沿中線翻頁。

❹ 再次把內層的紙角從右側向上拉，然後壓平。

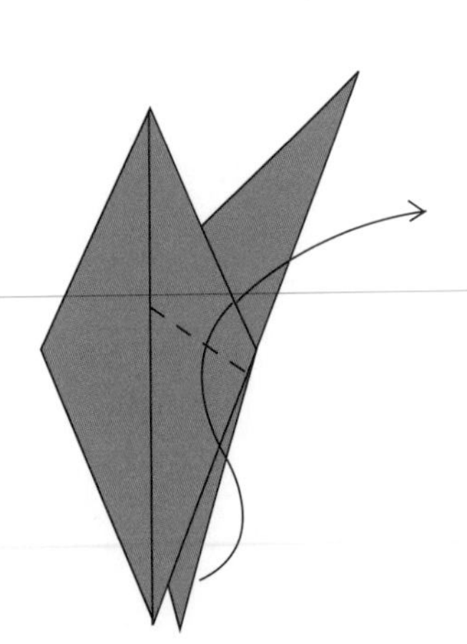

❺ 沿中線向右翻頁。

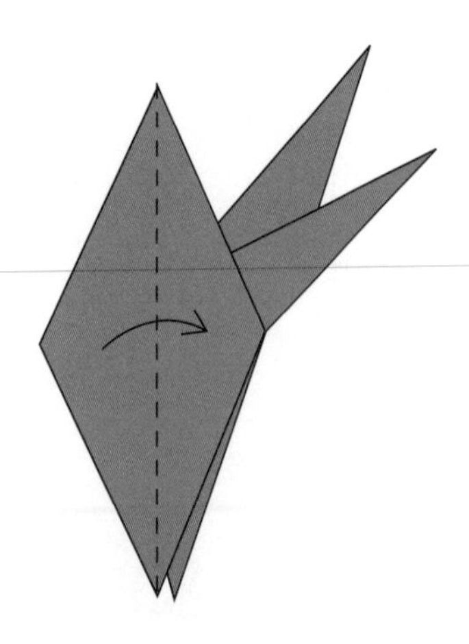

6 將底層的紙角從右側向上拉，然後壓平。

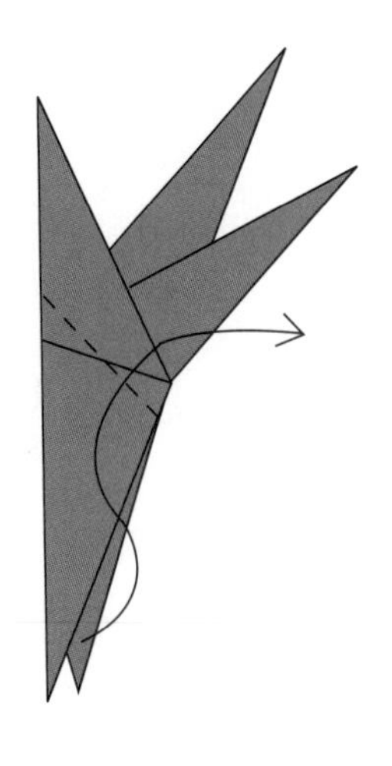

7 將下方的尖角沿虛線向上摺，然後翻轉紙張。

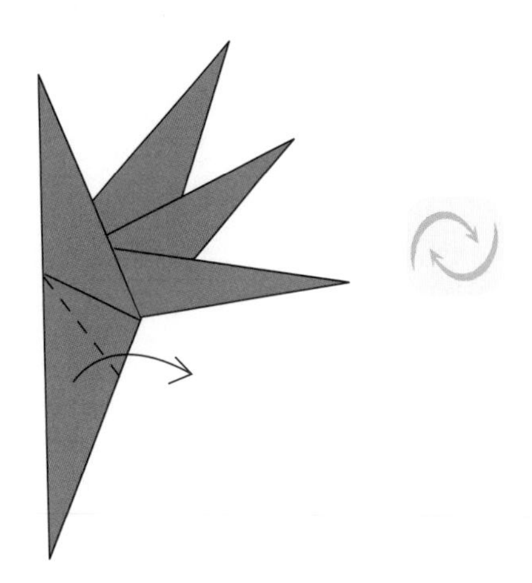

8 楓葉完成了。

畫一畫

用筆為楓葉畫上葉脈。

試一試

取出長方形紙條給楓葉當葉柄。

摺紙助孩子充分發揮創意

隨着孩子語言和思維能力的發展，他們會逐漸萌生許多有創意的想法和舉動，如同一顆小小的種子，生根發芽，長成參天大樹。作為家長，應該鼓勵孩子發揮想像力，培養他們敢於想像、勇於實踐的性格。

摺紙是一門培養想像力的藝術。鮮亮的色彩、有趣的摺疊方法，都會使孩子在摺紙時不斷聯想，思維變得活躍。家長可以參照書中的「試一試」環節，把摺紙作品改頭換面。當然，這些建議跟孩子的想像力比起來，實在是小巫見大巫。只要得到適當的鼓勵，他們的創意便會源源不絕。有的孩子會將「房子」變成「帆船」，將「帆船」變成「錢包」，又將「錢包」變成「帽子」……還有孩子用雙三角形摺出了「甲蟲」、「兔子」、「泡泡」等不同作品。

一個成功的家長，能夠激發孩子思維、鼓勵他們實踐、肯定他們的努力。尤其要注意的是，不要苛責孩子，不要怪他摺出綠色的紅蘿蔔和長了角的青蛙……或許，等他長大後成了科學家時，這些事物都會成真呢！

第四章
美味的食物

西瓜

方法：

❶ 對摺再攤開。

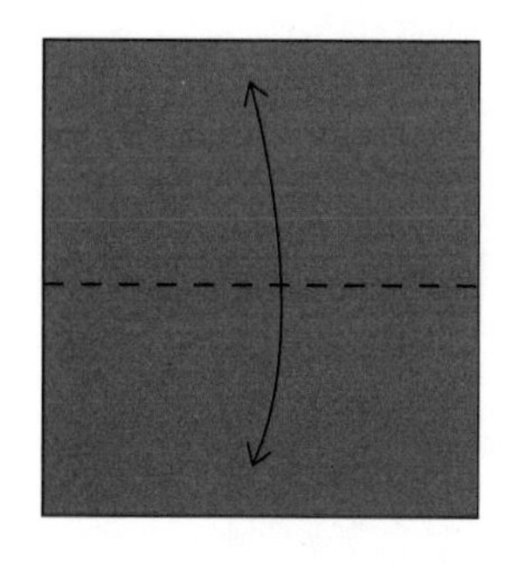

❷ 紙角沿虛線摺疊，要上下左右對稱。

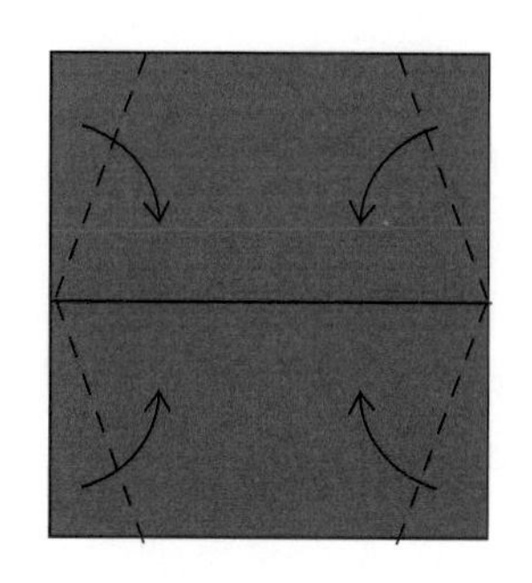

❸ 上下兩邊沿虛線摺疊。

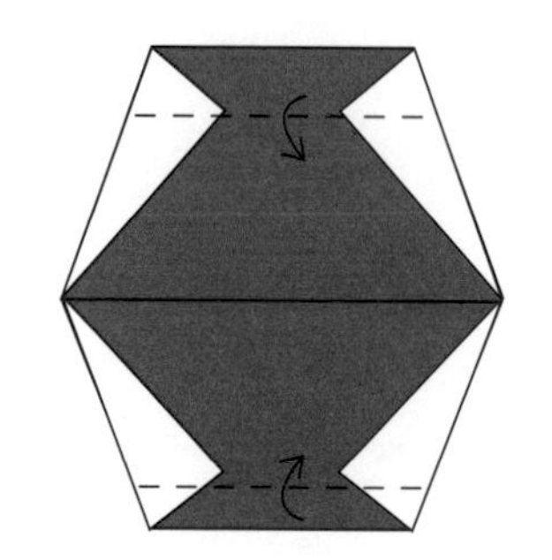

❹ 翻轉紙張，將六個紙角沿虛線摺疊。

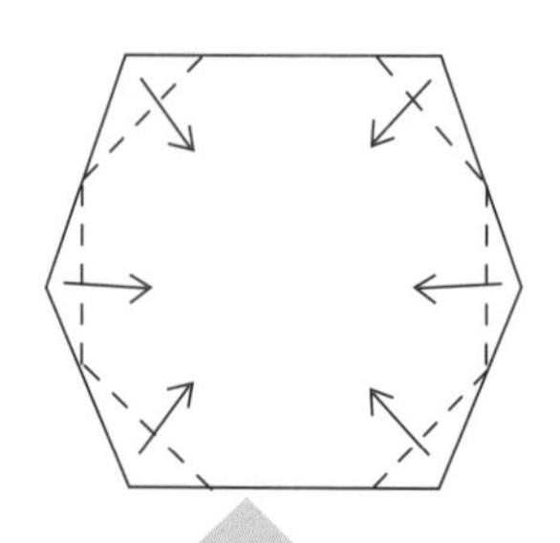

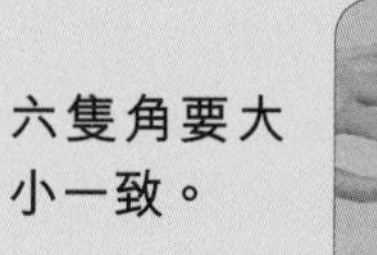

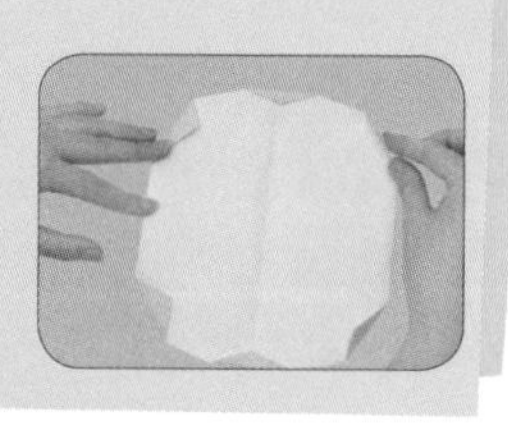

❺ 翻轉紙張，沿步驟 1 留下的摺痕向後對摺，西瓜就完成了。

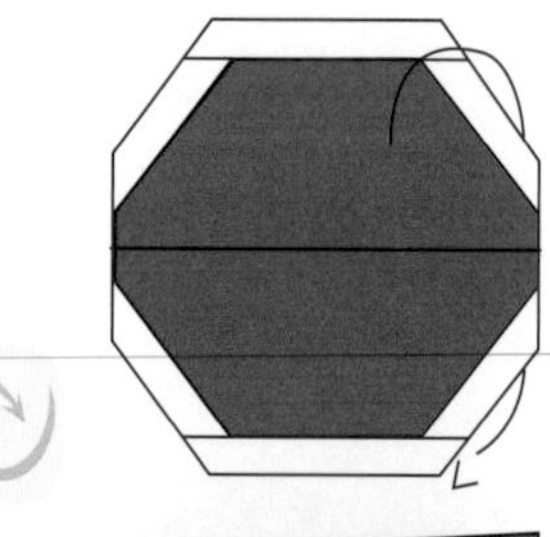

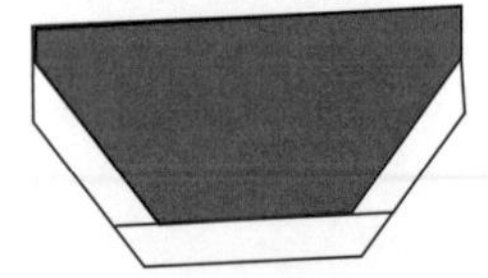

用筆為西瓜皮塗上綠色，再畫上西瓜籽。

謎語

沒吃的時候是綠色，
吃進去是紅色，
吐出來是黑色。
你猜這是什麼呢？

謎底：西瓜

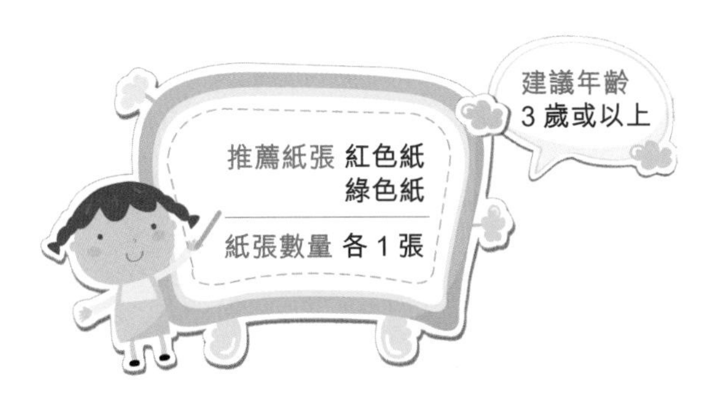

番茄

方法：

❶ 把紅色紙的四角沿虛線摺疊，上下左右不用對稱。

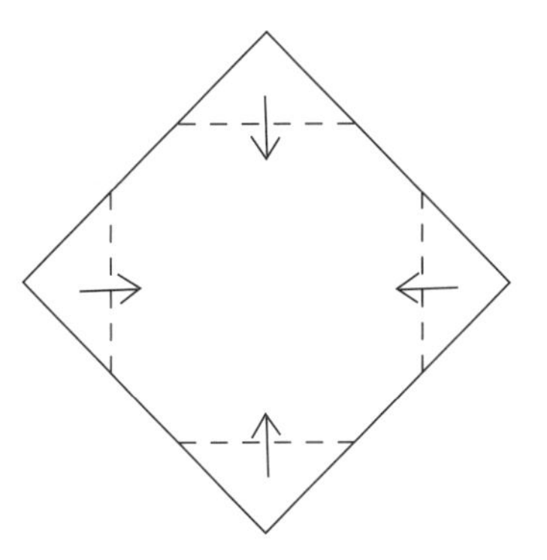

❷ 用漿糊筆把紙角黏好，然後翻轉紙張。

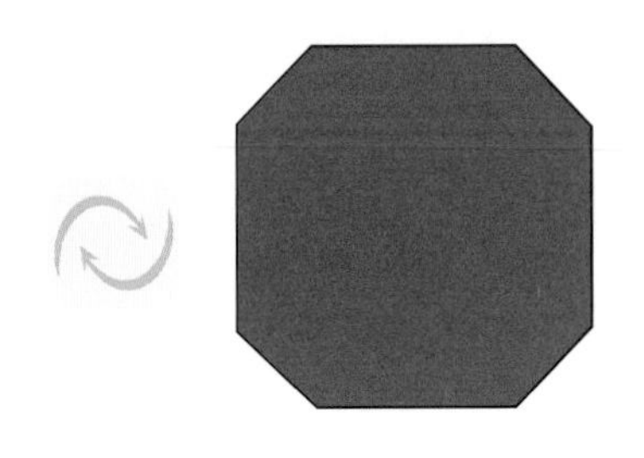

❸ 將綠色紙向下對摺。

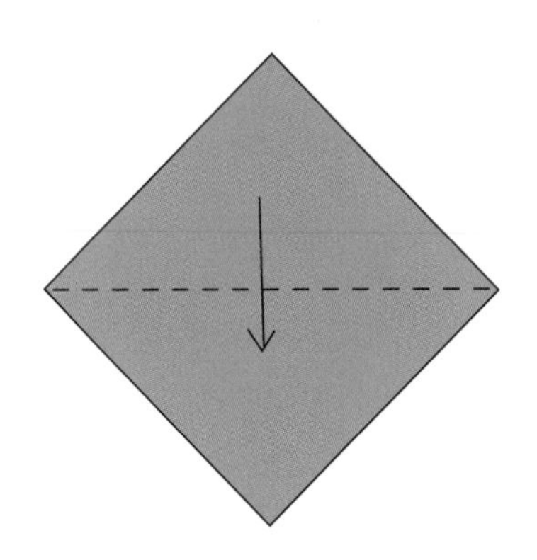

❹ 左右對摺後再攤開。

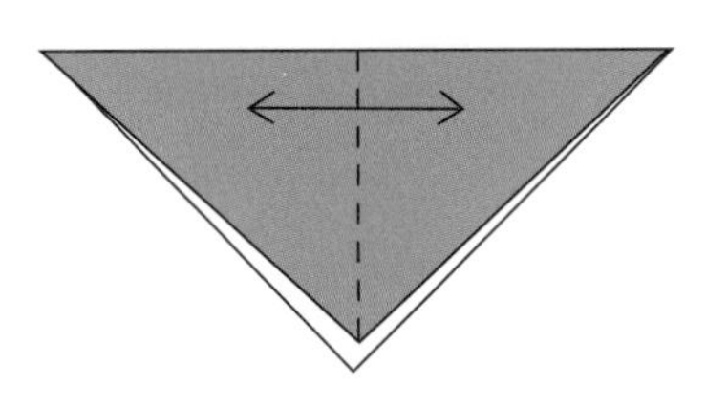

❺ 將左右兩角沿虛線向下摺。

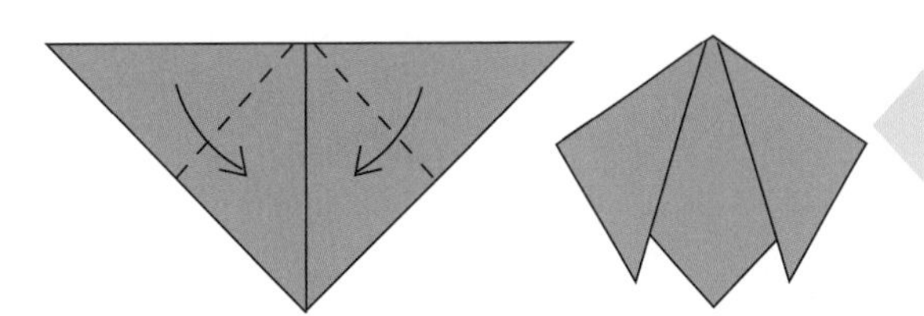

要左右對稱啊！

❻ 沿虛線曲摺（先向下再向上）。

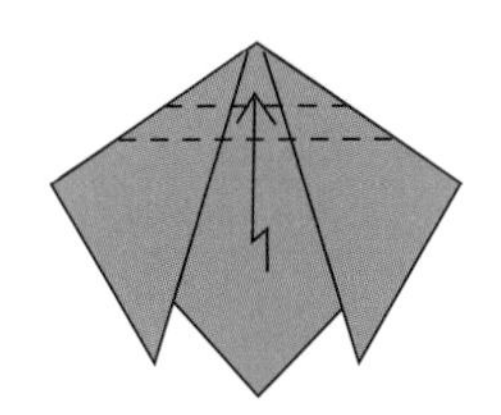

❼ 把兩張紙組合起來，番茄就完成了。

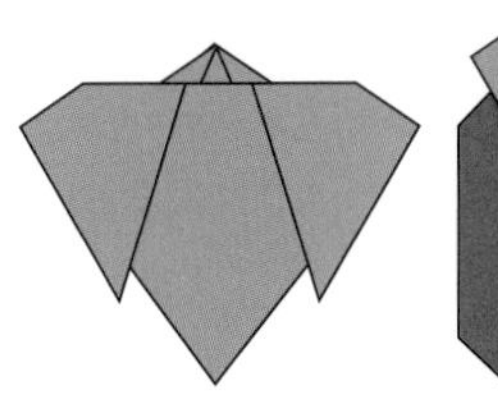

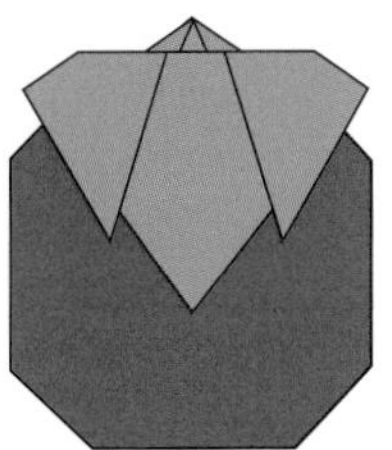

畫一畫

用筆為番茄的葉子畫上葉脈。

香蕉

方法：

❶ 沿虛線向上對摺。

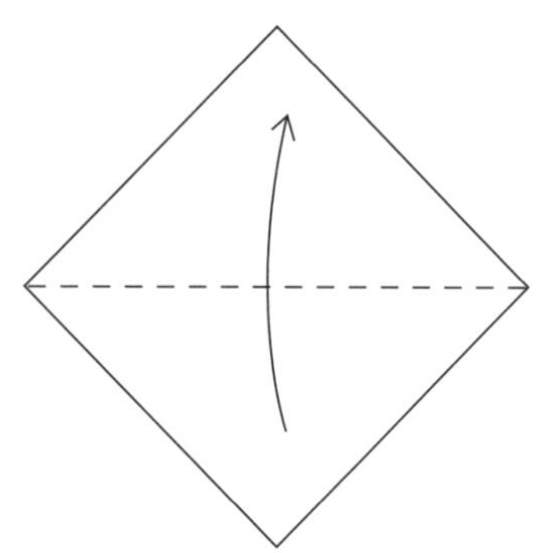

❷ 左右兩角沿虛線向上摺。

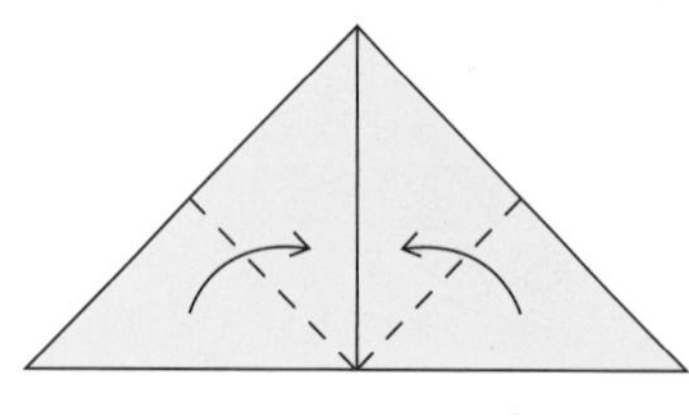

❸ 下方的紙角沿虛線曲摺（先向上再向下），完成後紙角剛好碰到紙邊。

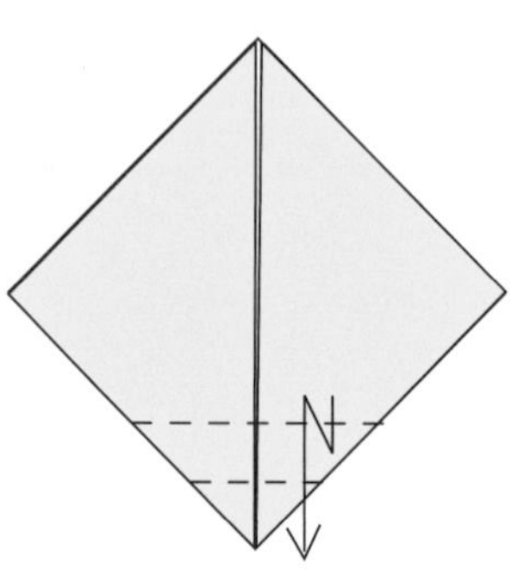

❹ 左右兩角向後捲曲，黑點對黑點黏好。

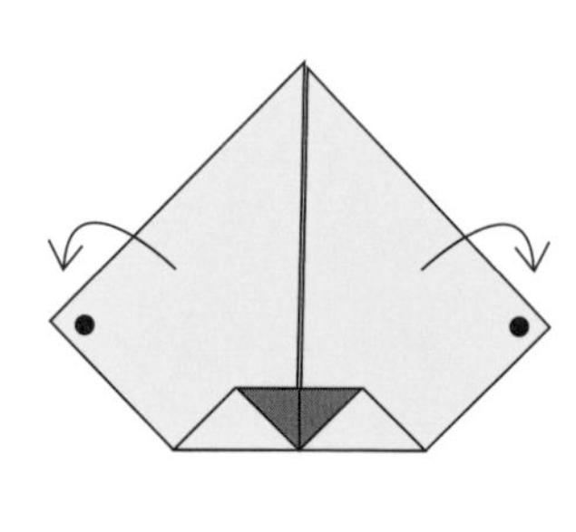

❺ 把外層兩側的紙角翻下來，香蕉就完成了。

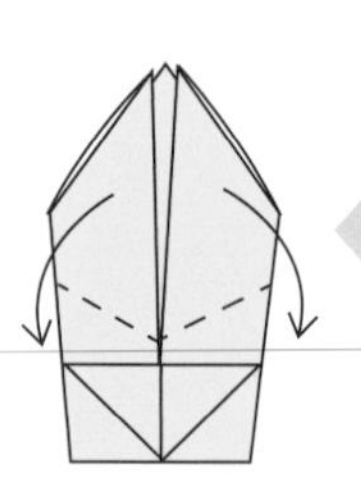

剝香蕉皮時，要輕輕的啊。

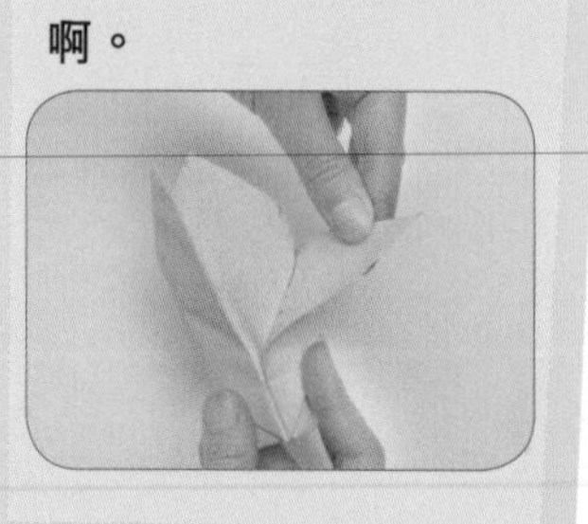

用筆畫出香蕉皮內側的條紋。

試一試

把頂端剪成弧形， 就更像一根香蕉了。

棒棒糖

方法：

① 把橙色紙的四角沿虛線摺向中間。

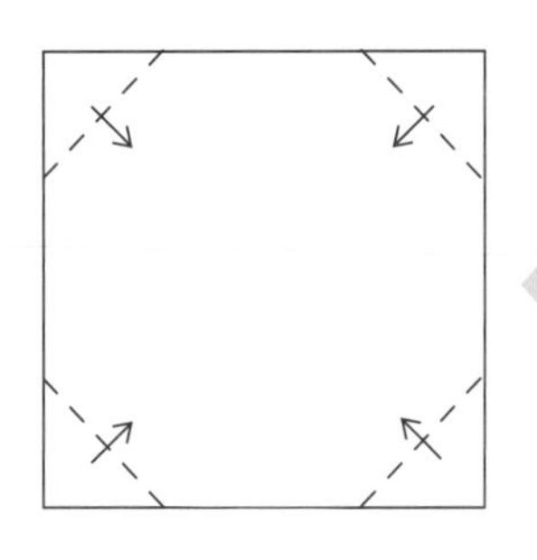

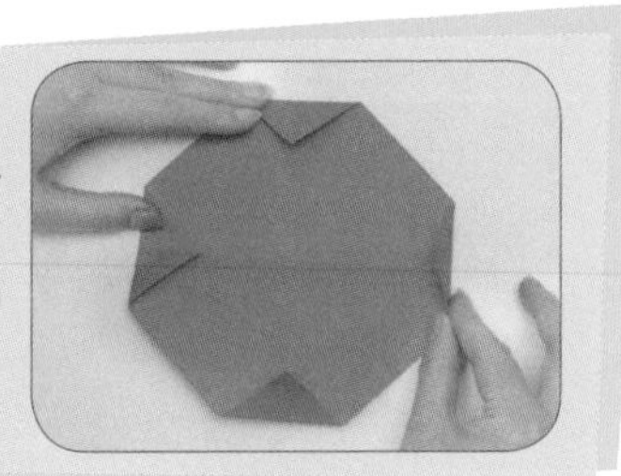

如果想摺得更對稱，可以先對角摺再攤開。

② 翻轉紙張。

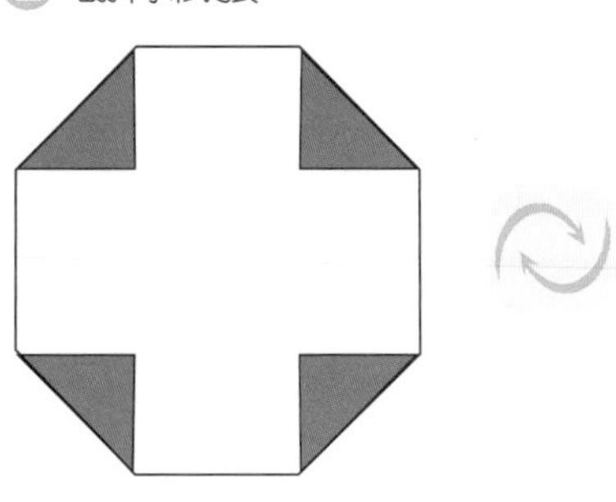

③ 從中間開始畫螺旋紋。

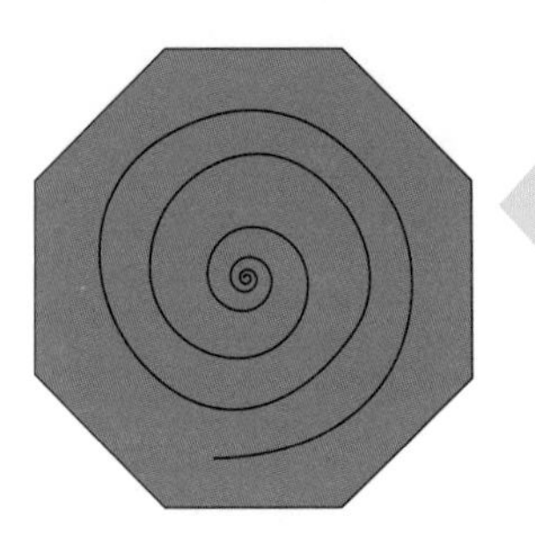

小心線條不要重疊。

④ 取一張黃色紙，沿圖 a 虛線捲摺，摺成條狀（如圖 b）。

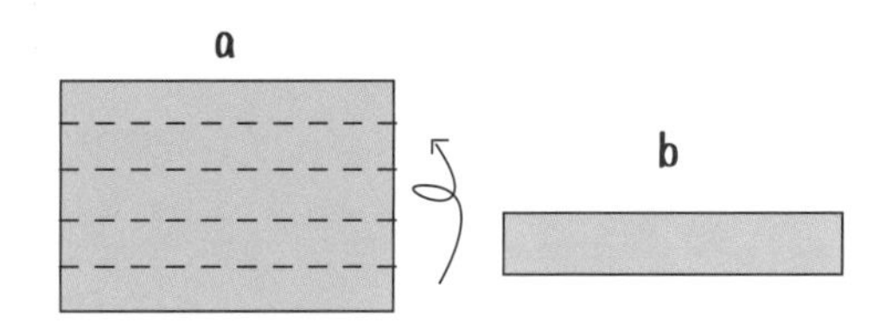

⑤ 把兩張紙黏起來，棒棒糖就完成了。

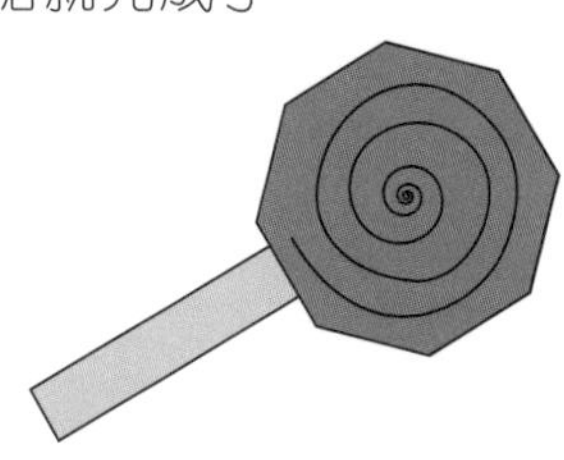

試一試

可以用飲管或小木棒來代換黃色紙。

想一想

如果用橙色紙摺出的棒棒糖是橙汁味的，以下的棒棒糖又是什麼味道的呢？

茄子

方法：

❶ 左右對摺再攤開。

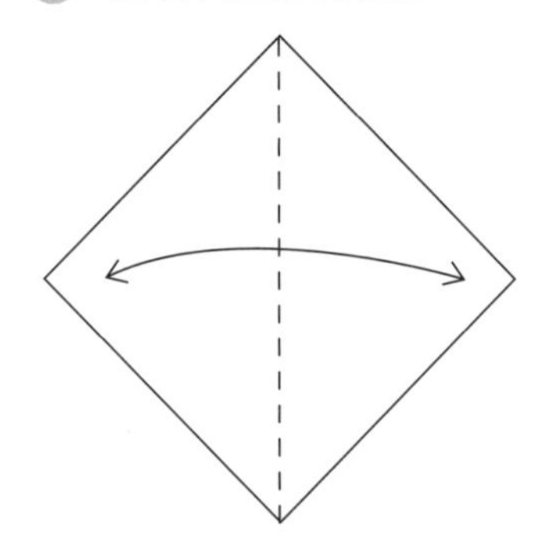

❷ 上方的角沿虛線向下摺。

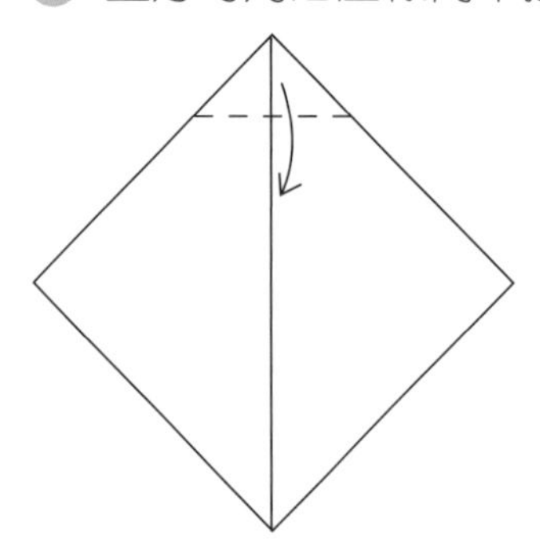

❸ 翻轉紙張。

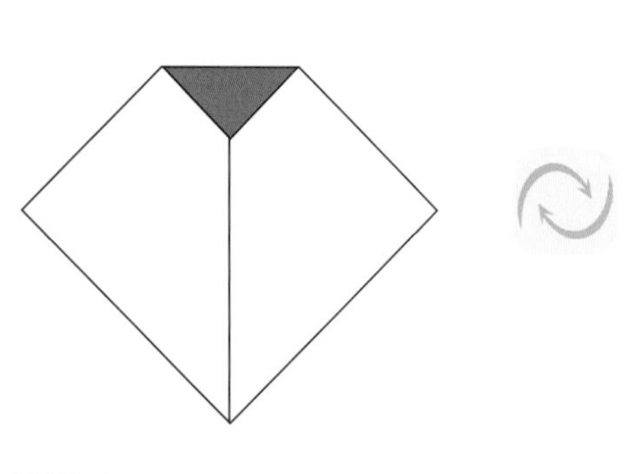

❹ 斜邊沿虛線摺向中線。

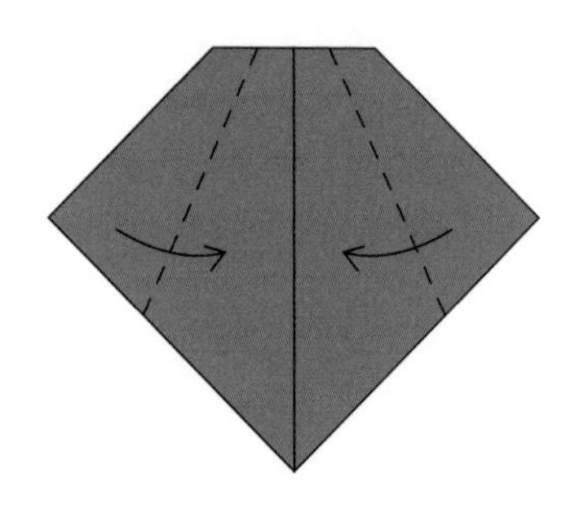

❺ 左右向後對摺。

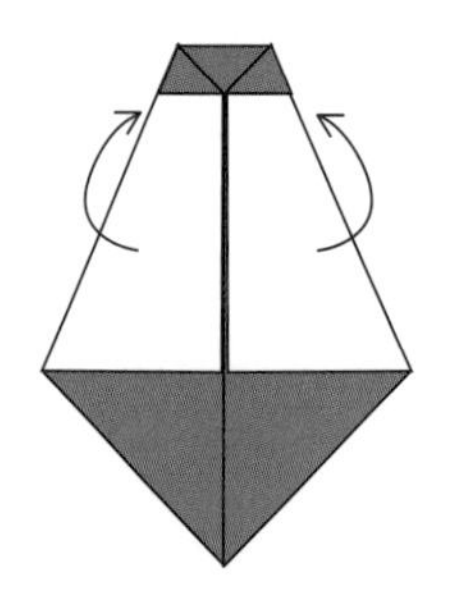

❻ 將下端的紙角沿虛線向內摺。

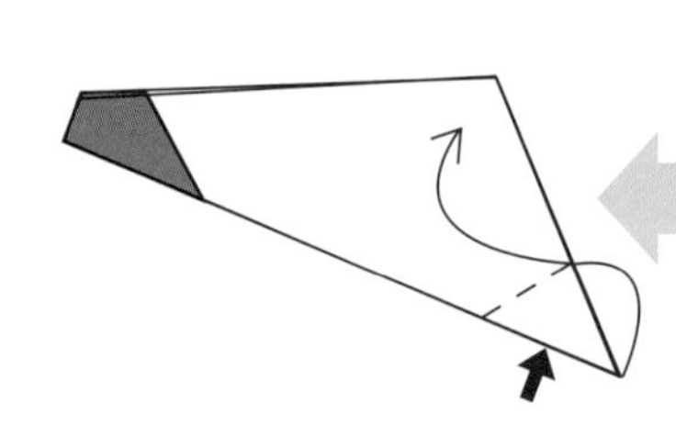

先沿虛線摺出摺痕，把紙角向內摺時會容易得多。

❼ 茄子完成了。

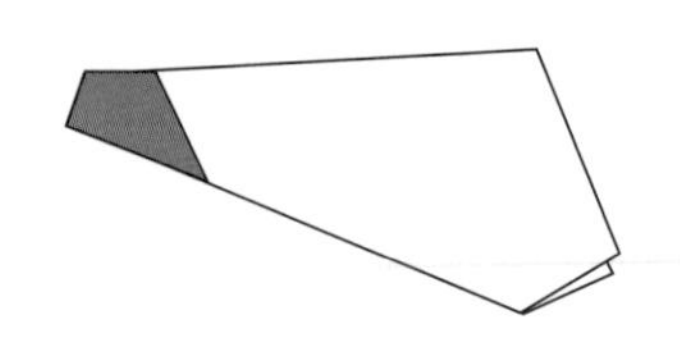

畫一畫

用筆為茄子塗上棕色的蒂。

延伸活動

謎語

紫色樹，開紫花，
開過紫花結紫瓜，
紫瓜裏面裝芝麻。

謎底：茄子

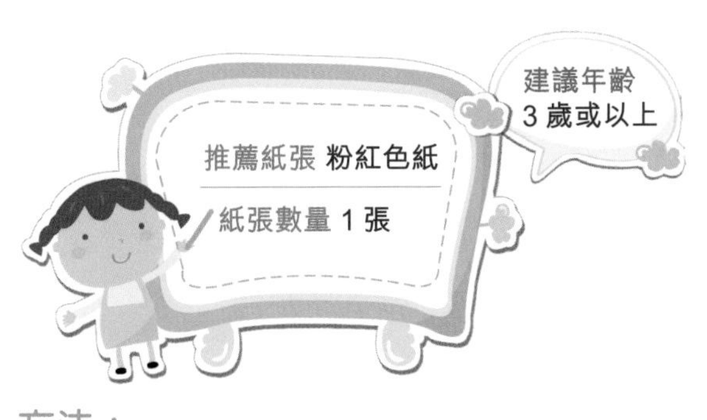

蘋果

方法：

❶ 將下方的紙邊沿虛線向中間摺疊

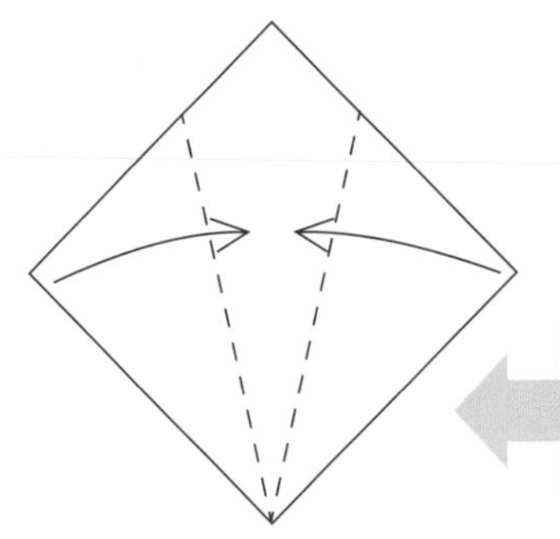

左右摺疊的範圍要交疊。

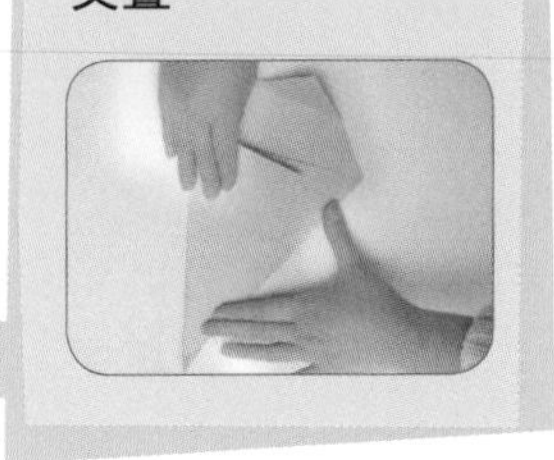

❷ 上方的角沿虛線向下摺。

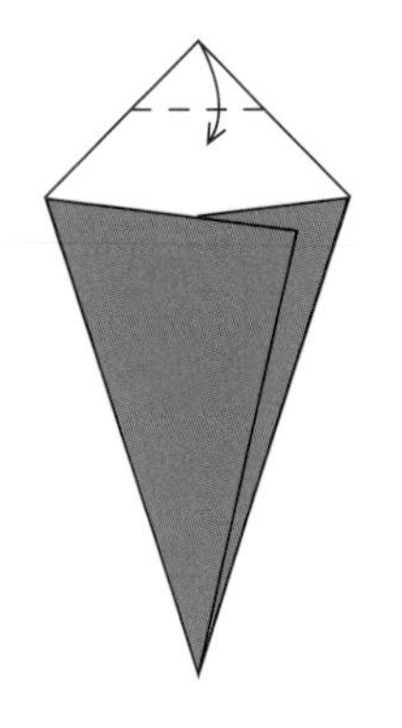

❸ 下方的角沿虛線向上摺，尖角要高於上方的紙邊。

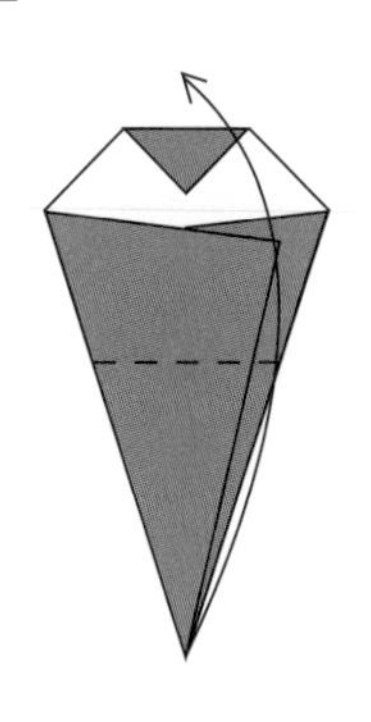

❹ 將左右兩個紙角沿虛線向中間摺疊。

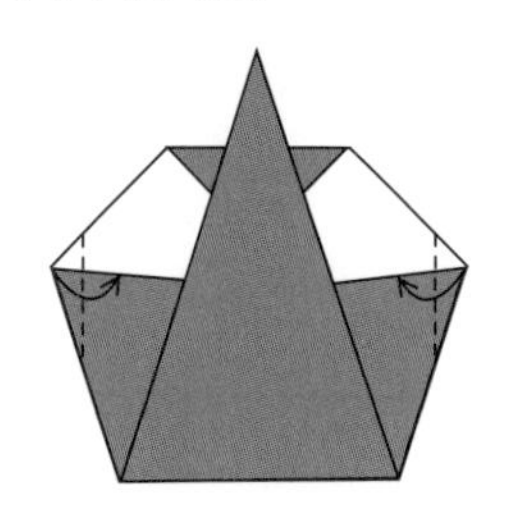

❺ 下方兩角同樣沿虛線向上摺。

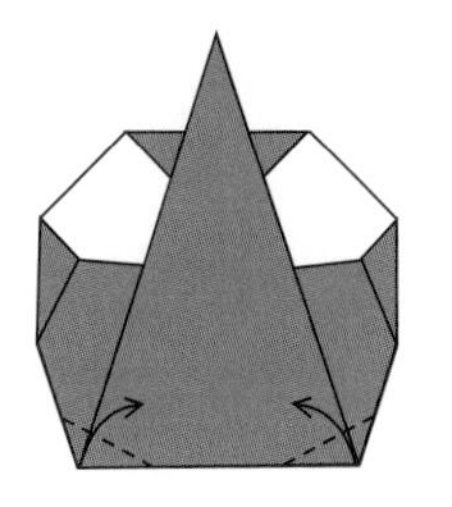

❻ 頂端的尖角沿虛線向後摺。

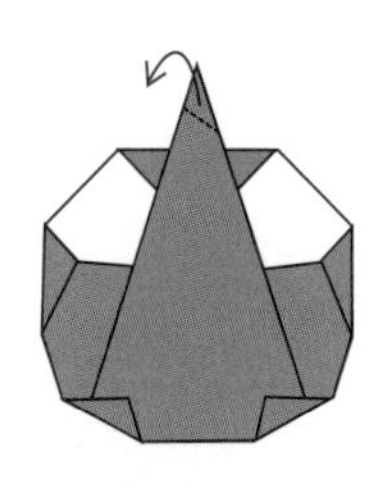

❼ 翻轉紙張，蘋果完成了。

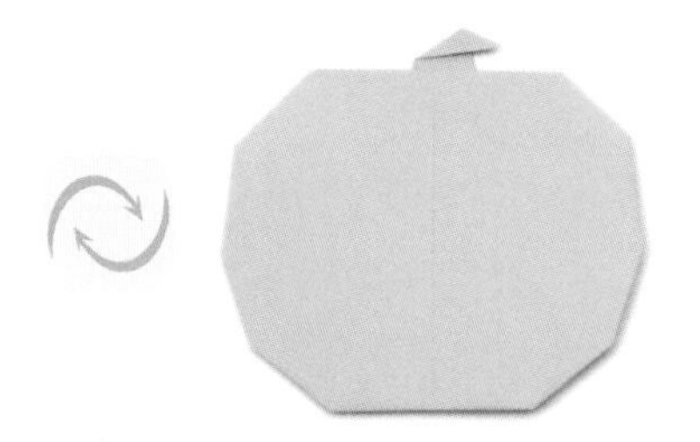

畫一畫

用綠色的筆為蘋果畫上葉子。

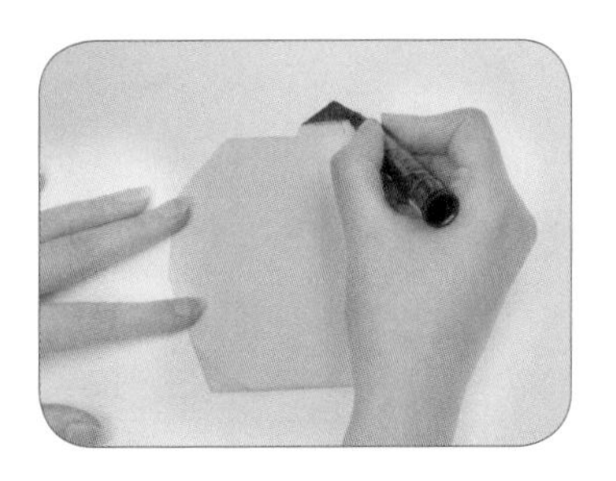

試一試

摺出兩個蘋果，然後背對背黏在一起，成為一個雙面的蘋果。

紅蘿蔔

方法：

1. 把橙色紙沿虛線對摺。

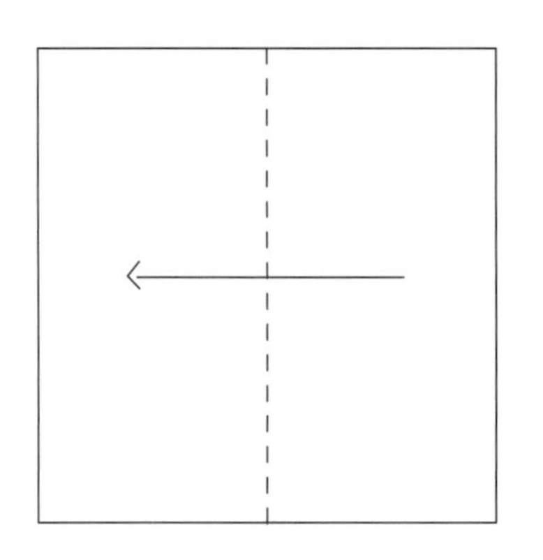

2. 摺出中線摺痕後，再把下方兩角摺向中線。

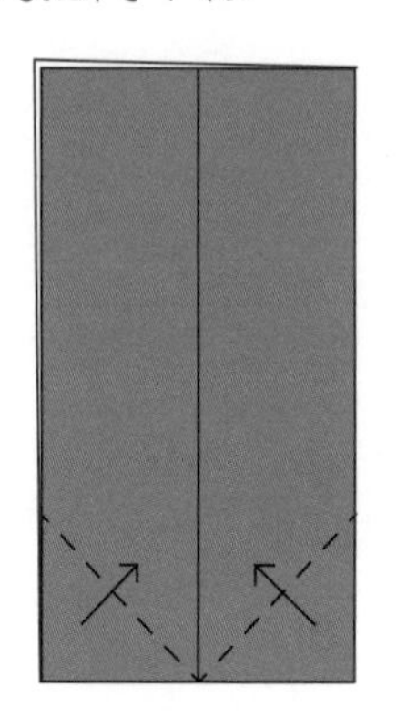

3. 紙角沿虛線摺向中間，然後翻轉紙張。

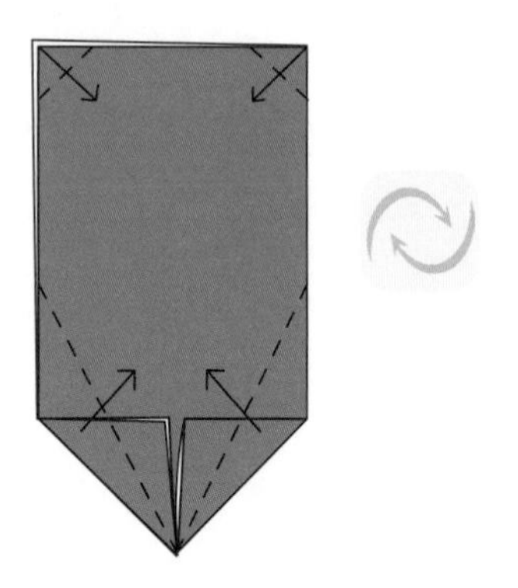

4. 左右兩邊沿虛線向後摺。

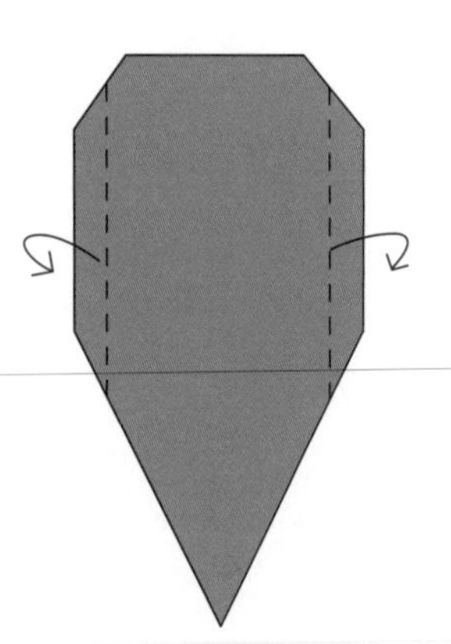

5. 取出青色紙，沿虛線上下對摺。

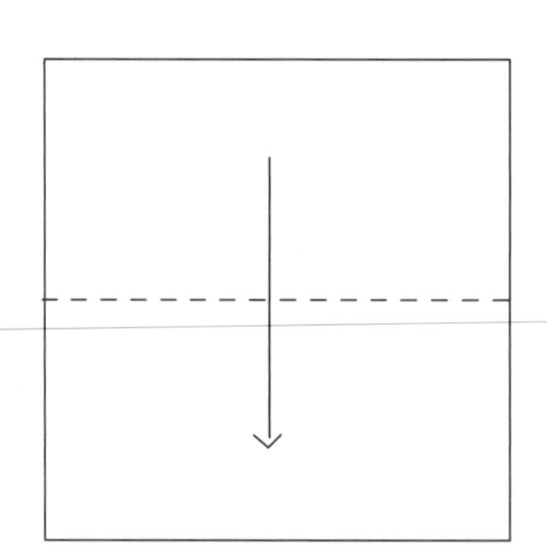

6. 再上下對摺，摺成條狀。

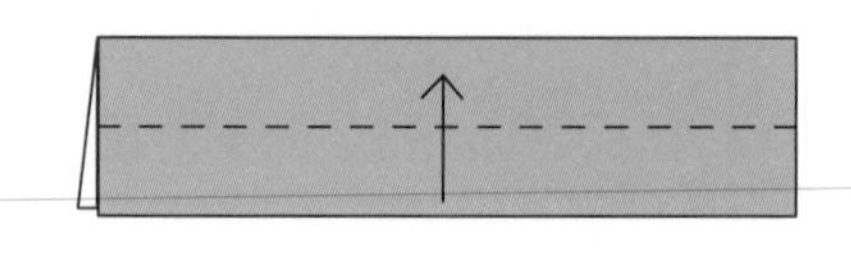

⑦ 將紙角的表層沿虛線向下摺。

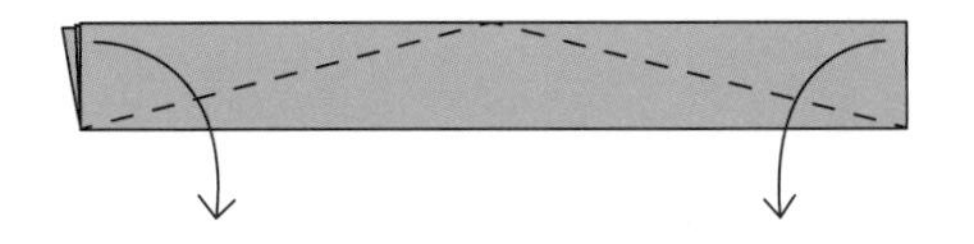

⑧ 沿中線左右對摺。

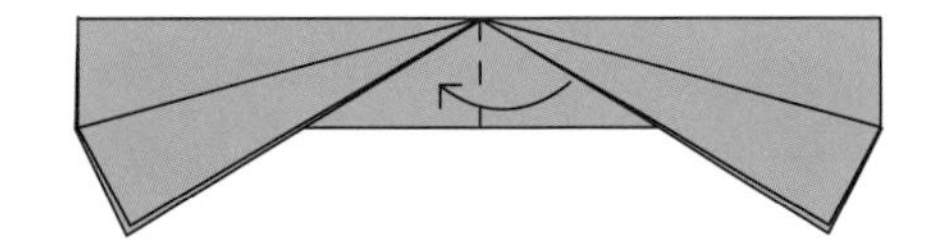

⑨ 沿虛線摺出摺痕再攤開。

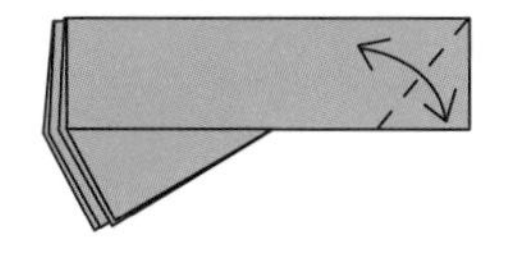

⑩ 用手捏住摺痕，再把紙條攤開，形成一片「V」型的紅蘿蔔葉子。

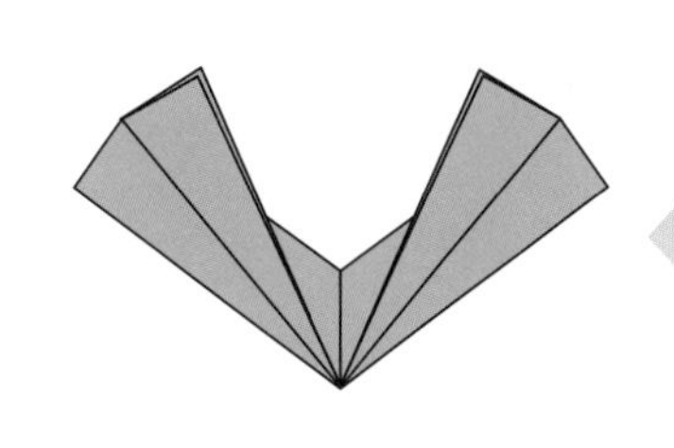

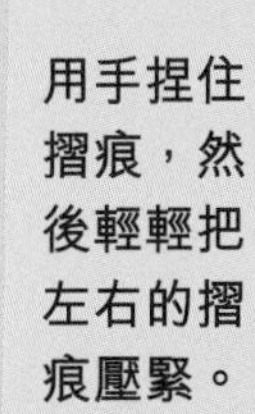

用手捏住摺痕，然後輕輕把左右的摺痕壓緊。

⑪ 將兩部分黏起來，紅蘿蔔就完成了。

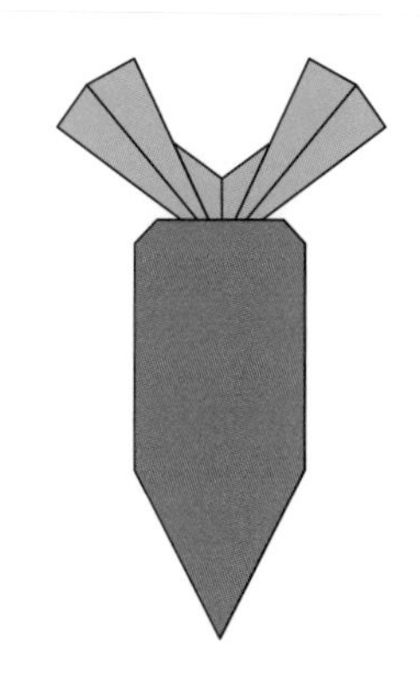

畫一畫

用橙色和綠色的筆為紅蘿蔔畫上紋理。

在第 16 頁，我們學會了摺兔子，你可以餵兔子吃紅蘿蔔嗎？

土多啤梨

方法：

❶ 將右方的紙角沿虛線曲摺（先向左再向右）。

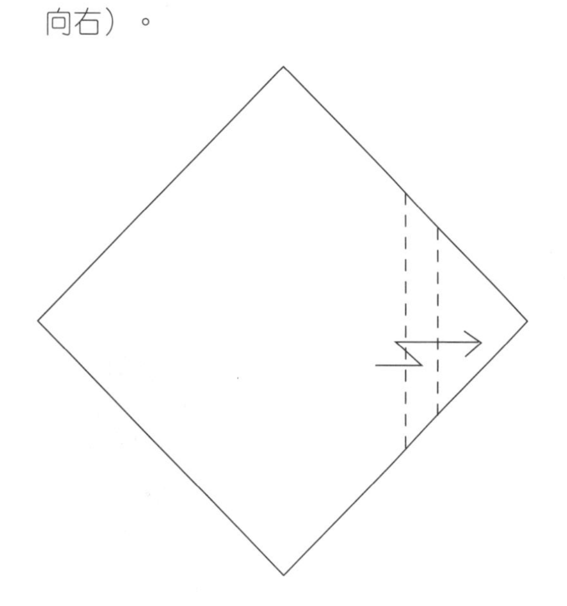

❷ 沿中線向上對摺。

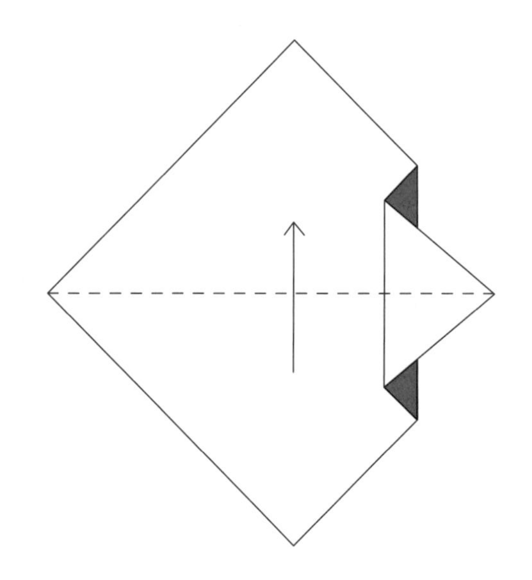

❸ 沿中線向左摺。

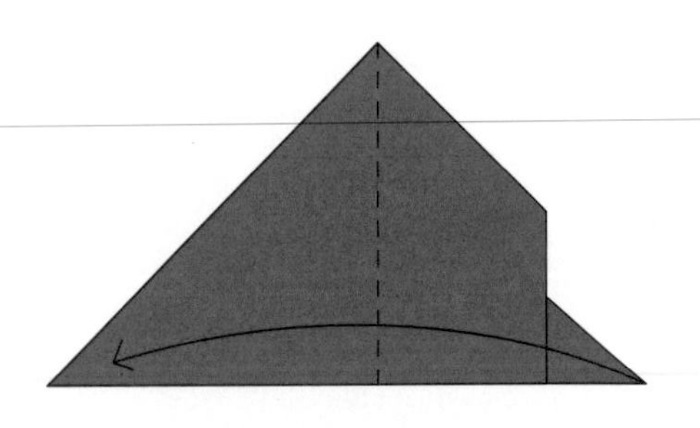

要準確地沿中線摺疊，完成後你會看到一個三角形。

❹ 把手指從粗箭嘴所示的地方伸進去，將開口撐開然後壓平。

❺ 背面摺法相同。

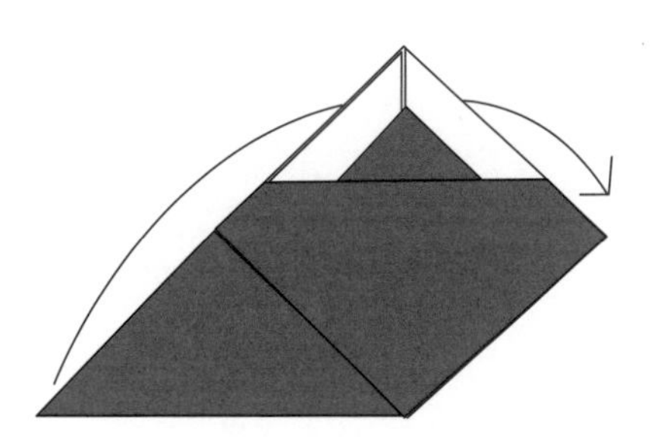

❻ 把左右兩角沿虛線向後摺(摺線不是垂直而是微斜的）。

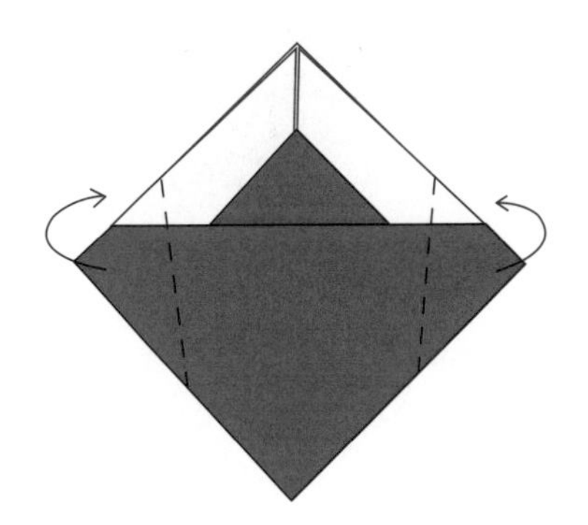

❼ 把三個小角順序往下摺。

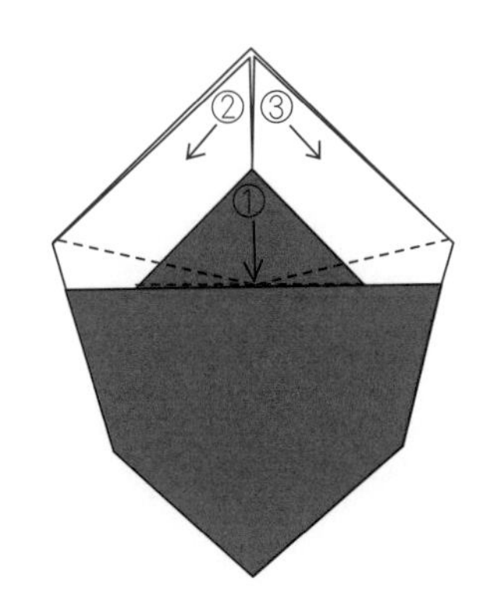

❽ 底層的紙角向後摺，士多啤梨就完成了。

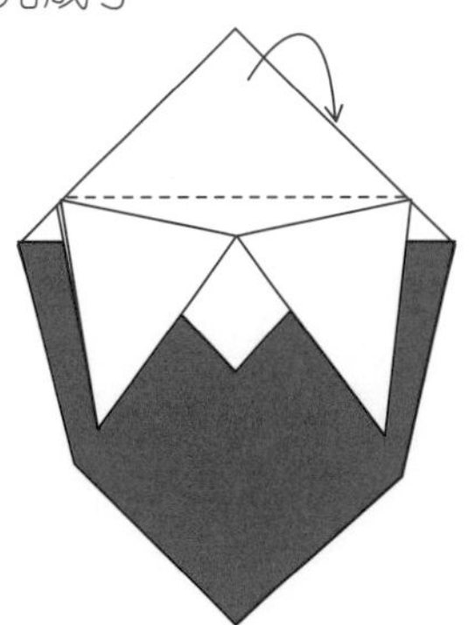

畫一畫

用綠色的筆為士多啤梨葉子填色，再用黑色的筆畫上士多啤梨籽。

將士多啤梨下端的角向後摺，就能把它變成番茄。

菠蘿

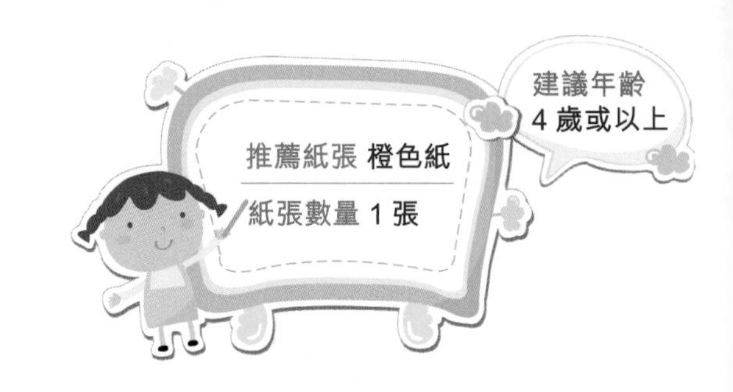

方法：

① 左右對摺再攤開。

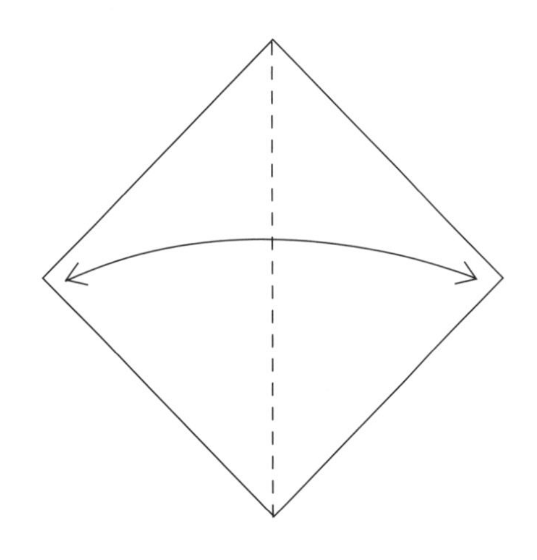

② 將下方的紙邊沿虛線摺向中線。

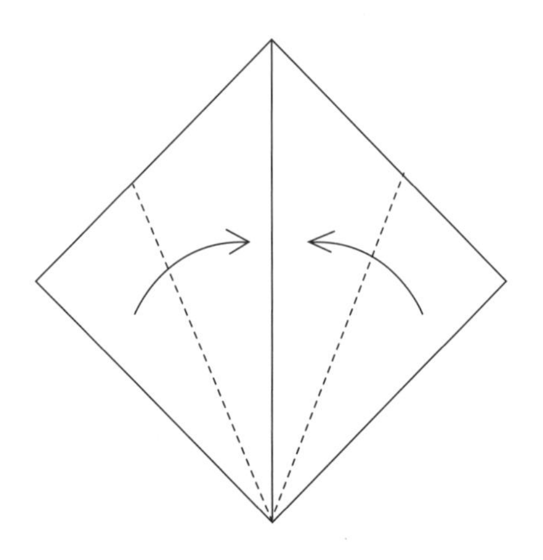

③ 完成步驟 2 的樣子，翻轉紙張。

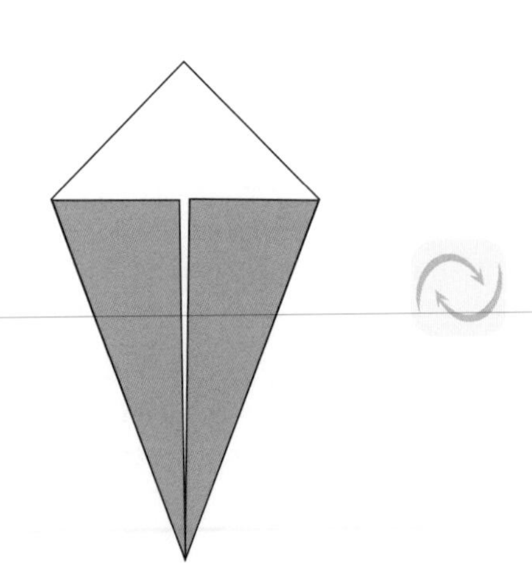

④ 把短斜邊沿虛線摺向中線，下端的尖角向上摺。

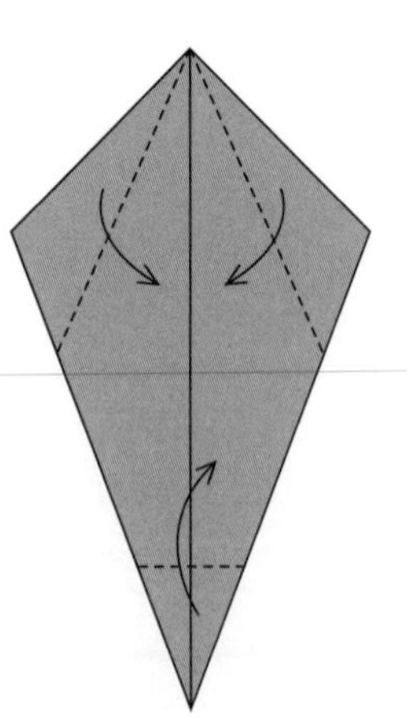

⑤ 把上端的尖角沿剪切線剪開，再把兩個尖角沿虛線向外摺。

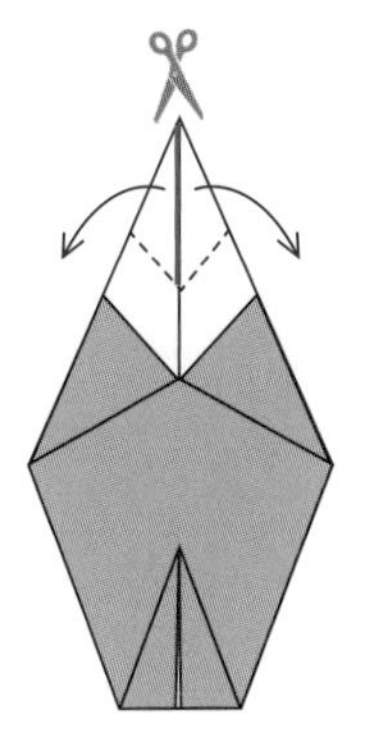

⑥ 將這兩個角曲摺（先向中間再向上）。

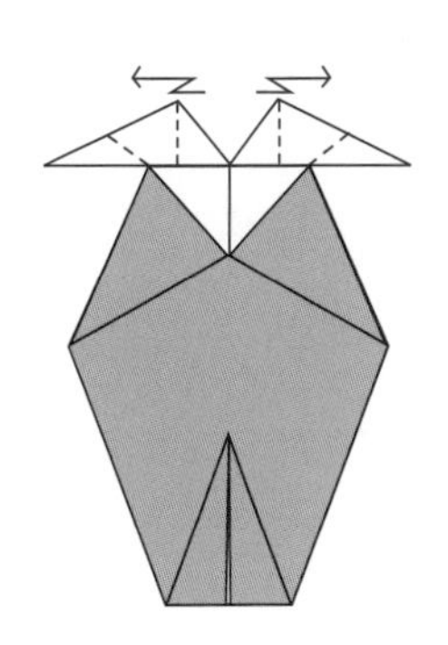

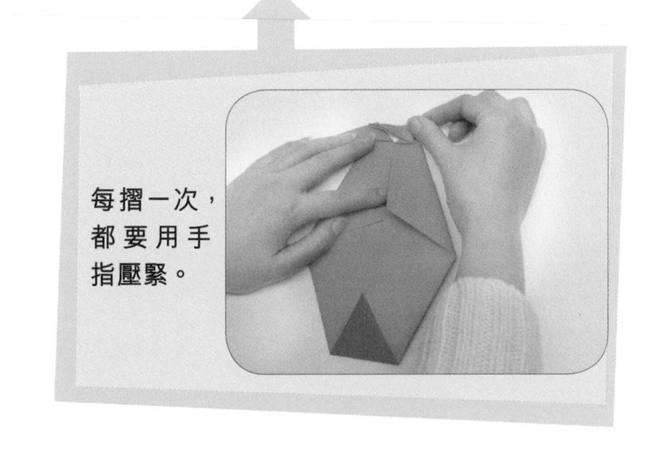
每摺一次，都要用手指壓緊。

⑦ 翻轉紙張，菠蘿就完成了。

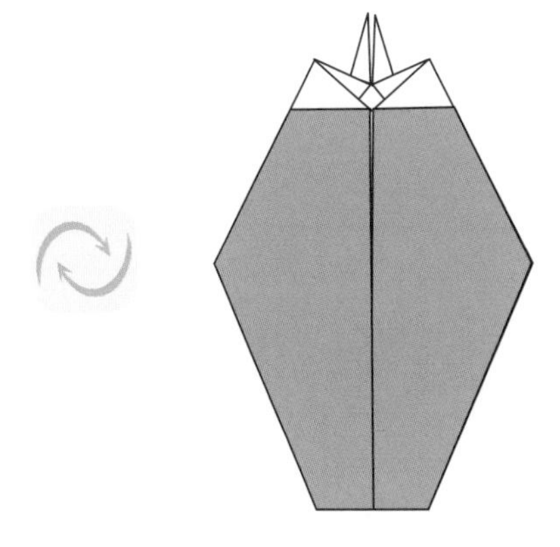

畫一畫

用筆為菠蘿畫上花紋，並塗上顏色。

蘑菇

方法：

❶ 把四角對摺再攤開。

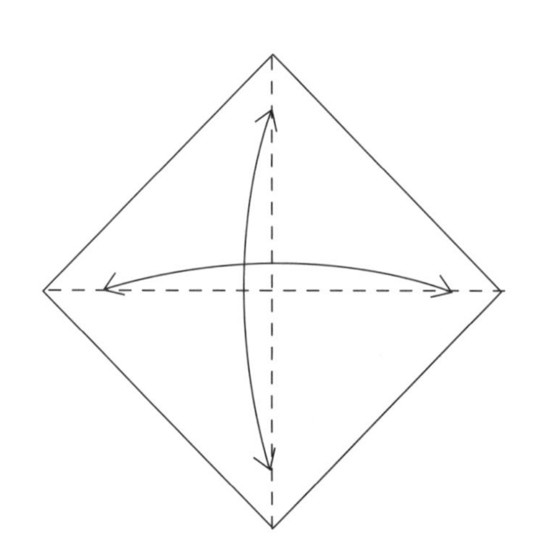

❷ 將紙邊沿虛線摺向中線。

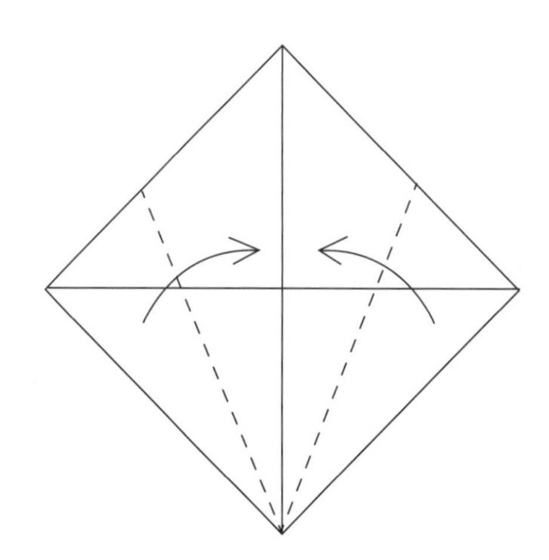

❸ 完成步驟 2 的樣子。翻轉紙張。

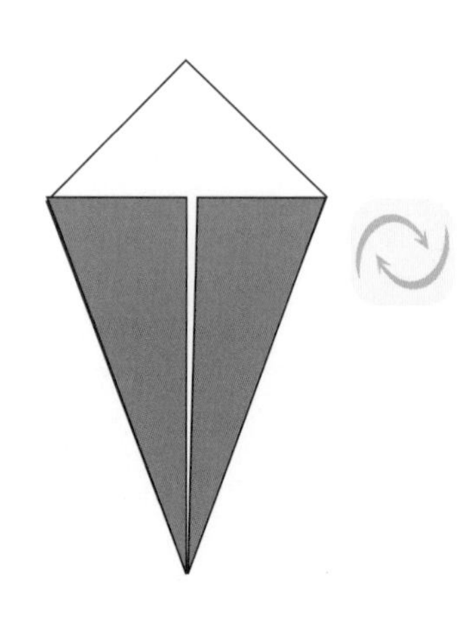

❹ 沿虛線和摺痕曲摺（先向上再向下）。

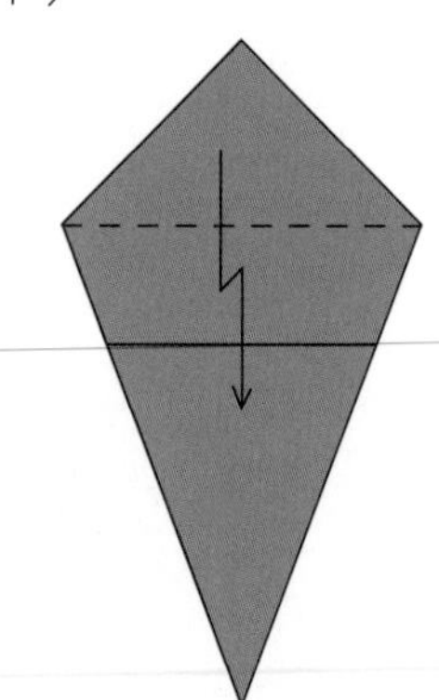

❺ 把紙角沿虛線向下摺再攤開。

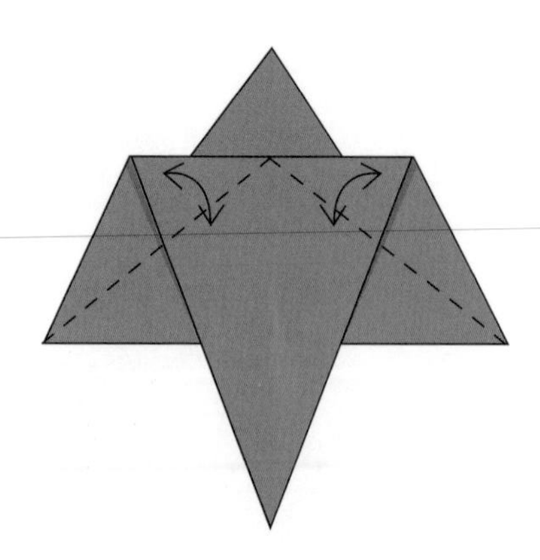

❻ 揭開右側表層的紙，沿虛線向左推摺，左側做法相同。

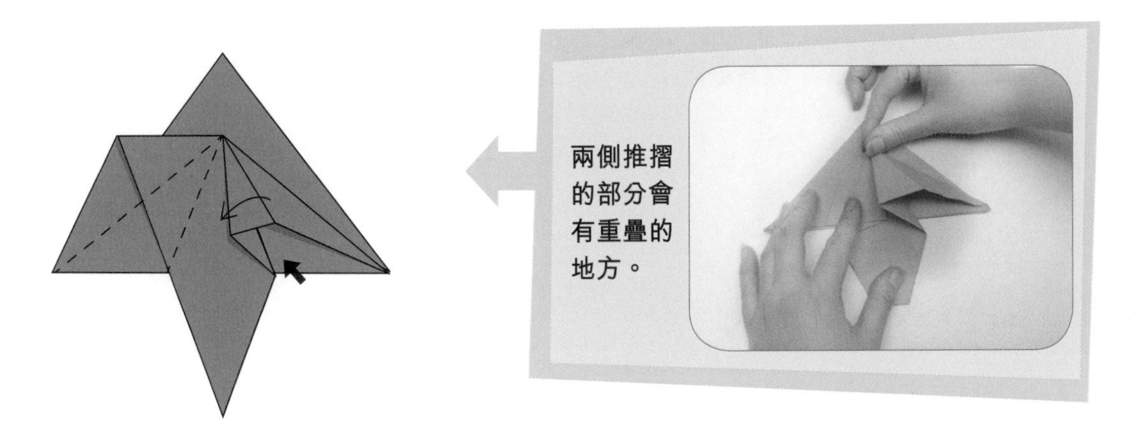

❼ 將下端尖角沿虛線向上摺。

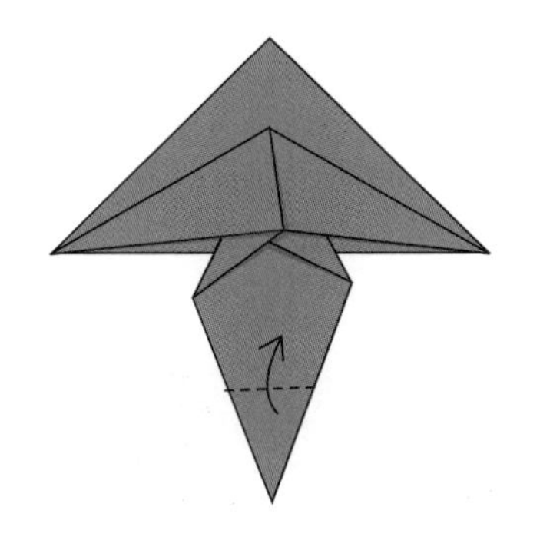

❽ 上方的三個尖角也摺向中間。

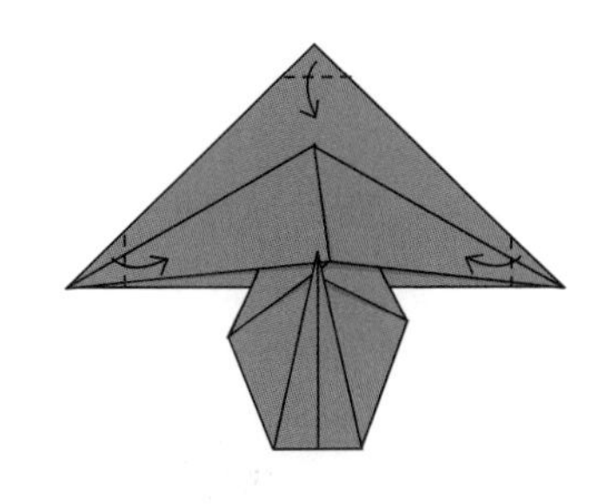

❾ 翻轉紙張，蘑菇便完成了。

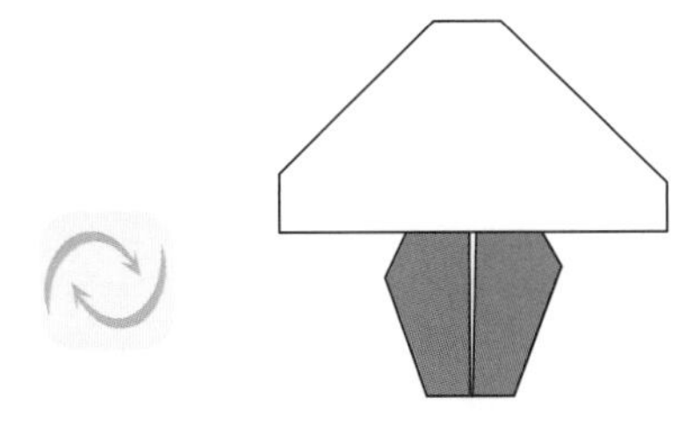

畫一畫

用筆為蘑菇畫上好看的花紋。

在摺紙中培養的能力和學習技巧

摺紙培養多種能力

摺紙是中國的傳統遊戲，同時也是藝術教育的一部分。它促使孩子手腦並用，既能鍛煉手的靈活性，發展觀察力、空間感、想像力和記憶力，又可以幫助孩子認識幾何形體概念。摺疊、畫畫、黏貼等一系列動作，能把各種抽象的概念和方法，連結於具體的實踐之中，既可以滿足孩子好奇、好動、愛探索、愛模仿的心理特點，使他們在摺紙活動中獲得滿足感；也能促進孩子的注意力、創意、手眼協調、思維能力和語言表達能力。

摺紙培養學習技巧

摺紙活動中有很多的基本步驟都是相同的，家長可以引導孩子觀察基本的步驟，嘗試給這些基本步驟取名字，總結幾組簡單的摺紙步驟，如雙三角、雙菱形、雙正方形，從而培養孩子歸納、總結的能力。連續進行幾個摺法相近的作品，可起到事半功倍、舉一反三的效果，增加孩子的自信心。

第五章
威風的武器和交通工具

太空穿梭機

方法：

❶ 左右對摺再攤開。

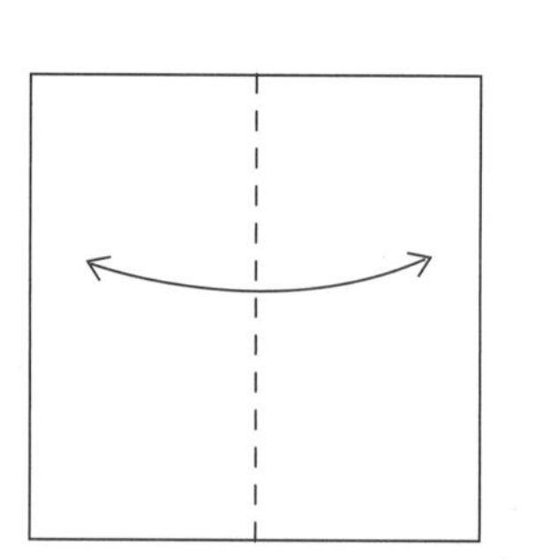

❷ 將上方的兩角沿虛線向摺中線。

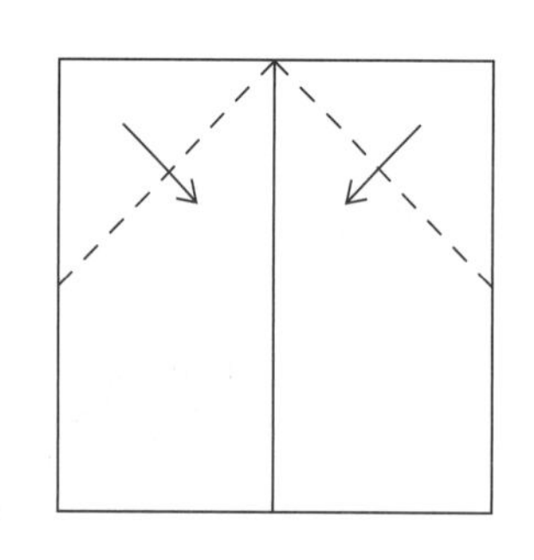

❸ 將左右兩角沿虛線摺疊。

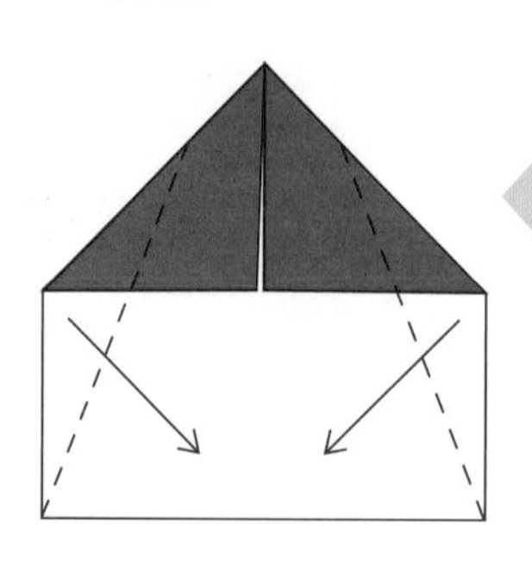

從斜邊上方的三分一處開始摺疊。

❹ 翻轉紙張。

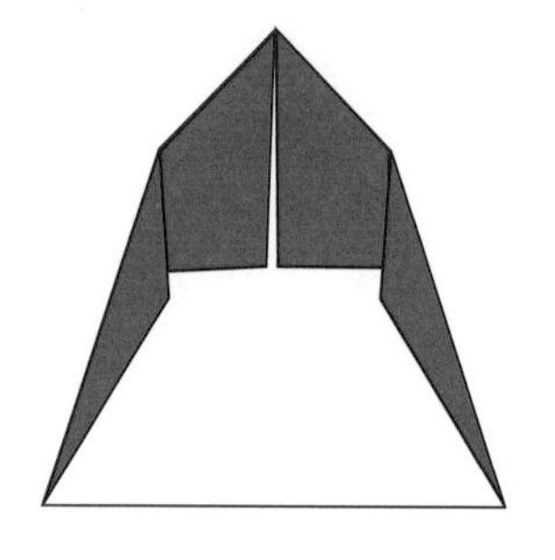

❺ 下方兩角沿虛線曲摺（先向後再向外）。

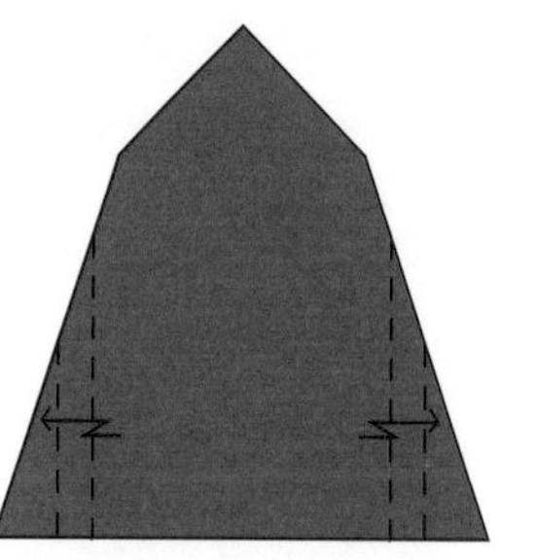

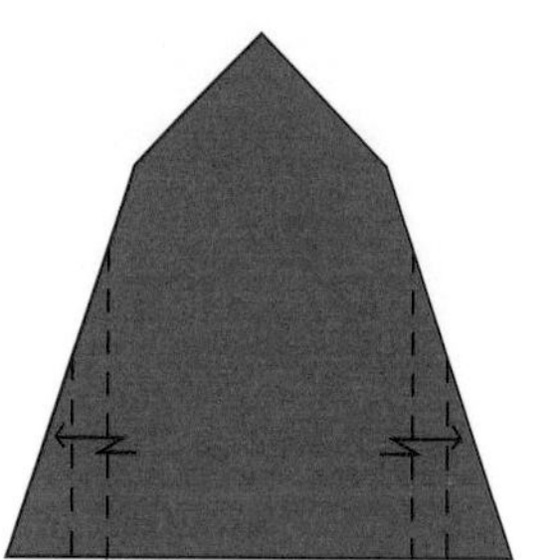

❻ 太空穿梭機完成了。

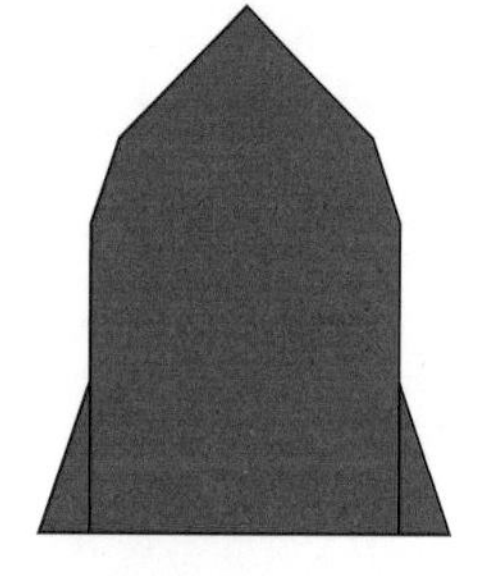

畫一畫

為太空穿梭機畫上圖案。

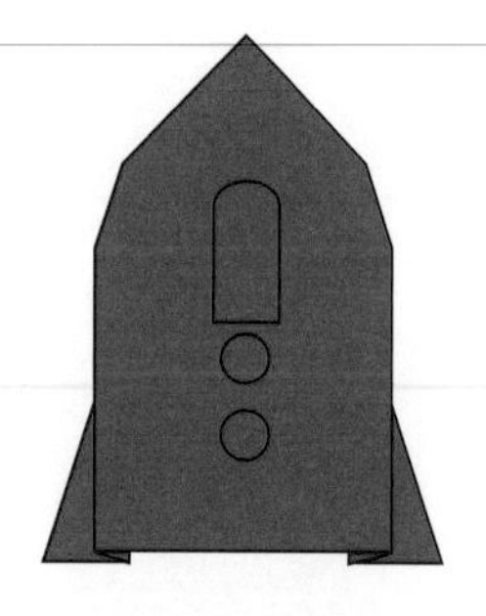

試一試

剪出一些不同的圖形，來裝飾你的太空穿梭機吧！

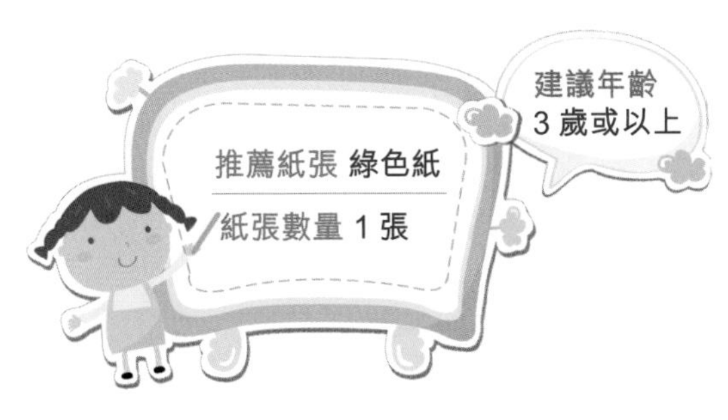

轟炸機

方法：

❶ 左右對摺再攤開。

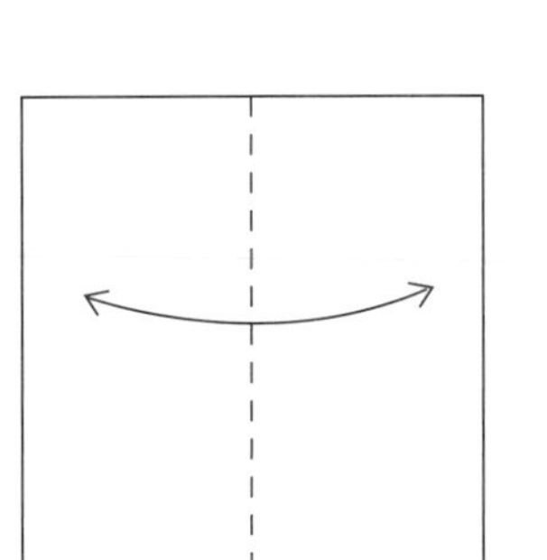

❷ 將下方兩角沿虛線摺向中線。

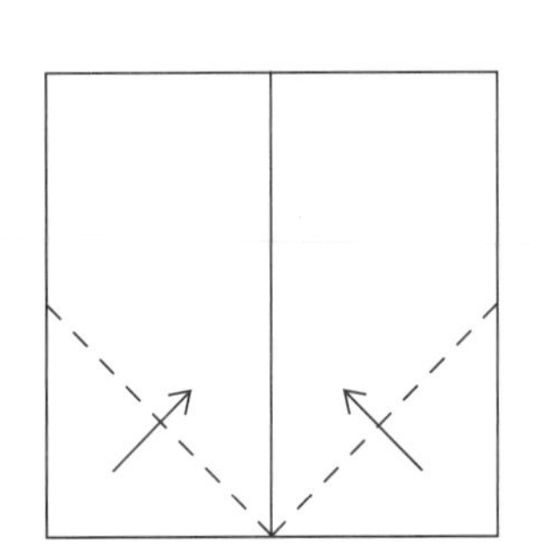

❸ 沿虛線向後摺。

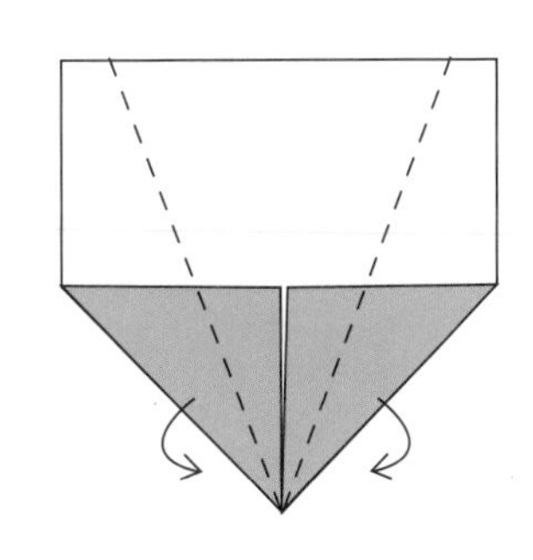

❹ 沿箭嘴方向打開下方的小三角。

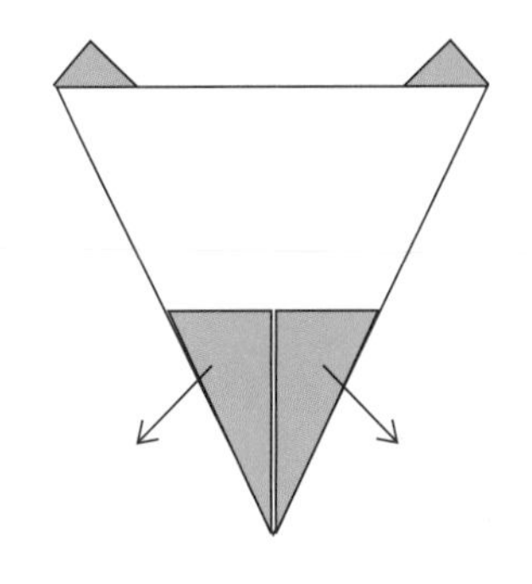

❺ 沿虛線向上摺。

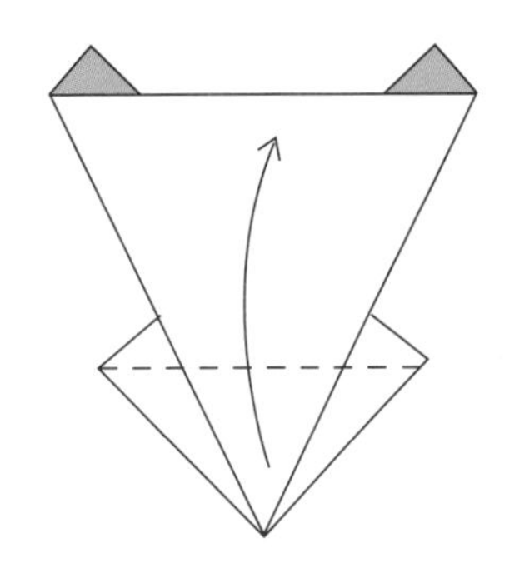

❻ 向左對摺。

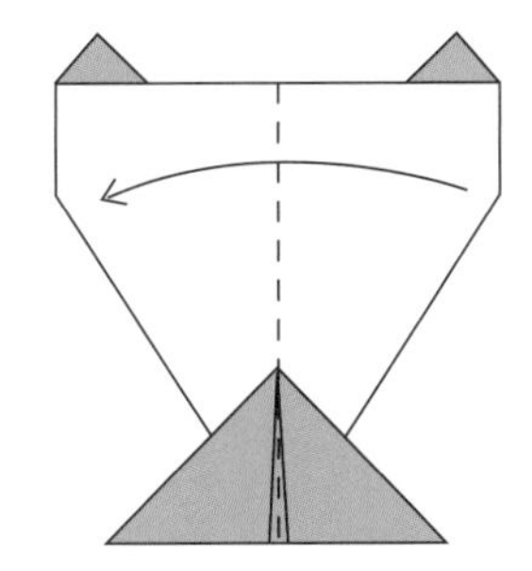

❼ 將表層的紙張沿虛線向右摺，背面也是一樣。

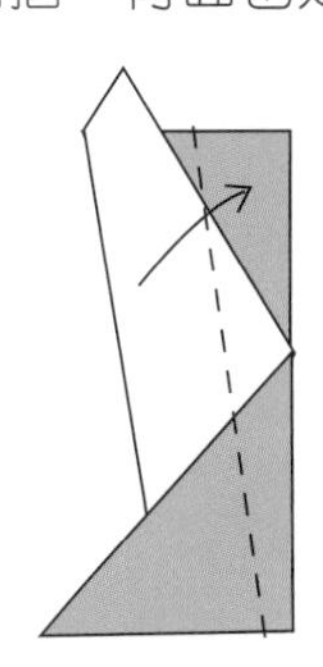

❽ 把兩側攤開，轟炸機就完成了。

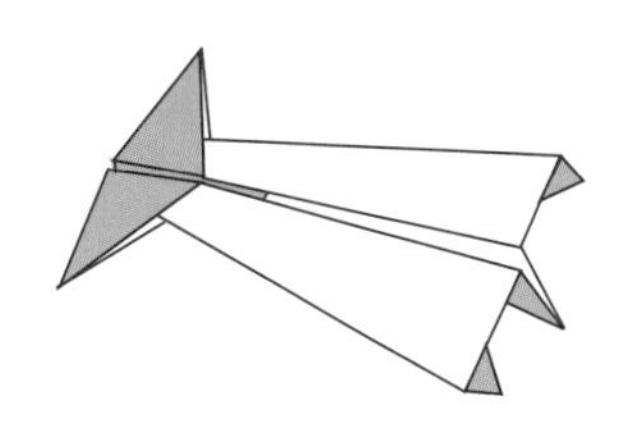

畫一畫

用綠色的筆，給轟炸機畫上迷彩花紋。

試一試

完成步驟 4 後，將紙張上下倒轉，是不是很像一條連身裙？

小型飛機

方法：

1. 上下對摺再攤開。

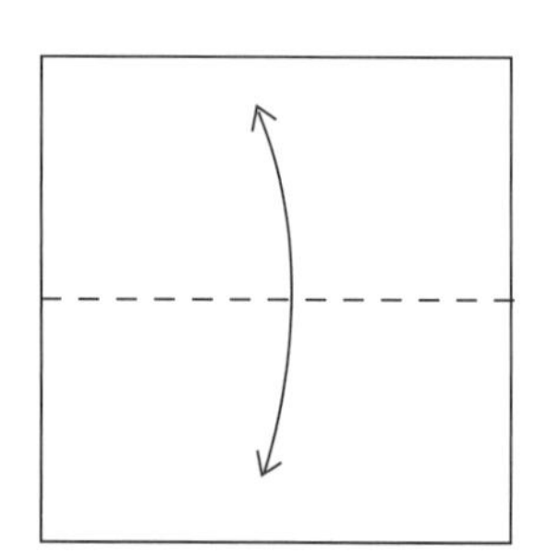

2. 將左方的紙角沿虛線摺向中線。

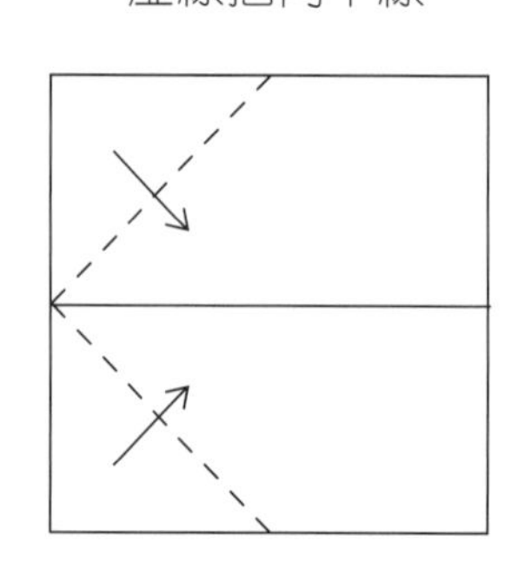

3. 沿虛線向右摺。
4. 再虛線向左摺。

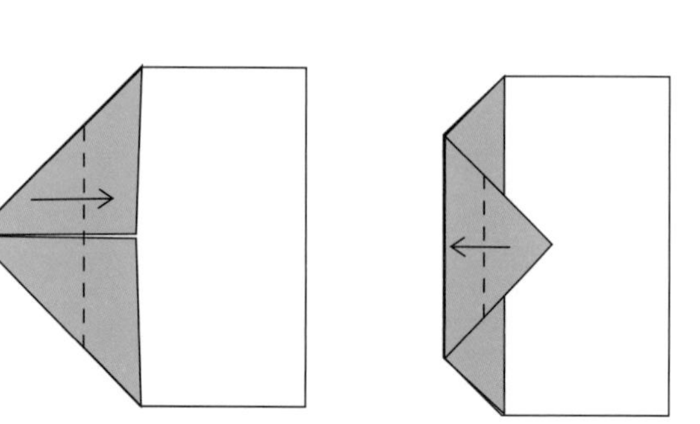

5. 上下向後對摺。

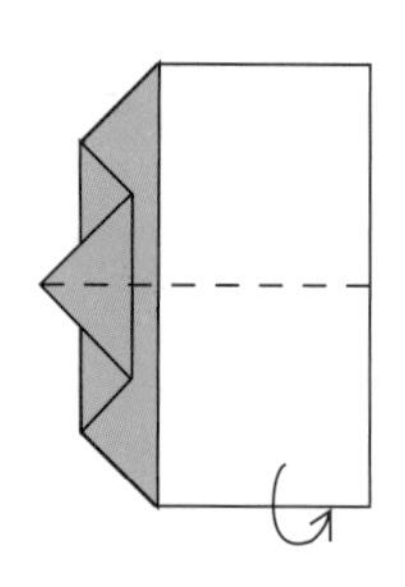

6. 沿虛線向下摺，背面也是一樣。

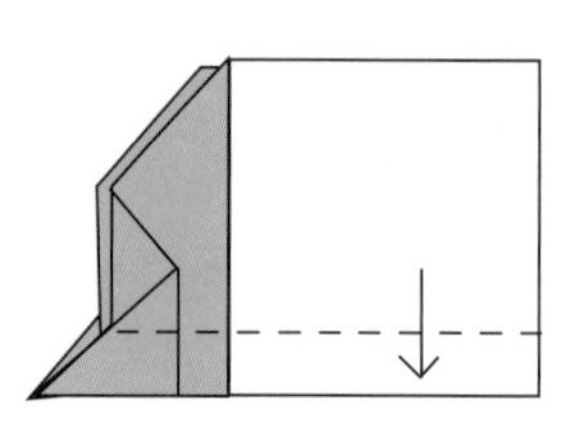

7. 小型飛機完成了。

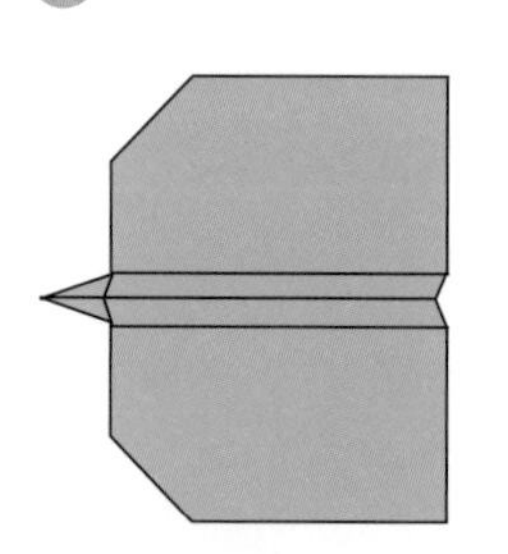

畫一畫

用筆為小型飛機畫上獨有的標誌。

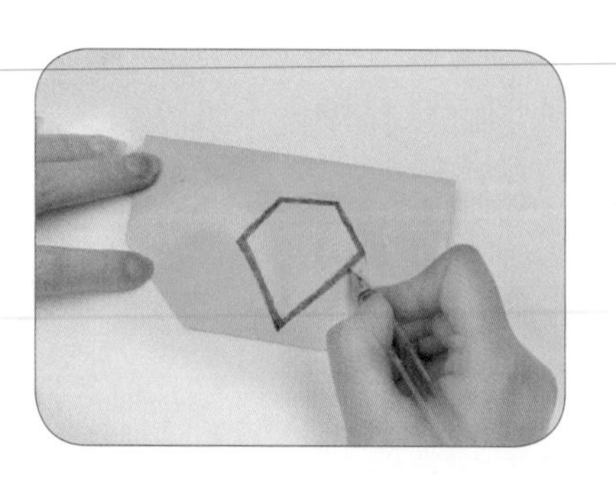

試一試

在機翼上摺起一隻小角，看看會不會飛得更遠。

隱形飛機

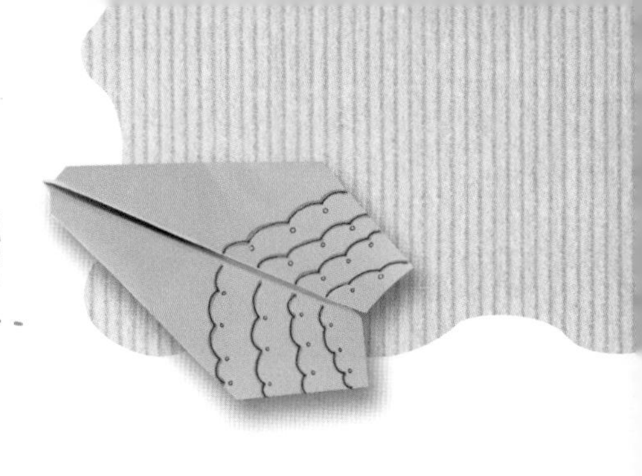

方法：

❶ 取一張長方形的紙，上下對摺再攤開。

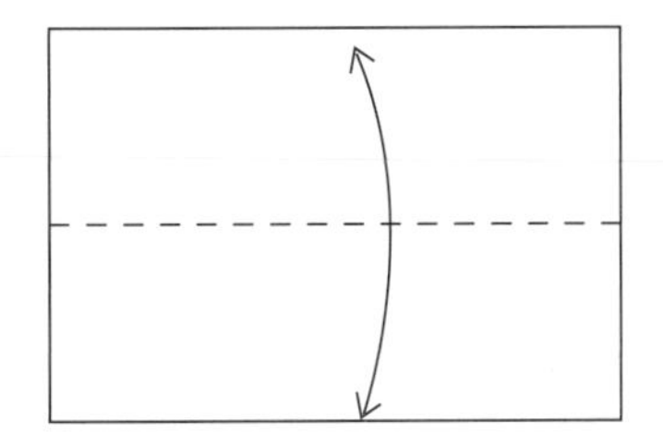

❷ 將兩角沿虛線摺向中線。

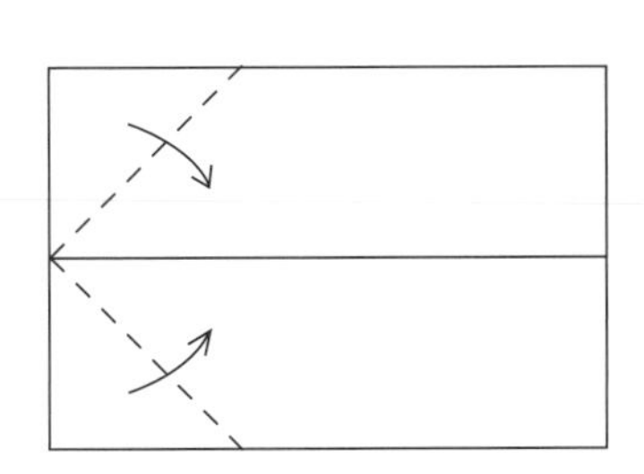

❸ 沿虛線向右摺。

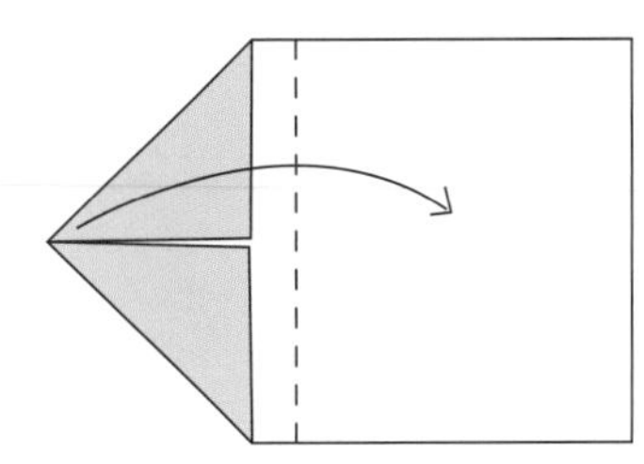

❹ 兩角沿虛線摺向中線。

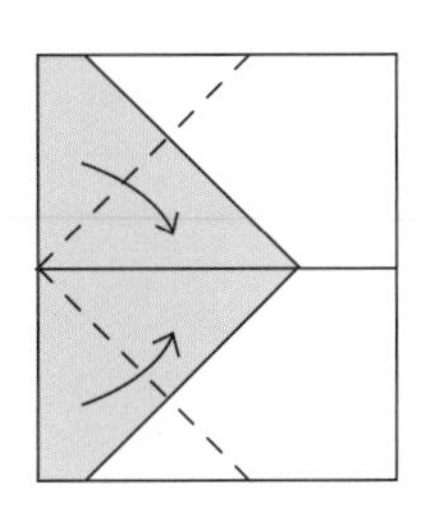

❺ 將兩個小角向相反方向摺疊。

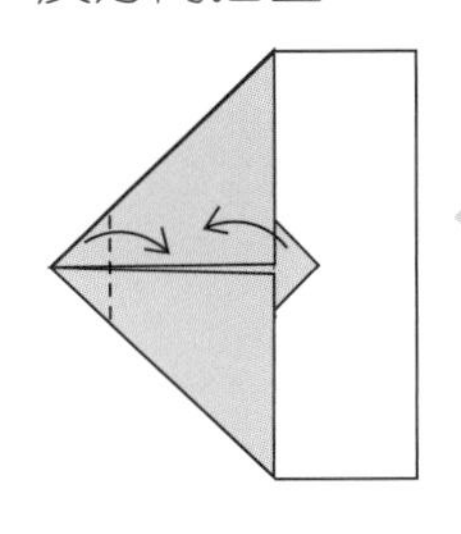

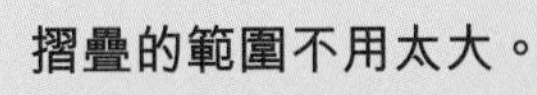

❻ 向後上下後摺。

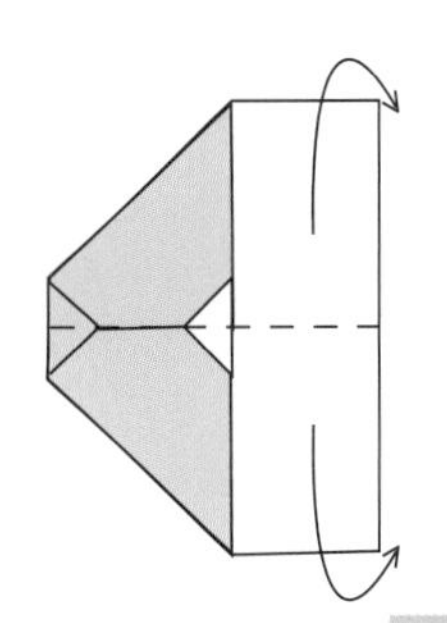

❼ 將上半部分沿虛線向下摺，背面也是一樣。

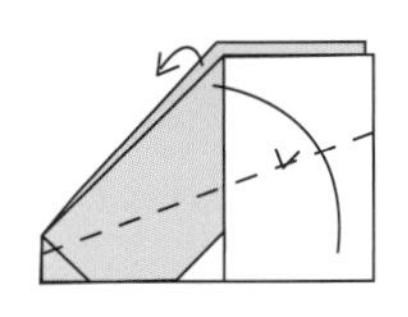

❽ 隱形飛機完成了。

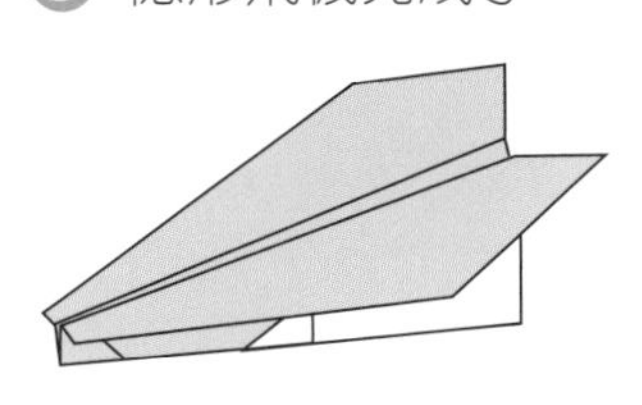

畫一畫

用灰色的筆，給隱形飛機畫上圖案吧。

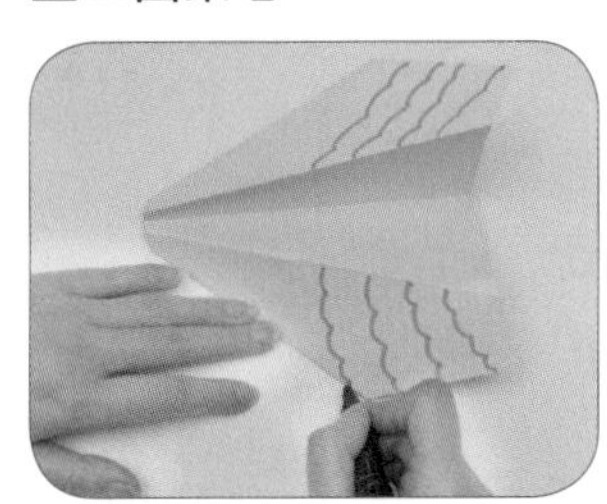

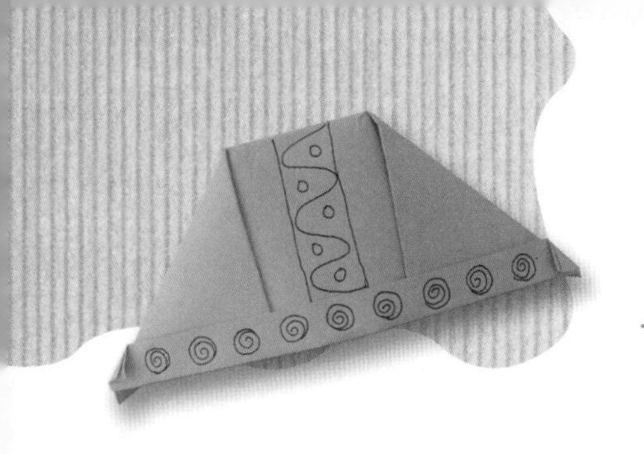

頭盔

方法：

❶ 取一張長方形的紙，上下沿虛線對摺。

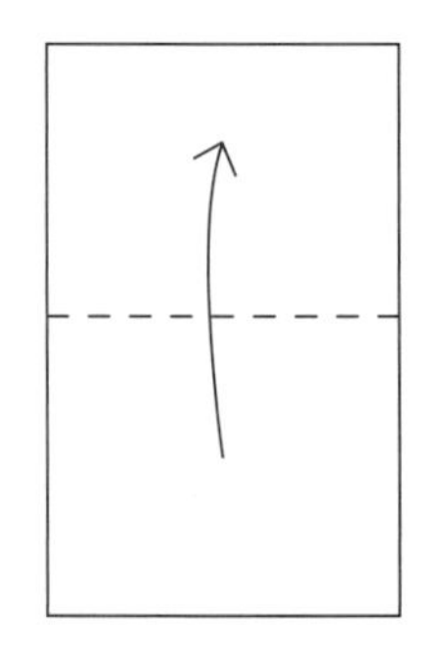

❷ 再次沿虛線上下對摺。

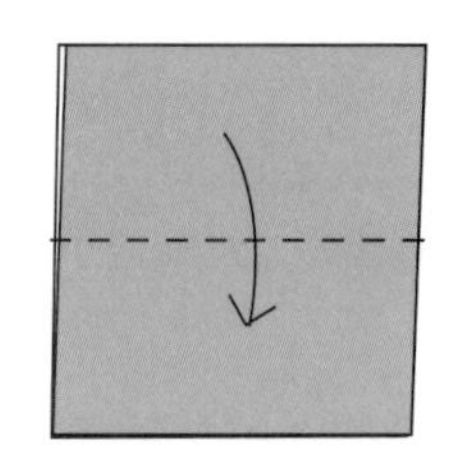

❸ 順序沿虛線摺疊。

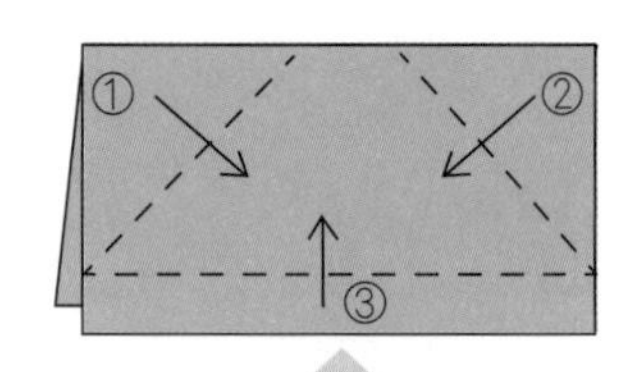

①和②之間要留下一點距離。

❹ 沿虛線向下摺。

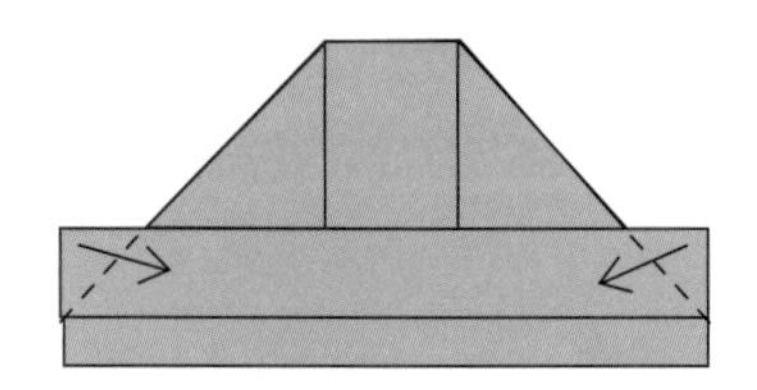

❺ 按照粗箭嘴的方向把開口撐開。

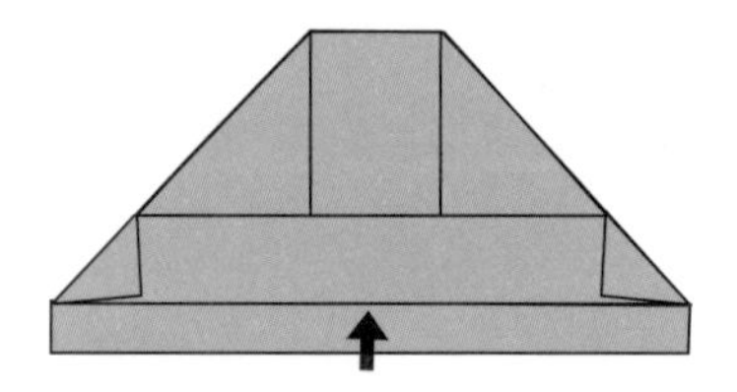

❻ 頭盔完成了。

畫一畫

用棕色的筆，給頭盔畫上花紋。

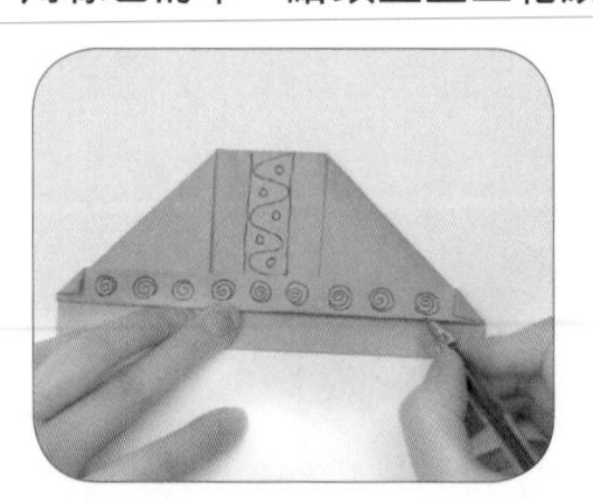

試一試

將頭盔反過來放到水盆裏，看看它變成了什麼。

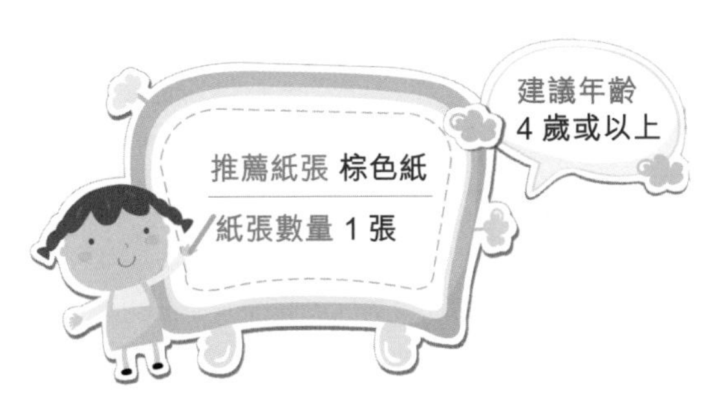

手槍

方法：

❶ 四邊對摺再攤開。

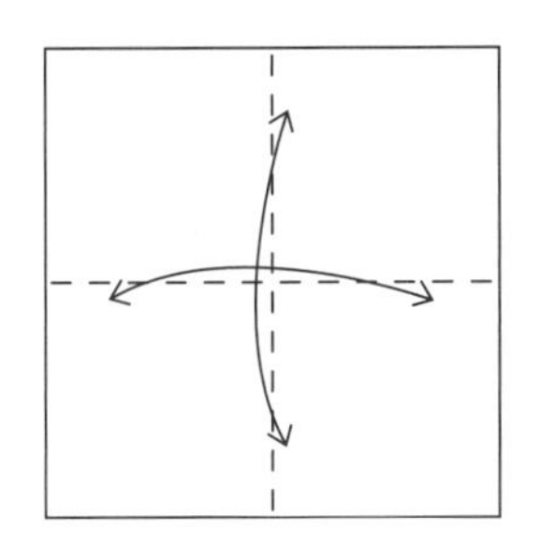

❷ 將上下兩邊沿虛線摺向中線。

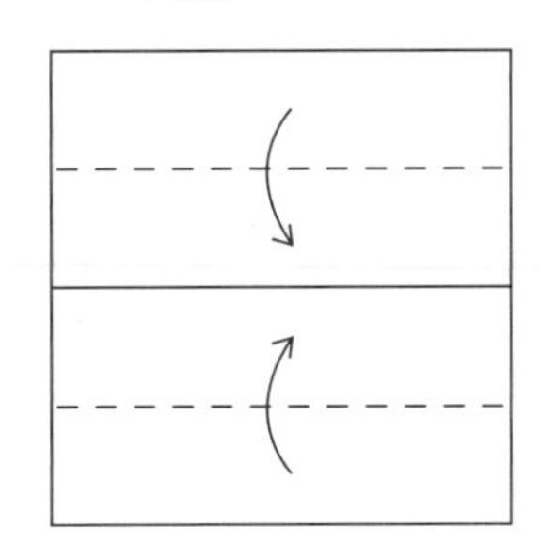

❸ 將下半部分沿中線向上摺。

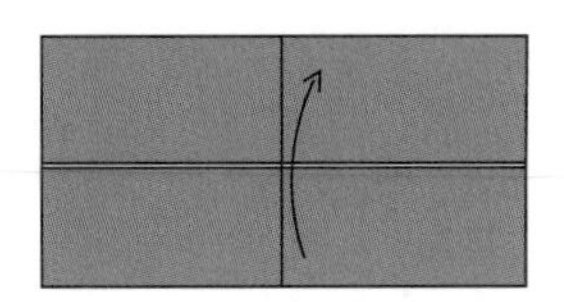

❹ 沿剪切線把兩層紙張剪開，然後分別沿虛線向外摺。

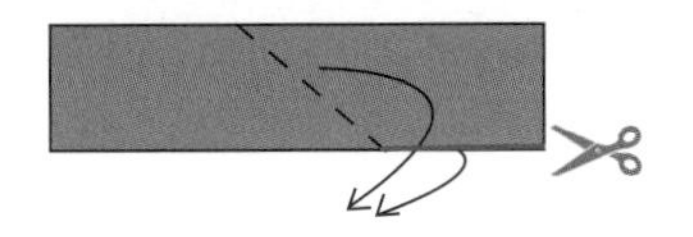

❺ 將上方的兩層紙邊分別沿虛線向內摺。

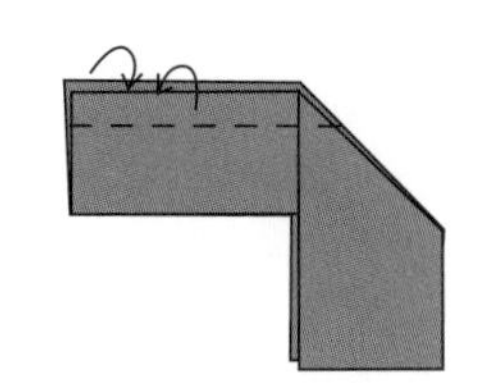

先打開上方的紙層，然後再把紙邊摺疊。

❻ 手槍完成了。

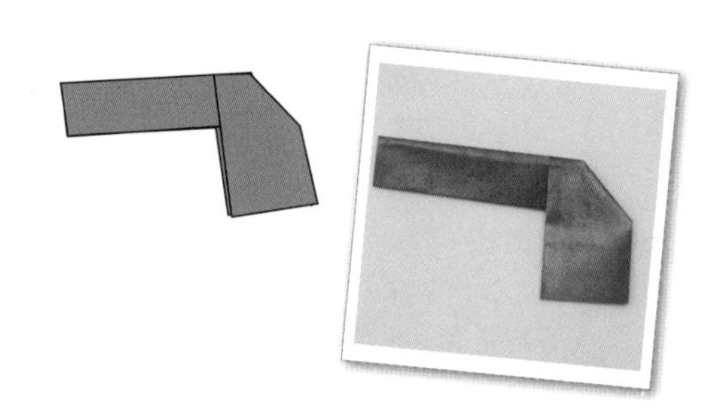

畫一畫

拿出灰色、銀色、金色的筆，給你的手槍塗上顏色，並畫上花紋。

試一試

將兩根短飲管，貼在槍筒的兩側，會令你的手槍變得更帥氣。

寶劍

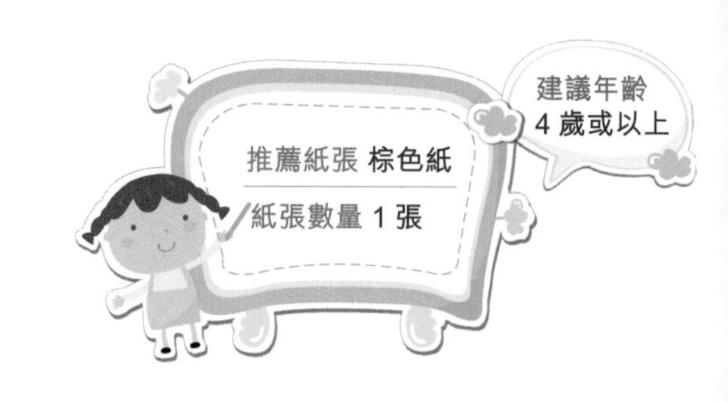

方法：

❶ 左右對摺再攤開。

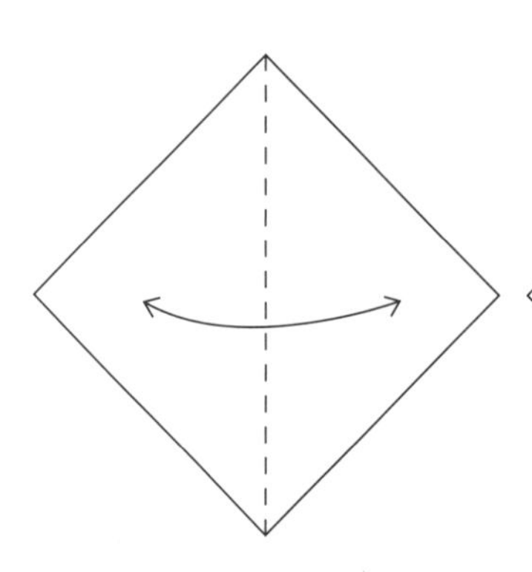

❷ 左右兩角沿虛線摺向中線。

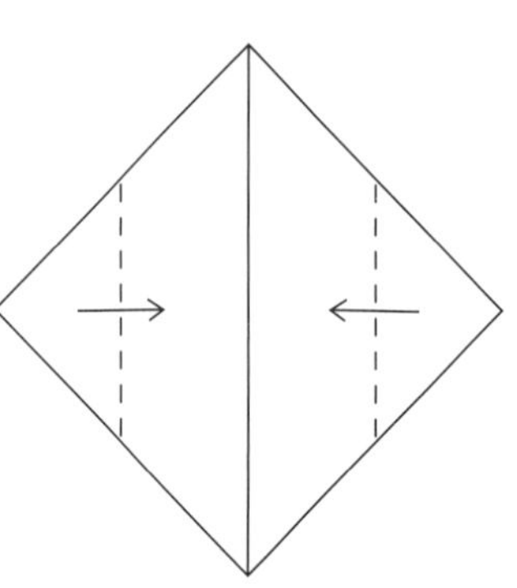

❸ 左右兩邊沿虛線摺向中線。

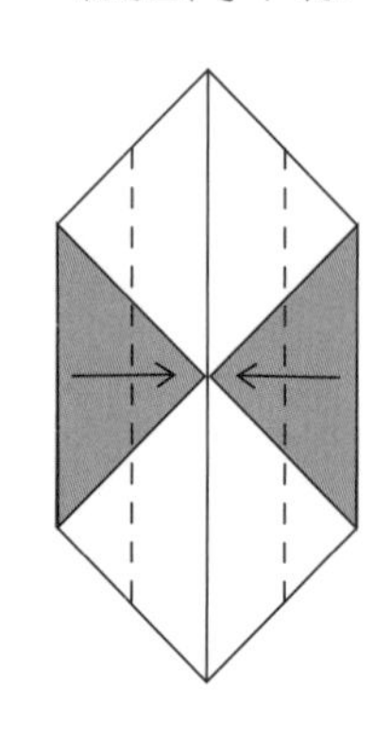

❹ 用剪刀沿剪切線剪開。

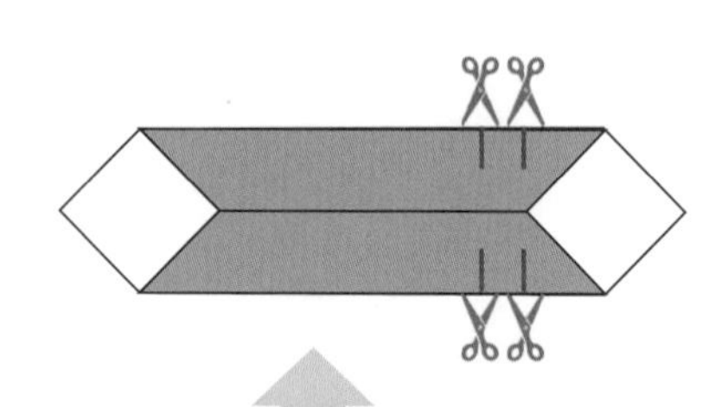

剪切線之間的地方不用太寬也不用太窄。

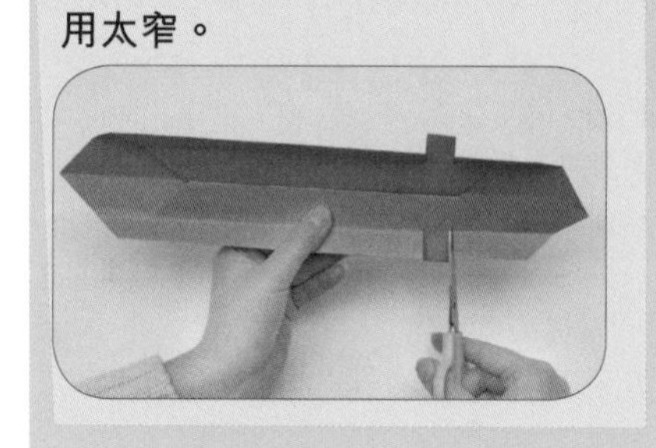

❺ 紙邊沿虛線向中線摺疊，然後翻轉紙張。

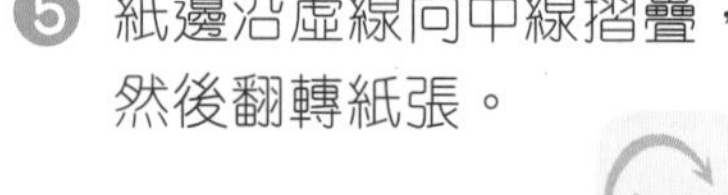

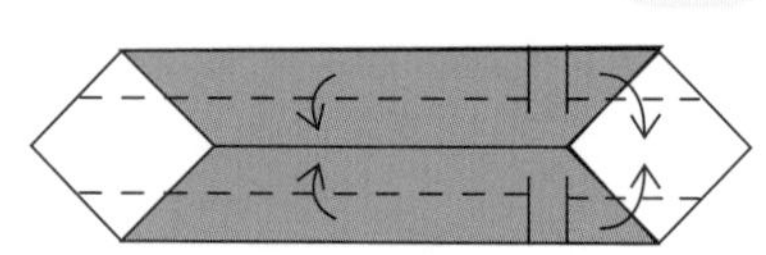

❻ 沿虛線向後摺。

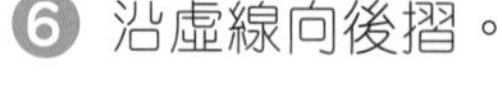

❼ 寶劍完成了。

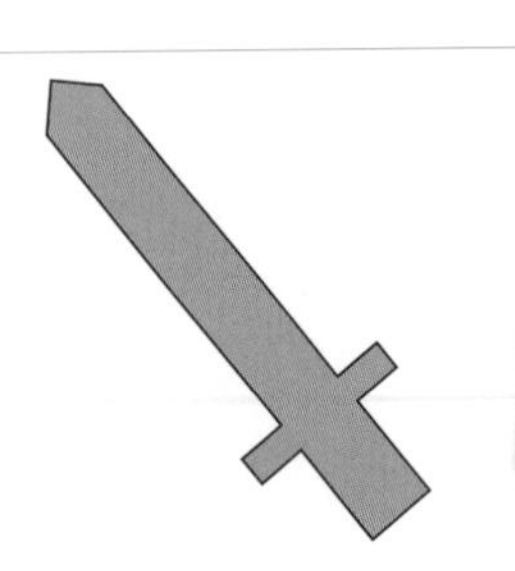

畫一畫

用筆在劍柄上畫上花紋。

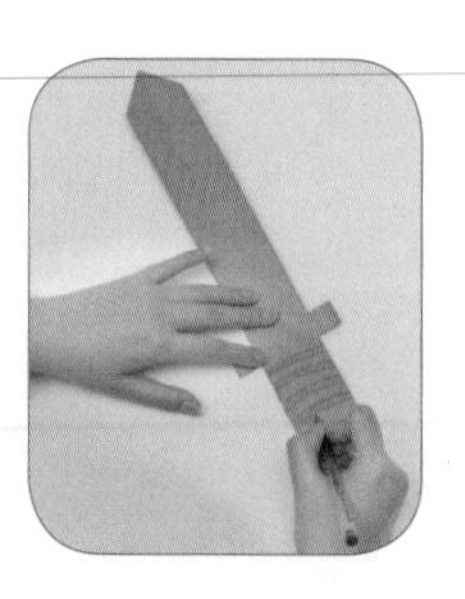

試一試

將劍尖捲起，插進劍柄的底部，就可把寶劍變成一個手環。

輪船

方法：

❶ 上下沿虛線對摺。

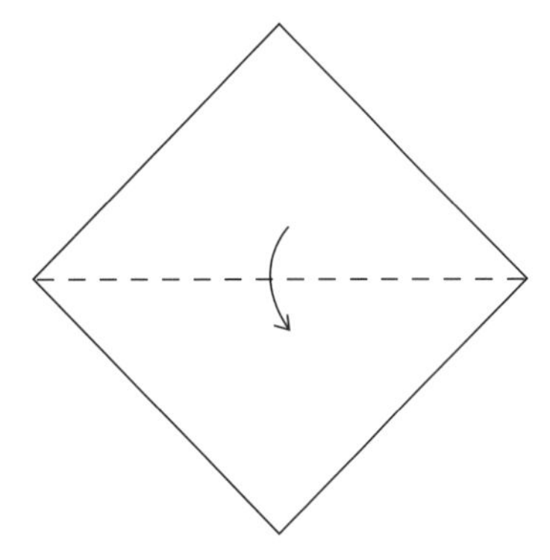

❷ 沿虛線摺出摺痕，然後將右邊部分沿虛線向內推摺。

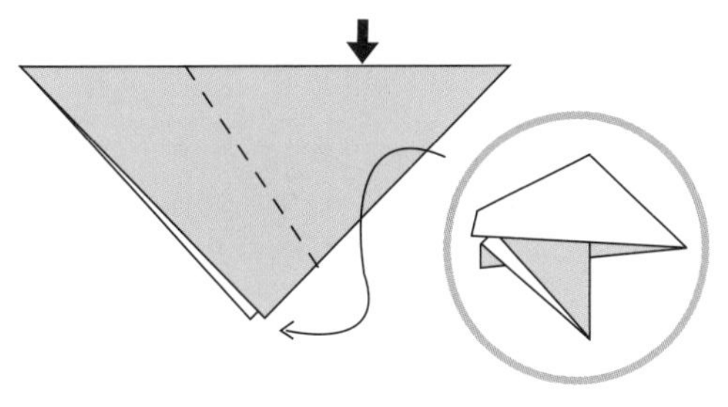

❸ 把紙張上下倒轉，沿虛線摺出摺跡，再向內曲摺（先向下再向上）。

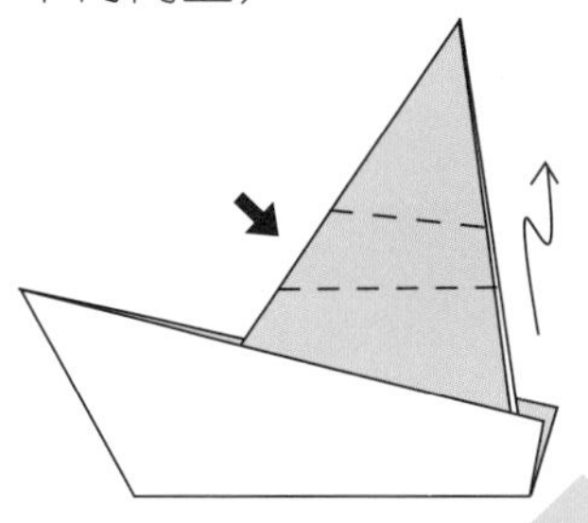

向內摺的時候可先揭開表層的紙邊，然後把尖角推進去。

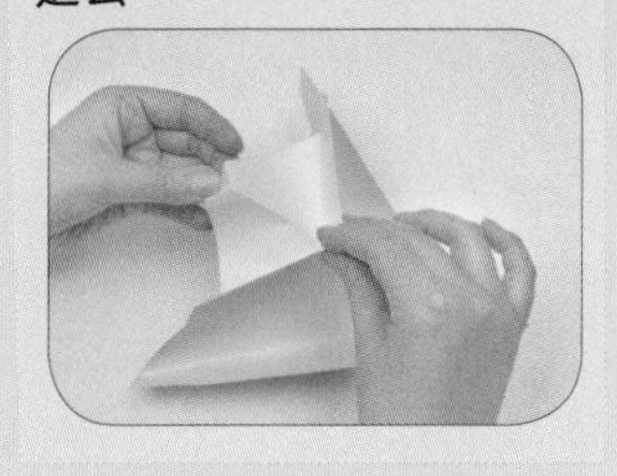

❹ 沿虛線摺出摺痕，然後把尖角向內摺。

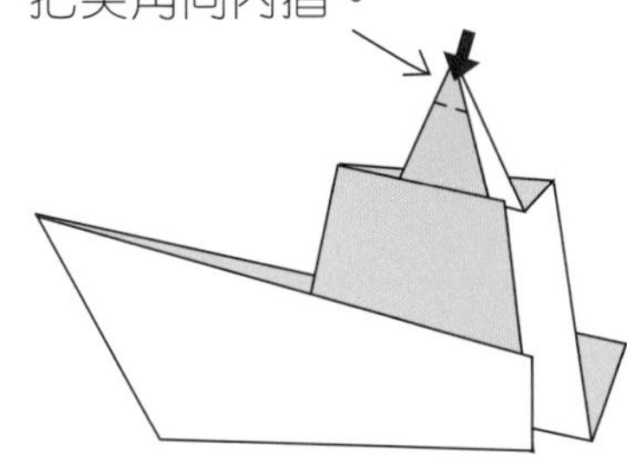

❺ 輪船完成了。

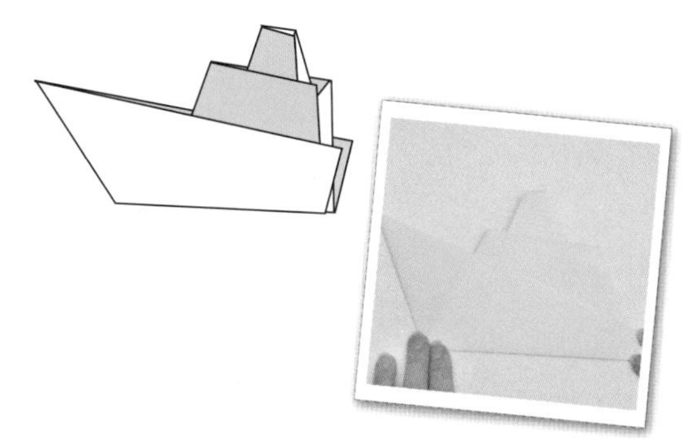

畫一畫

為輪船畫上窗戶，在船頭畫上錨。

試一試

在紙上剪出小人偶，放在船上當船長和水手，然後下令啟航吧！

戰鬥機

方法：

❶ 取一張長方形的紙，短邊對摺再攤開。

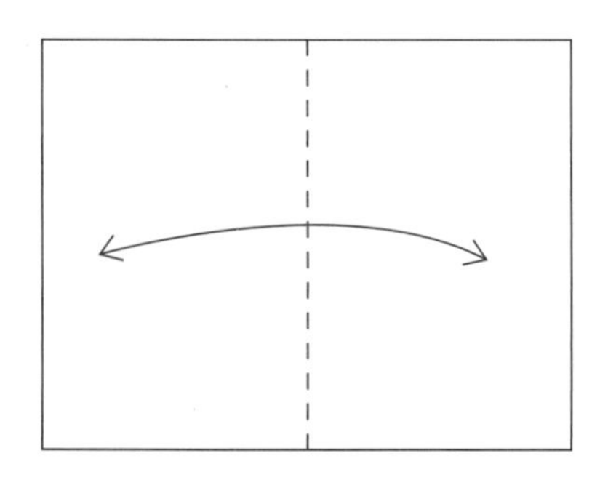

❷ 將上方兩角沿虛線摺向中線。

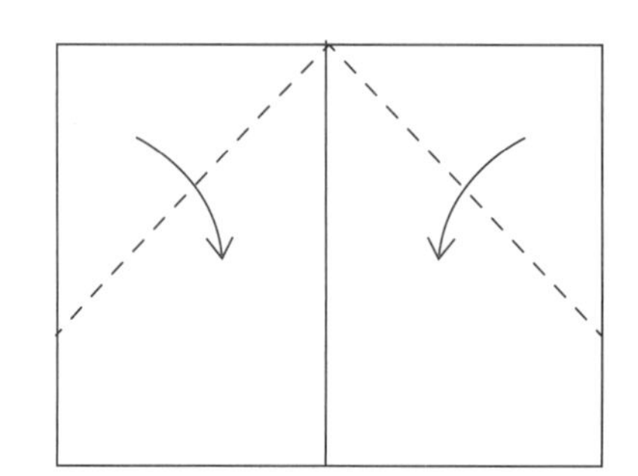

❸ 將上方的紙角沿虛線向下摺。

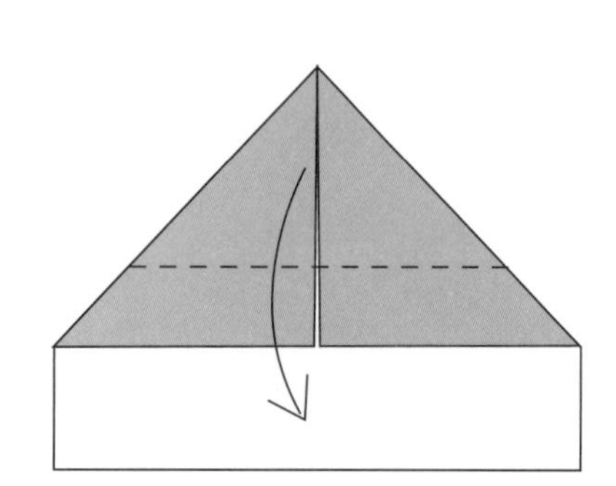

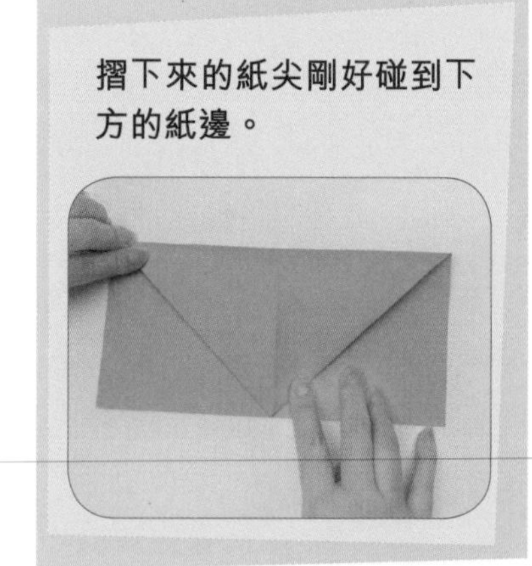

❹ 沿虛線向上回摺。

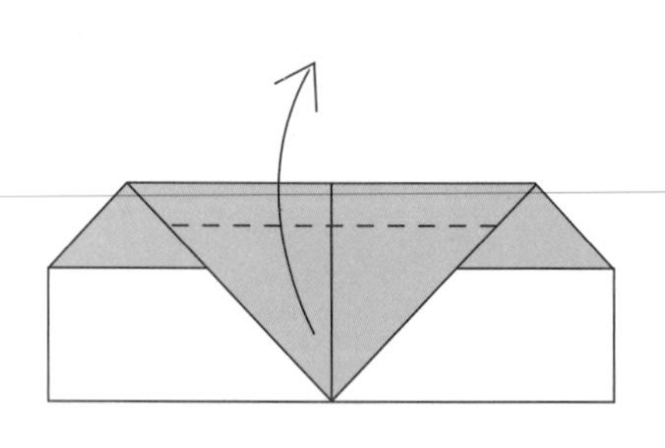

❺ 向後左右對摺。

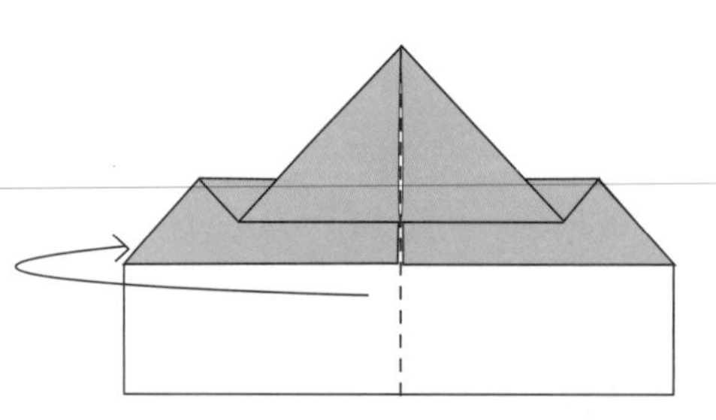

❻ 將紙張向左扭轉。

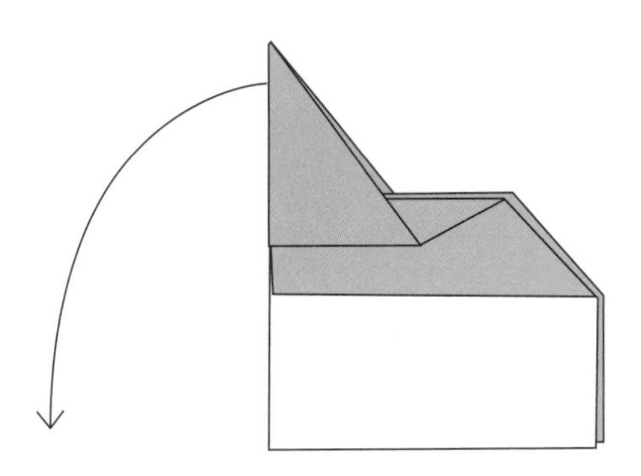

❼ 沿虛線向下摺，形成機翼，背面也是一樣。

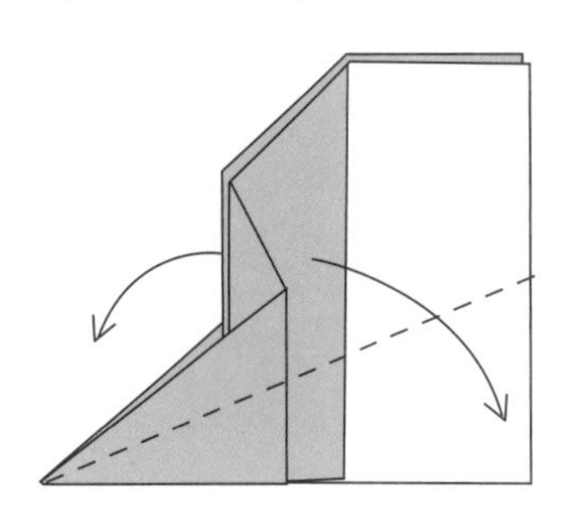

❽ 把兩隻機翼翻起來成為平面。

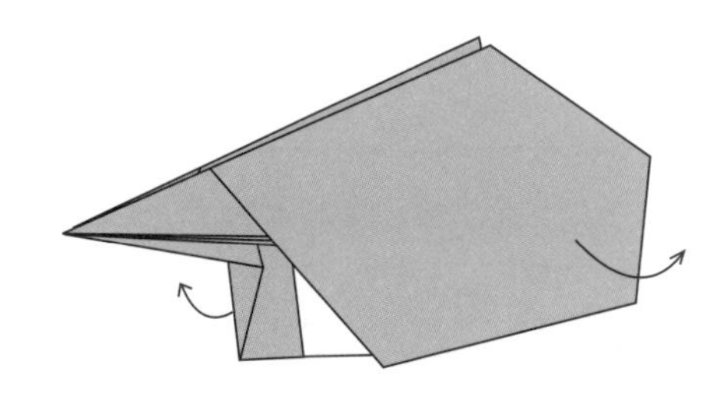

❾ 將機翼邊緣沿虛線向上摺，戰鬥機完成了。

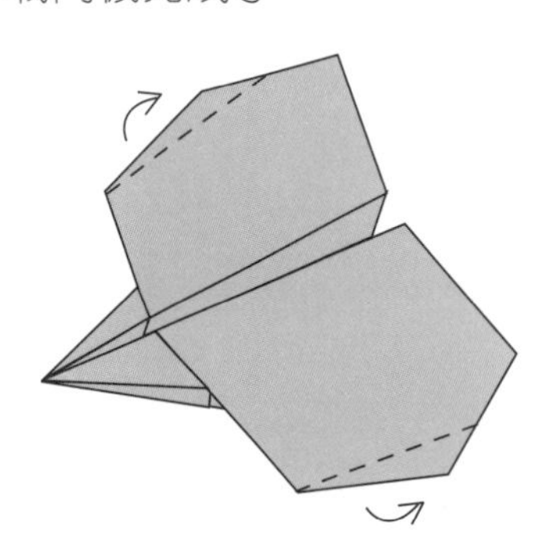

畫一畫

用筆為戰鬥機畫上圖案和駕駛員。

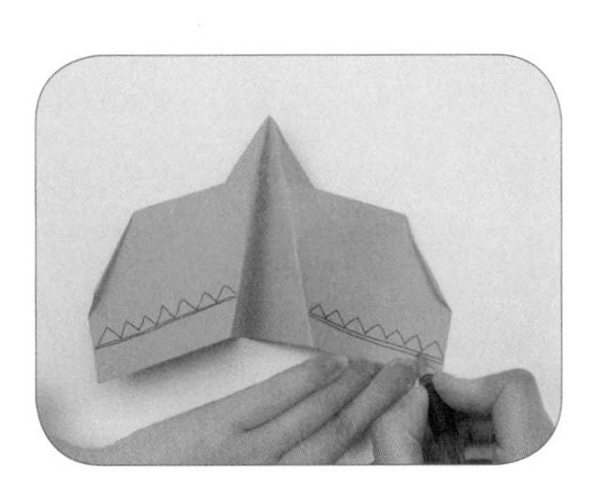

發揮創意

用你學會的飛機摺紙作品，辦一個飛機展覽會吧！

火箭

方法：

❶ 四邊對摺再攤開。

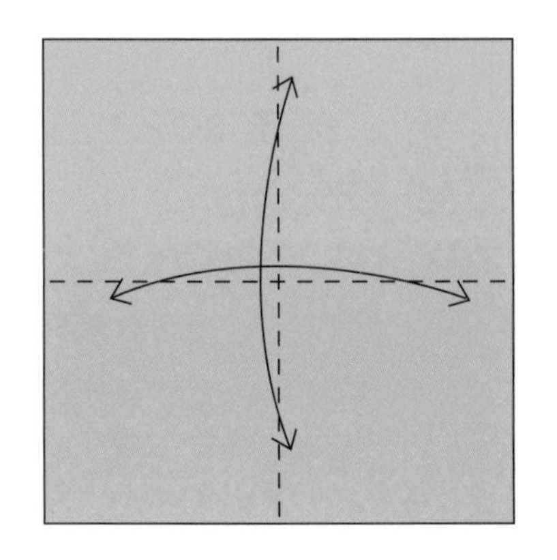

❷ 上方紙邊沿虛線摺向中線。

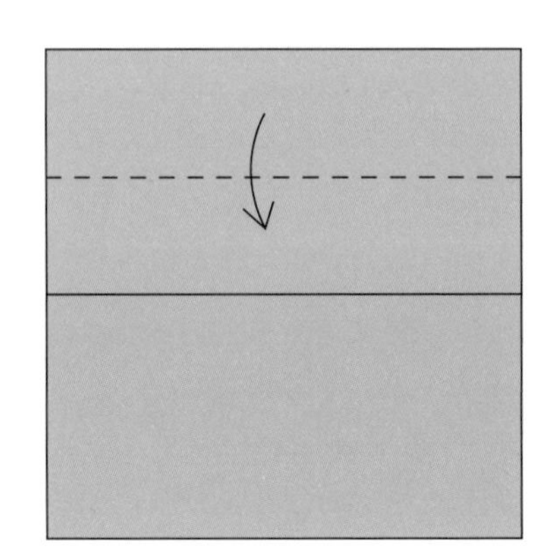

❸ 翻轉紙張。

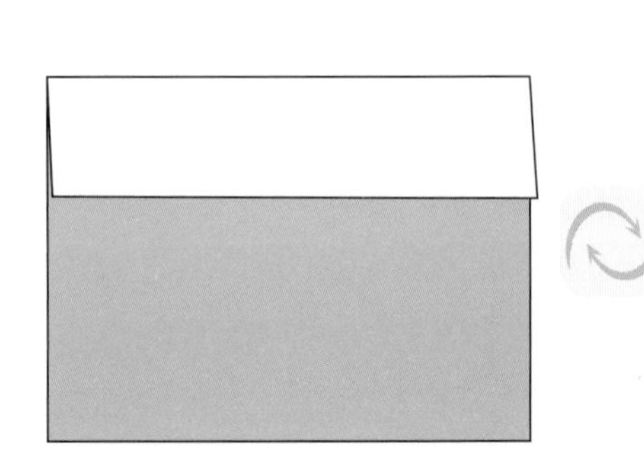

❹ 將上方兩角沿虛線摺向中線。

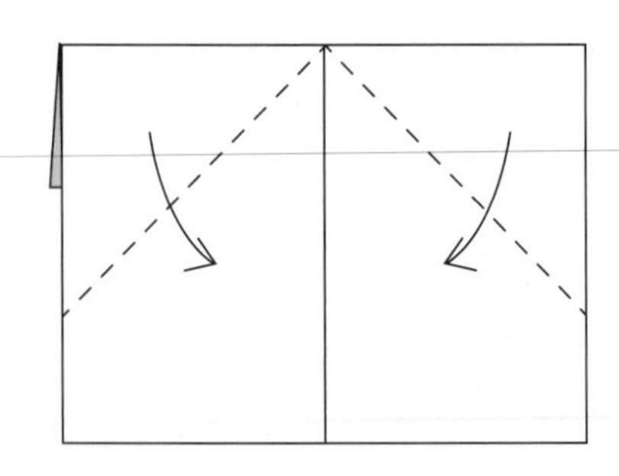

❺ 左右兩邊沿虛線摺向中線。

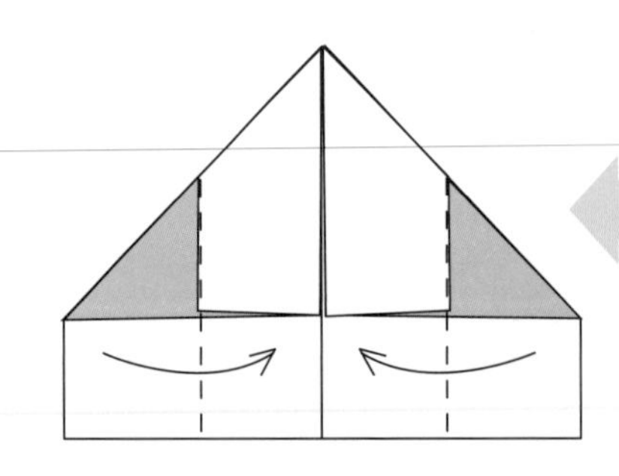

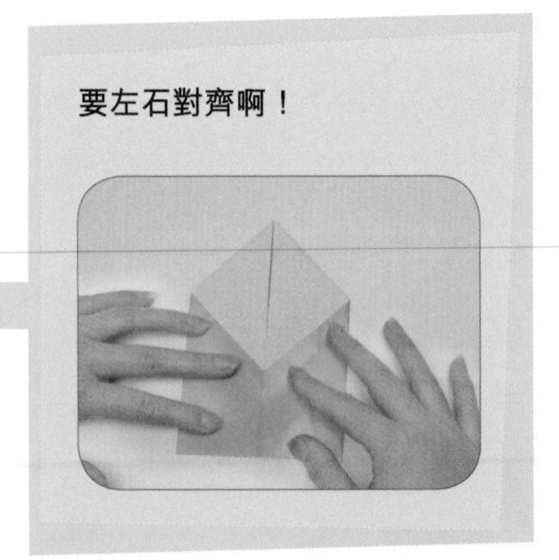

❻ 將表層的紙邊分別沿虛線向外摺。

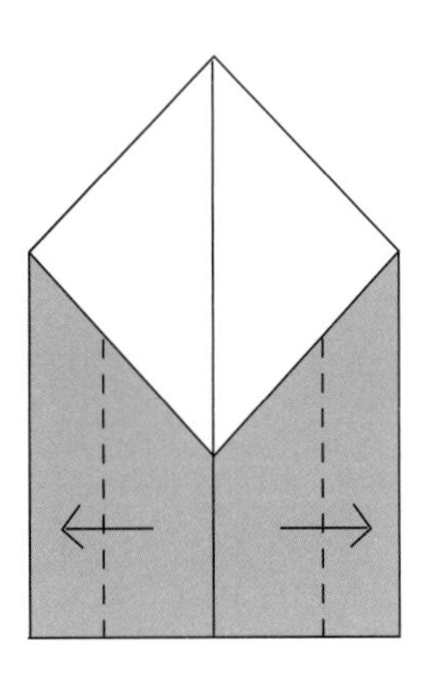

❼ 翻轉紙張。

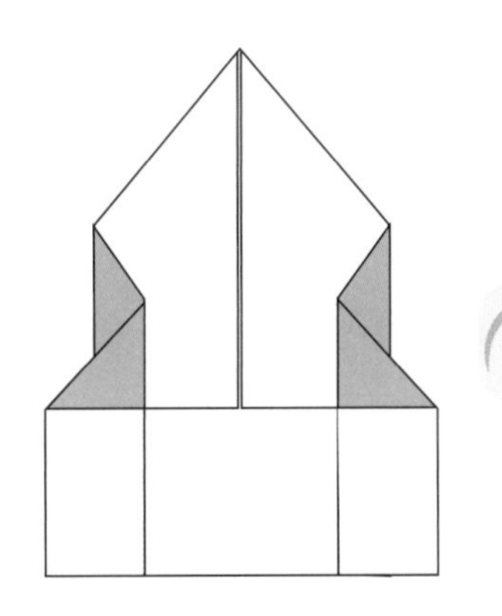

❽ 火箭完成了。

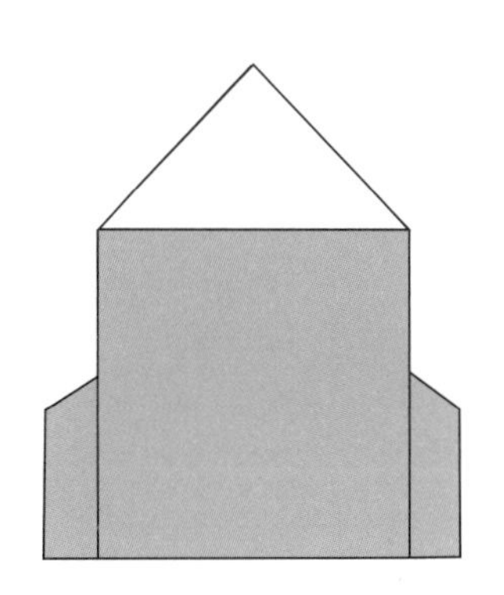

畫一畫

用筆在火箭上加上獨特的標記。

試一試

找出一張自己的照片，把頭像剪成圓形，貼在火箭上，去漫遊太空吧。

汽車

方法：

❶ 沿虛線向下對摺。

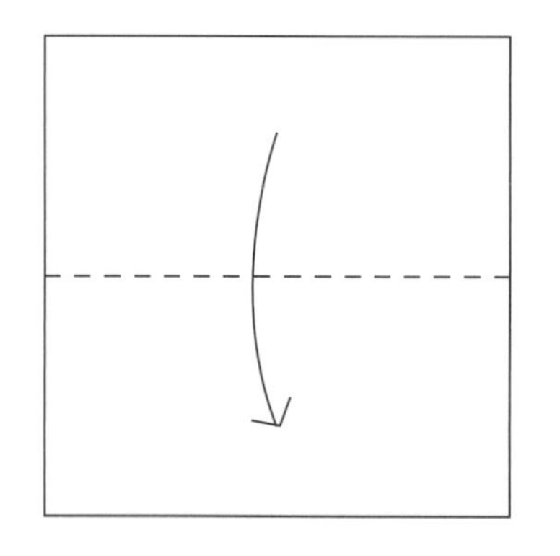

❷ 將表層紙邊沿虛線向上摺。

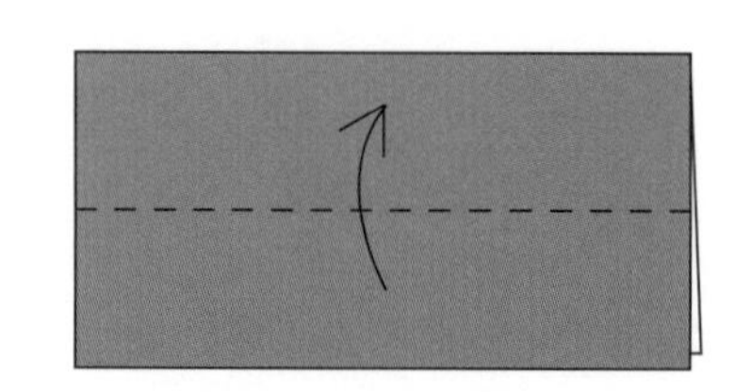

❸ 將底層紙邊沿虛線向後摺。

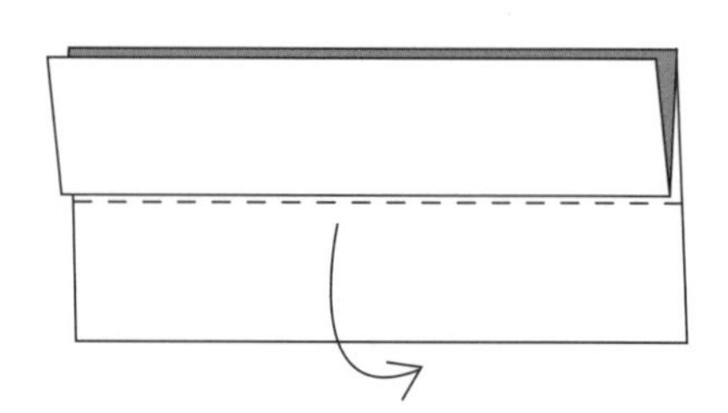

❹ 將表層紙邊沿虛線向下摺。

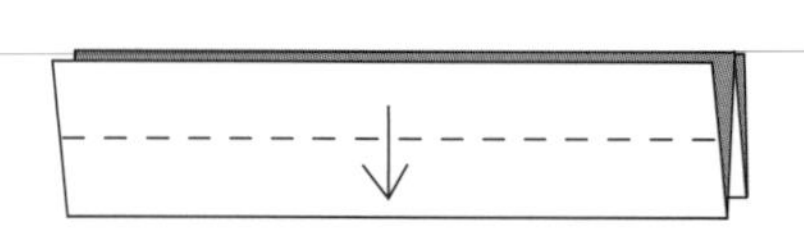

❺ 將上方的三層紙角同時沿虛線向後摺。

❻ 將下方的三角沿虛線向後摺，兩邊要對稱。

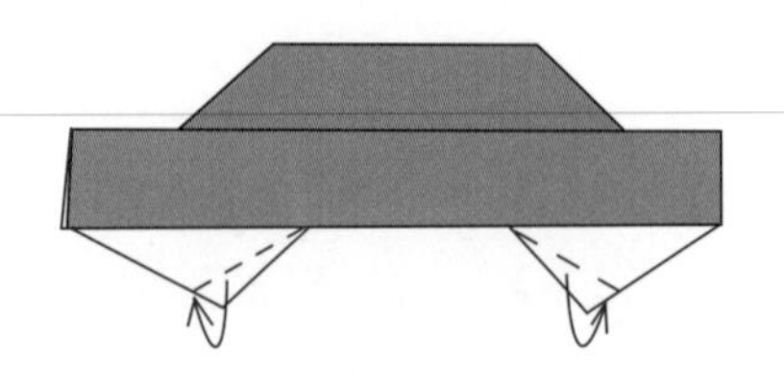

7 沿虛線將下方的小角向後摺。

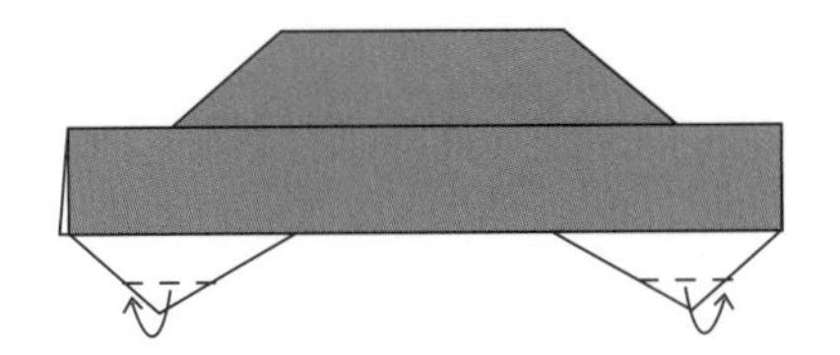

8 將粗箭嘴所示的兩個紙角揭開，
沿虛線向內摺。

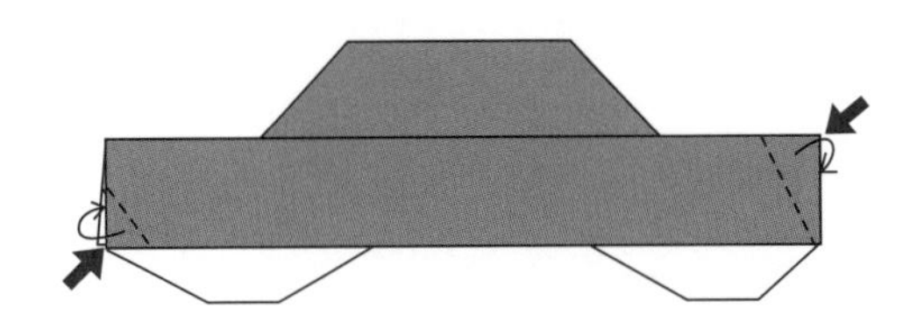

向內摺的時候，要一手固定紙張，一手揭開紙角。

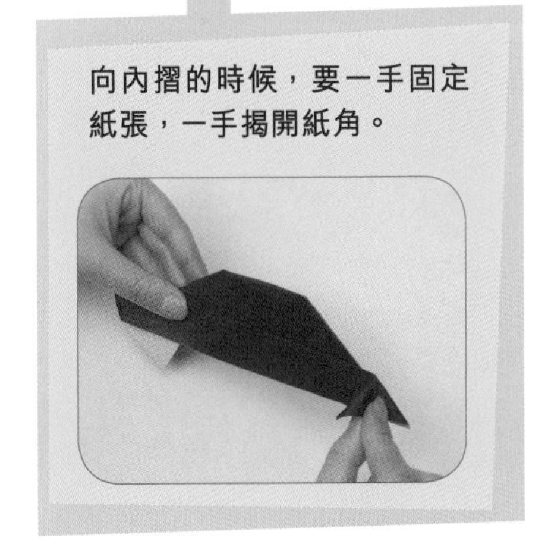

9 汽車完成了。

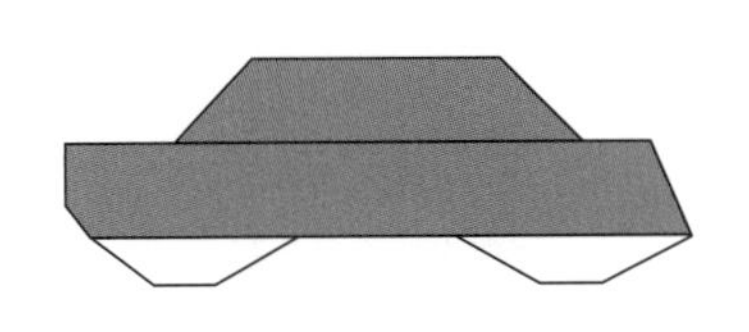

畫一畫

為汽車塗上好看的顏色，再畫上車窗、車門。

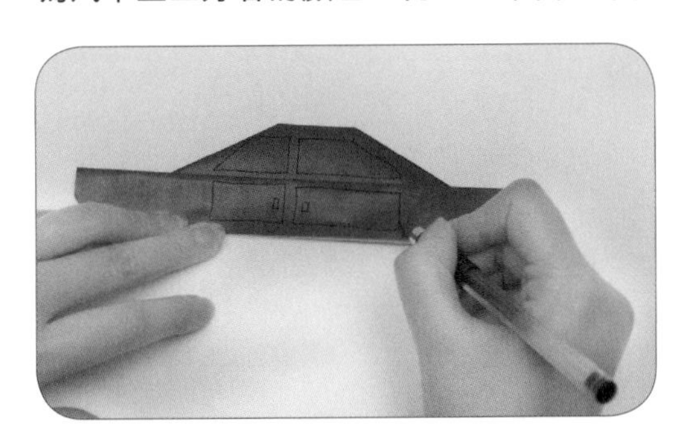

飛鏢

方法：

1. 將紅、藍色紙的左右兩邊沿虛線摺向中線。
2. 再將兩張紙分別沿虛線對摺。
3. 兩張紙的紙角分別沿虛線摺疊。

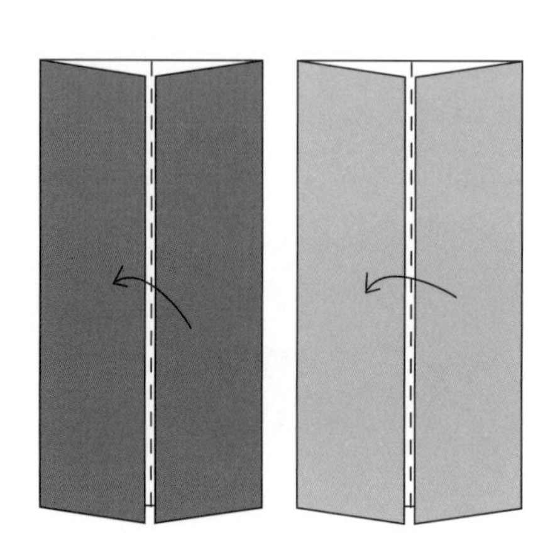

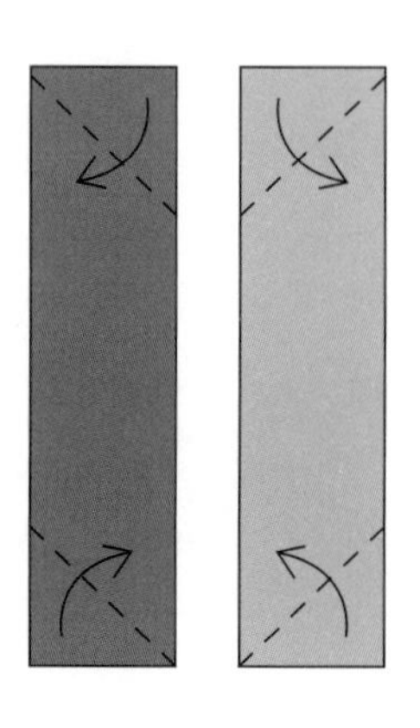

4. 再沿虛線摺疊。
5. 翻轉紅色紙，藍色紙沿箭嘴方向旋轉。
6. 將藍色紙疊在紅色紙上，變成步驟 7 的樣子。

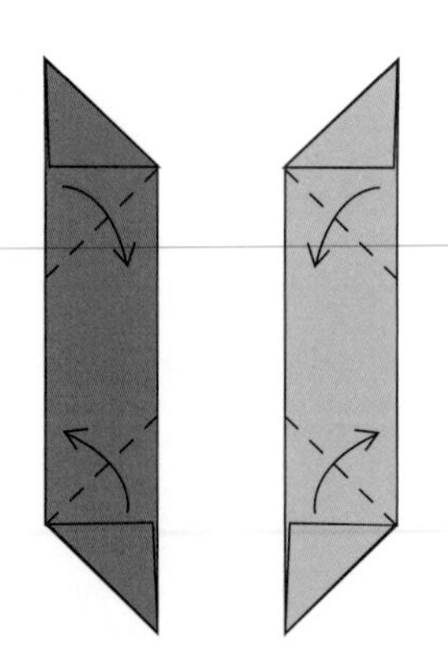

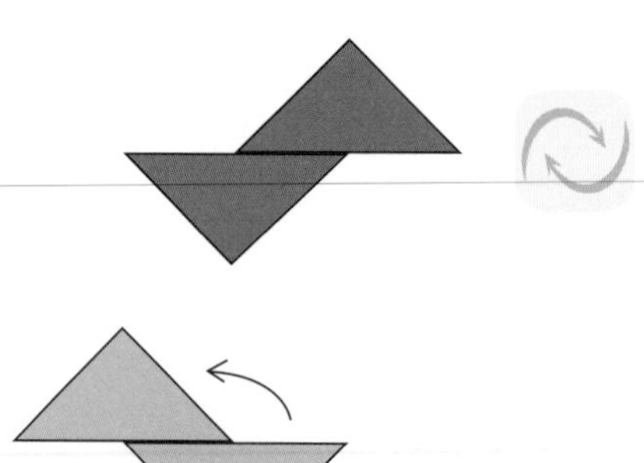

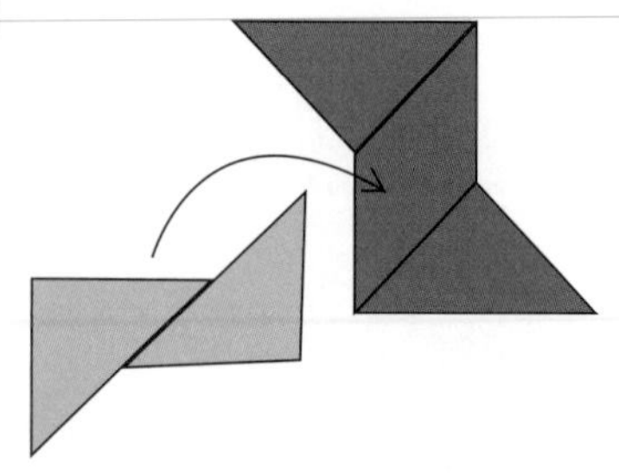

❼ 沿虛線摺疊 a、b 角，然後按粗箭嘴方向套進藍色紙內層。

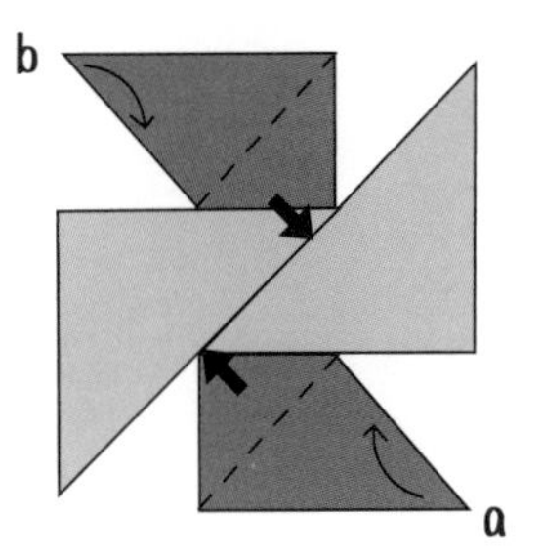

❽ 翻轉紙張。

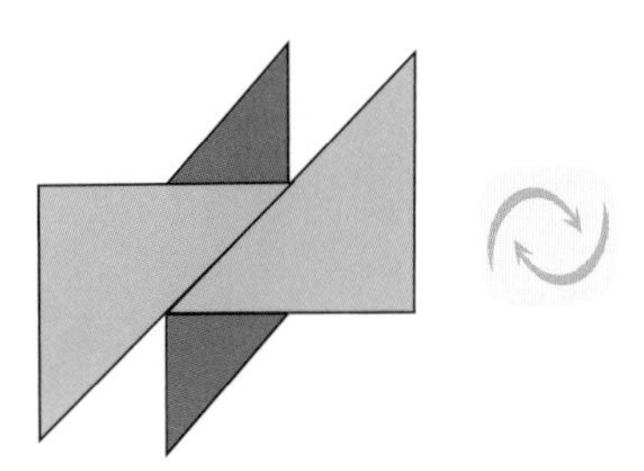

❾ 沿虛線摺疊 a、b 兩角，然後按粗箭嘴方向套進紅色紙內層。

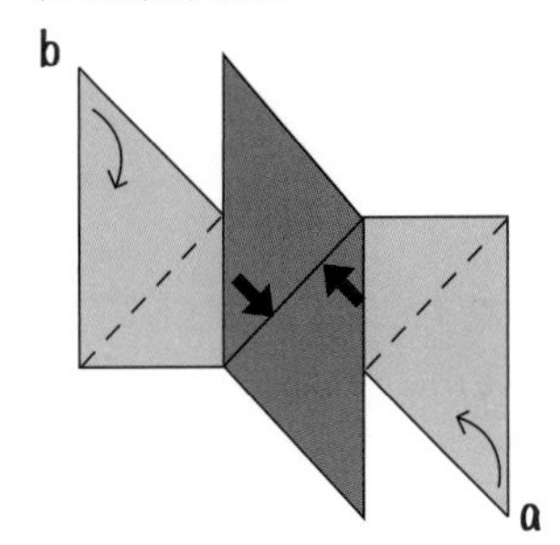

❿ 飛鏢完成了。

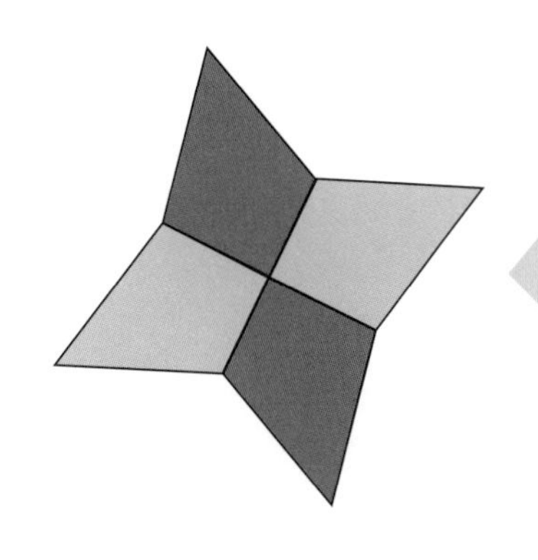

輕輕揭開紙邊，然後把尖角插進去。

畫一畫

用筆為飛鏢畫上漂亮的花紋。

試一試

用食指和中指夾住飛鏢，然後把飛鏢丟出去，看看誰丟得比較遠吧！

警車

方法：

❶ 向下對摺。

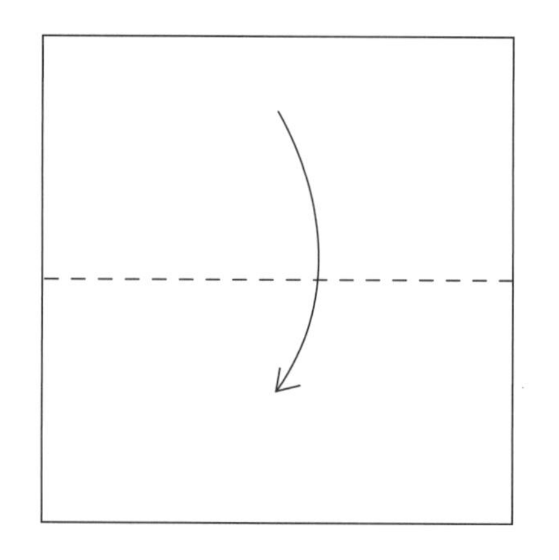

❷ 紙張表層沿虛線摺疊。

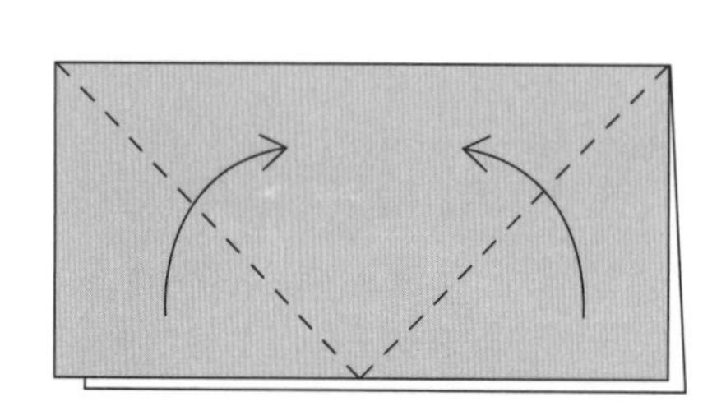

❸ 將中間的紙角向上摺，稍微高於上方的紙邊。

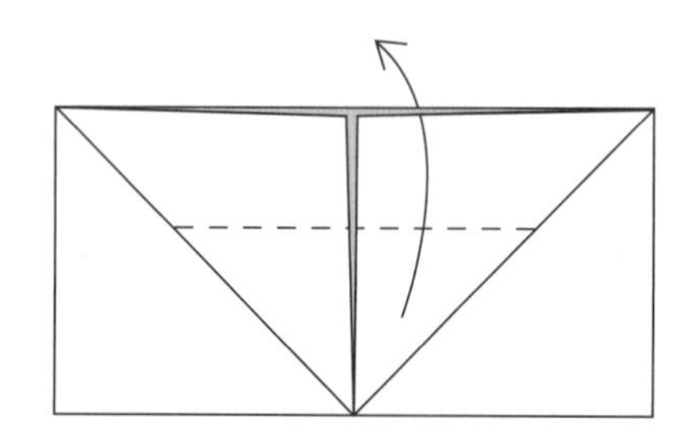

❹ 沿虛線向下摺。

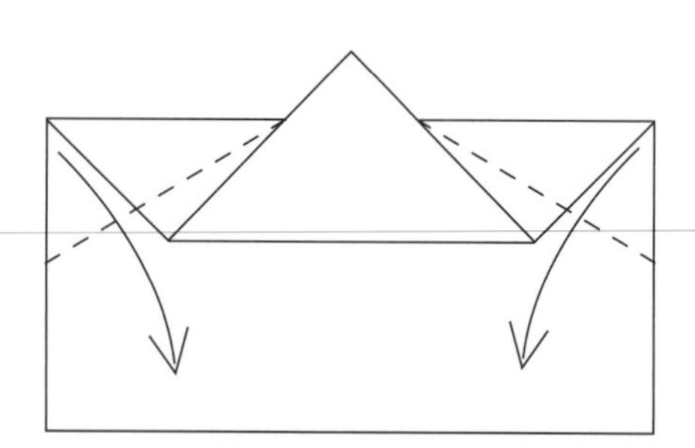

❺ 將兩個小角沿虛線向上摺，然後翻轉紙張。

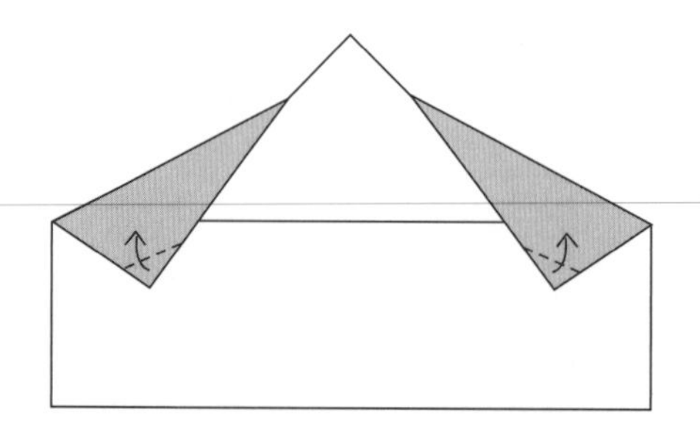

❻ 沿虛線向上捲摺。

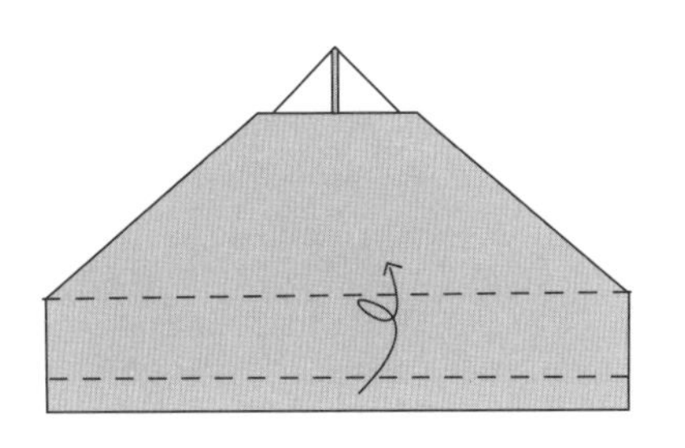

❼ 把紙角沿虛線向後摺。

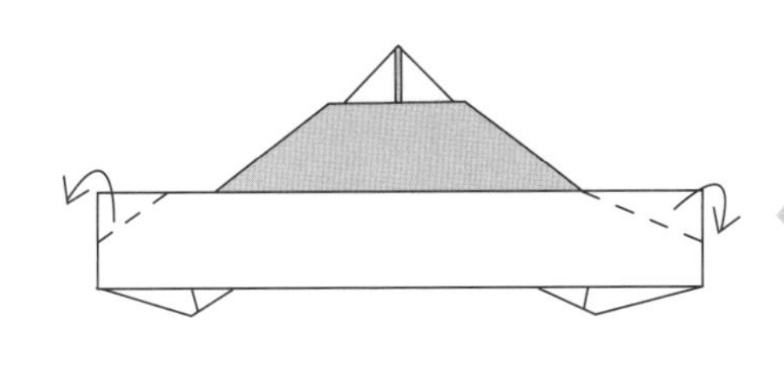

兩側摺疊的範圍不同，車頭部分要多摺一點。

❽ 將頂部的紙角沿虛線向下摺。

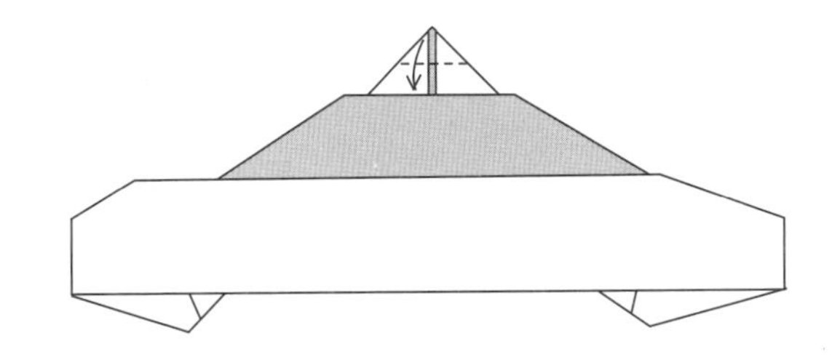

❾ 將最下方的兩個紙角沿虛線向後摺，警車完成了。

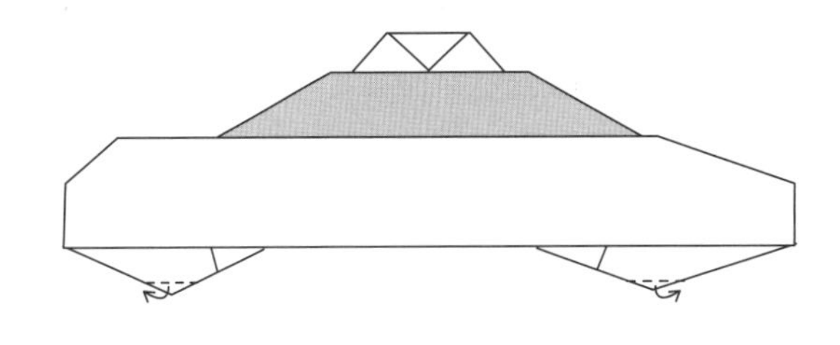

畫一畫

用筆為警車畫上車窗、車門，再畫上紅、藍色的警示燈。

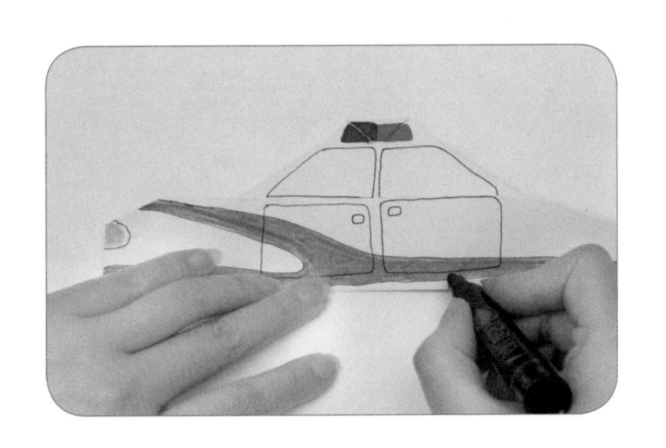

把警車的車輪向上藏起來，然後把警車貼在畫紙上，車底畫上火焰，神秘的飛碟就出現了。

飛船

方法：

❶ 將雙三角形（參看第 11 頁）表層左右兩側沿虛線摺向中線。

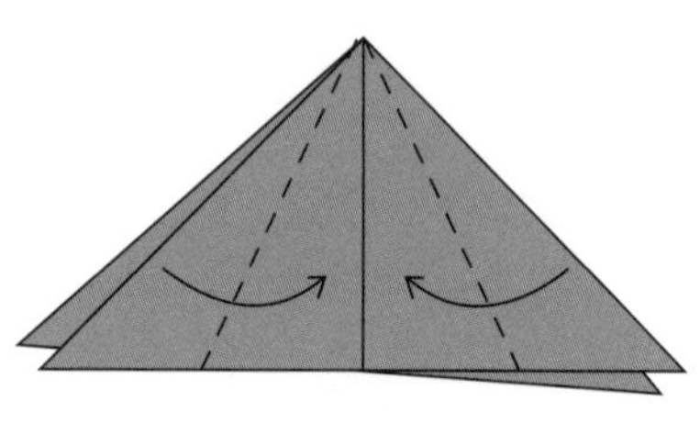

❷ 背面也是一樣。

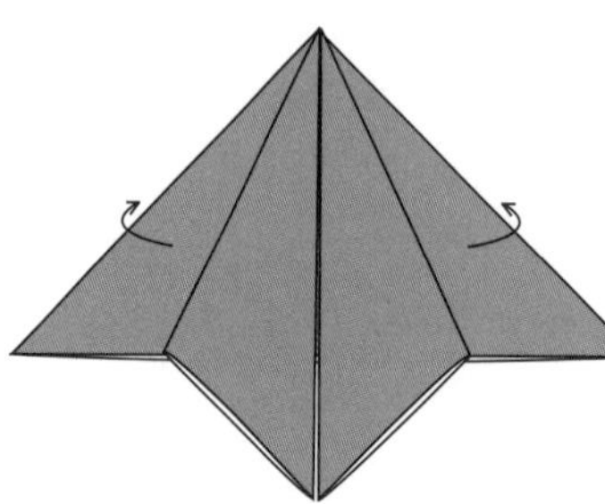

❸ 揭開下方其中一個紙角，並從下向上撐開紙層。

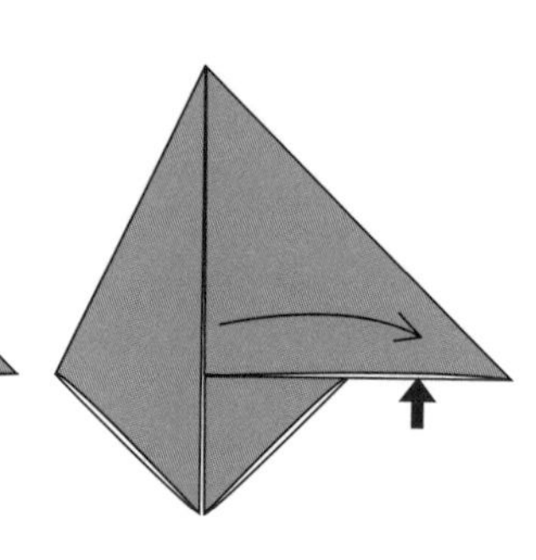

❹ 從側面把紙角向內推，其餘三角摺法相同。

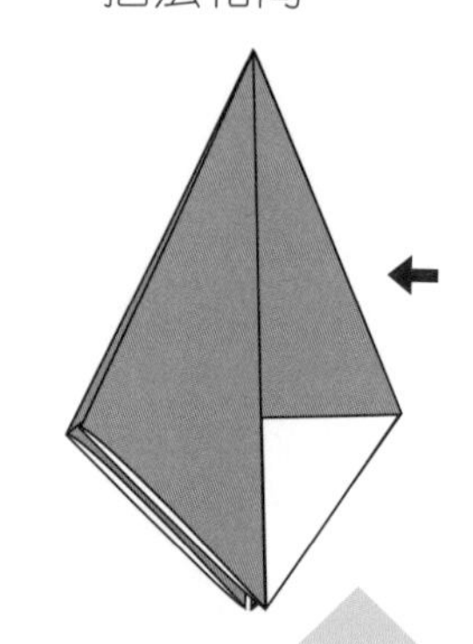

以手指把紙角推進去。

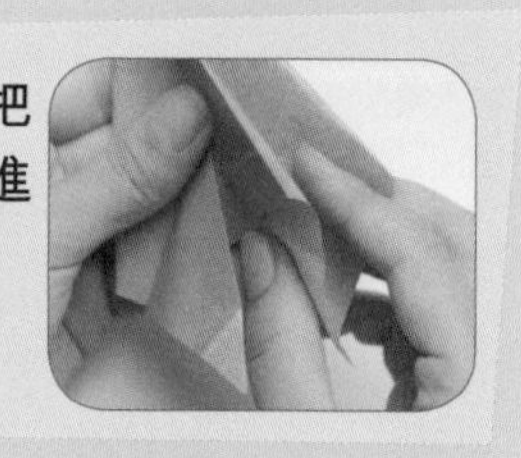

❺ 將下方的短斜邊沿虛線摺向中線再攤開。

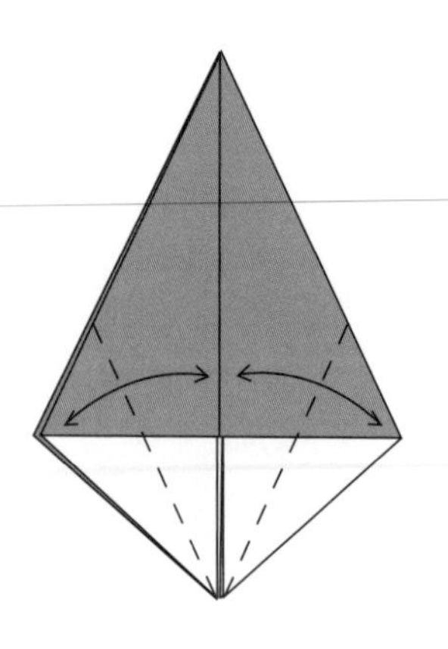

❻ 揭起下方的紙邊，沿摺痕將左右兩角向內摺，其餘三面摺法相同。

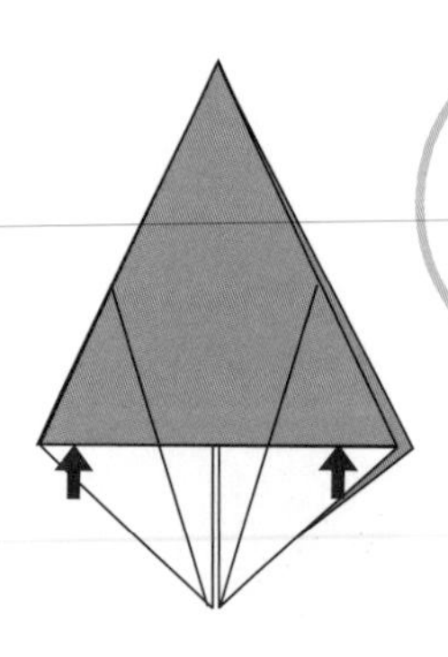

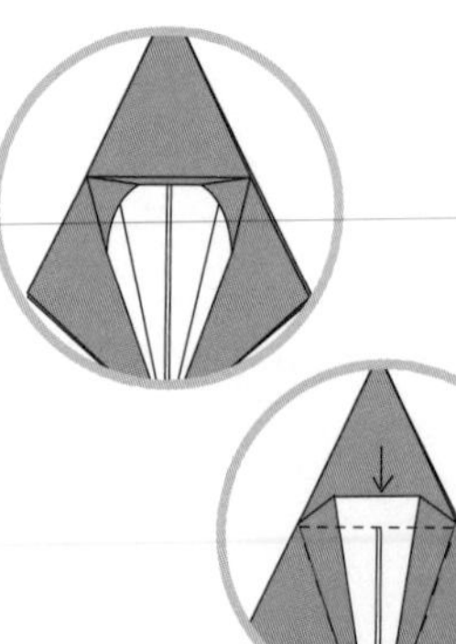

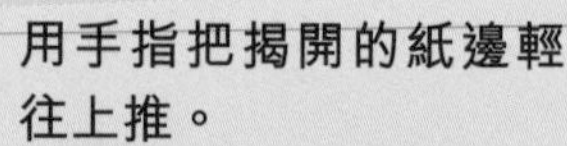

用手指把揭開的紙邊輕往上推。

7 把紙邊壓平後的樣子。

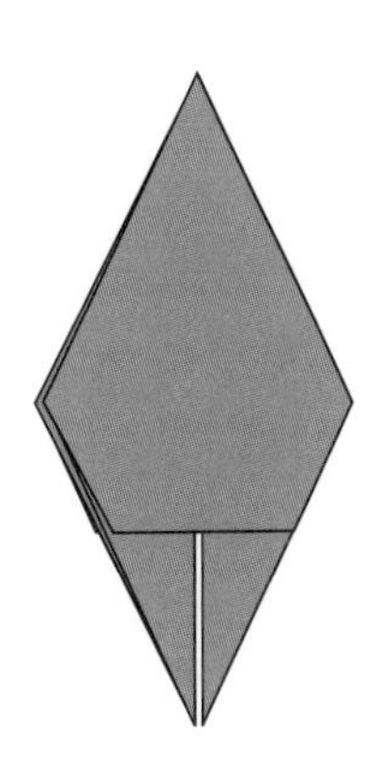

8 左右兩角沿虛線對摺，背面也是一樣。

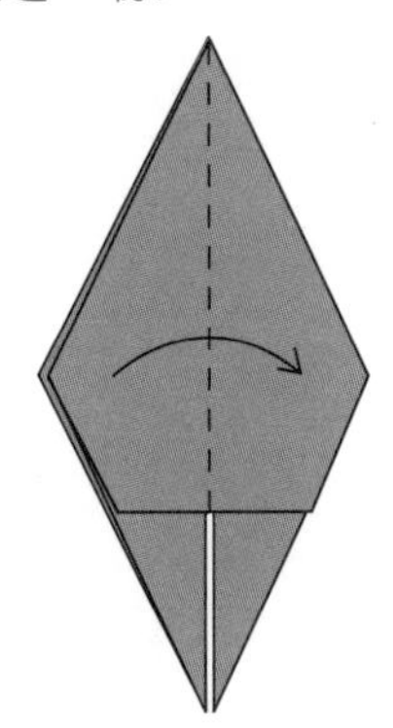

9 沿虛線把斜邊摺向中線，其餘三面也是一樣。

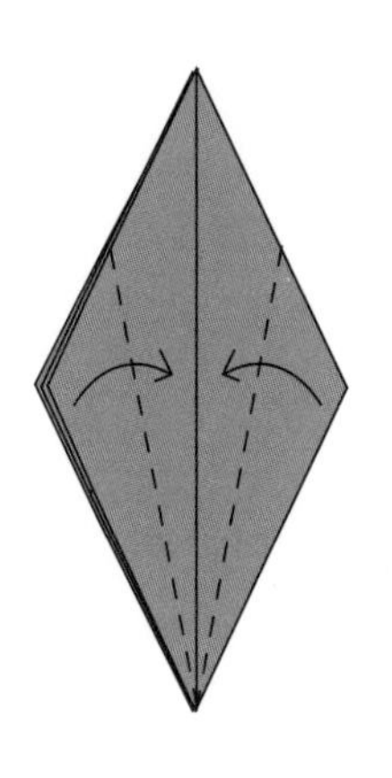

10 將四條腿分別按箭嘴方向向上曲摺。

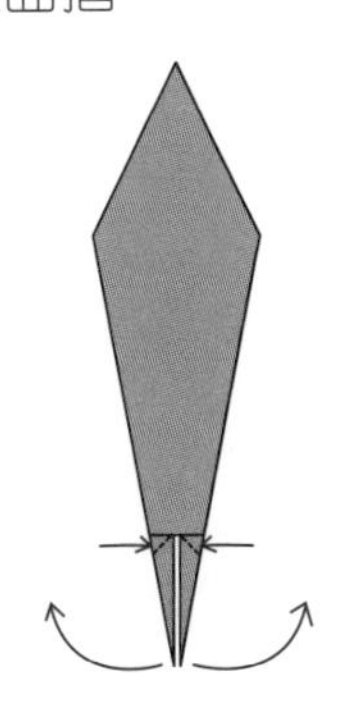

11 再沿虛線向下曲摺。

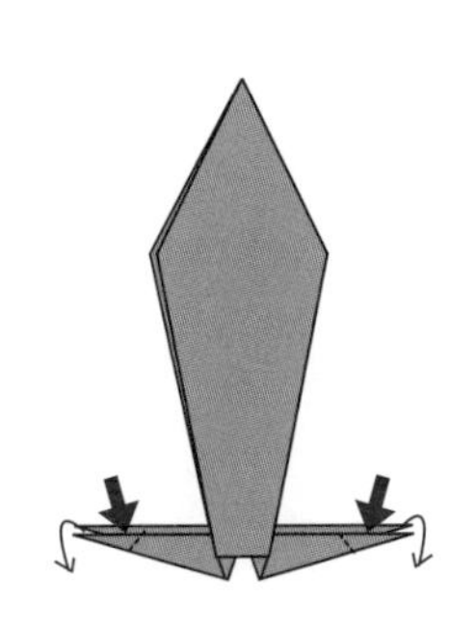

12 從底部把飛行船吹脹。

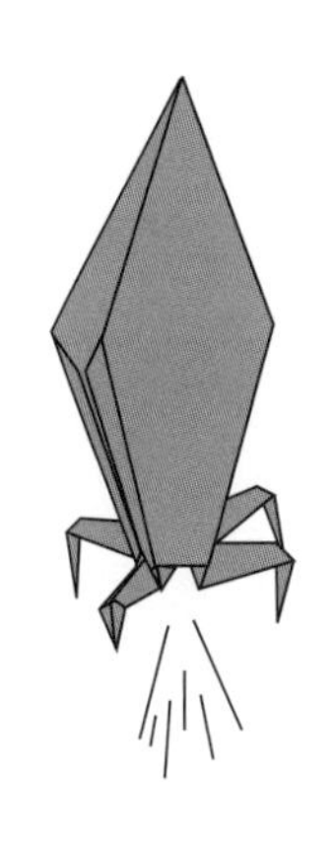

13 飛船就完成了。

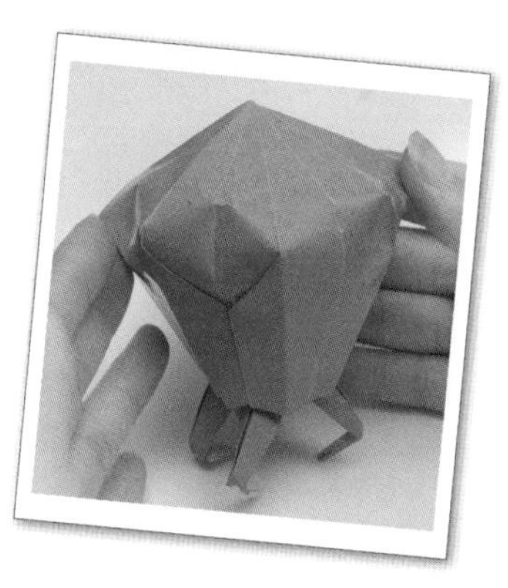

用筆為飛船畫上花紋。

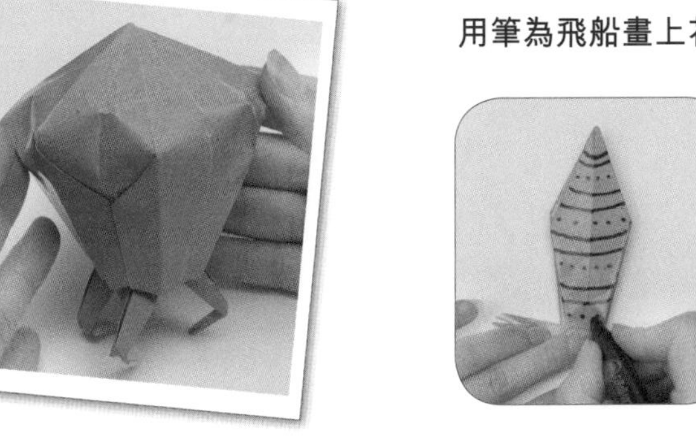

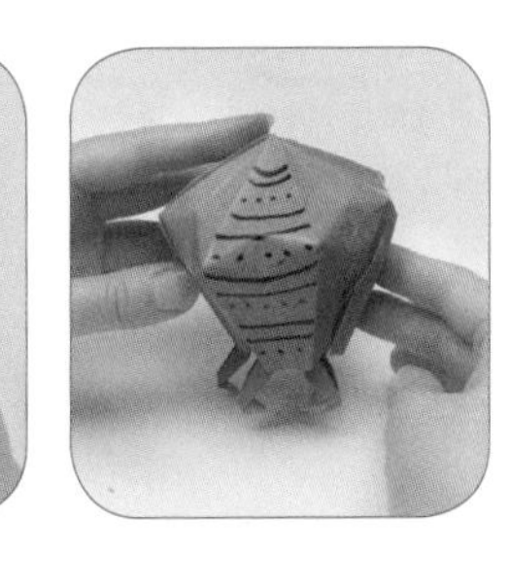

用剪刀剪出螺旋槳，貼在飛船上，令它飛得更快吧！

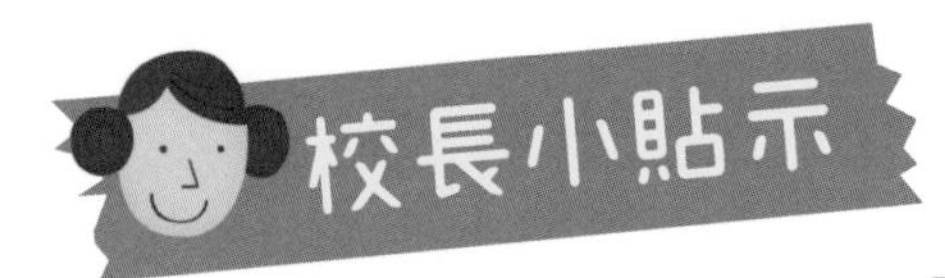

了解孩子眼中的世界

擁有豐富創意和想像力的人，總是能以不一樣的眼光，看待這個世界。人們正是因為有了豐富的創意和想像力，才能推動社會不斷地進步。從發明了活字印刷術的畢昇，到研製出世界上第一輛汽車的卡爾，再到蘋果電腦公司的創始人喬布斯……他們用智慧引領着我們，改變了我們的世界。

每個孩子眼中的世界都不一樣，因為他們有自己的觀察和理解方式。孩子的創作往往很大程度上反映出他們的創意和想像力。親子互動時，家長一定要用平等的姿態與他們交流，這樣才會領略他們的繪畫、他們的歌聲、他們的摺紙、他們的世界……

有的爸爸媽媽經常說：「創意和想像力能保證我的孩子進入名牌大學嗎？」雖然它們不能絕對滿足你的期望，但是創意和想像力貧乏的孩子，長大後很難成為改變世界的人才。家長要時刻為培養孩子創意與想像力營造條件，尊重孩子的忽發奇想，並且積極回應，讓他們可以在想像的天空裏自由翱翔，盡情夢想，快樂成長。

第六章
美麗的衣飾

蝴蝶結

建議年齡 4歲或以上

推薦紙張 橙色紙

紙張數量 1張

方法：

❶ 沿虛線上下對摺。

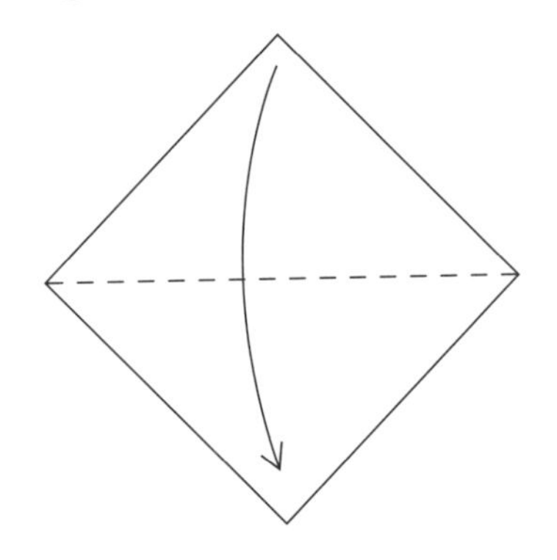

❷ 摺出中線，剪掉陰影部分。

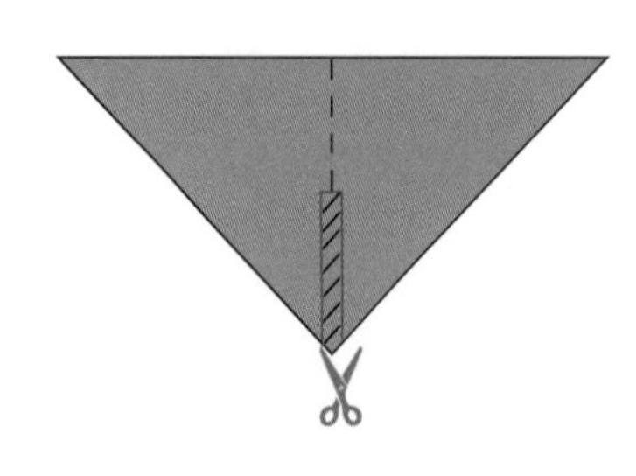

如果怕剪得不整齊，可以對摺後兩層一起剪。

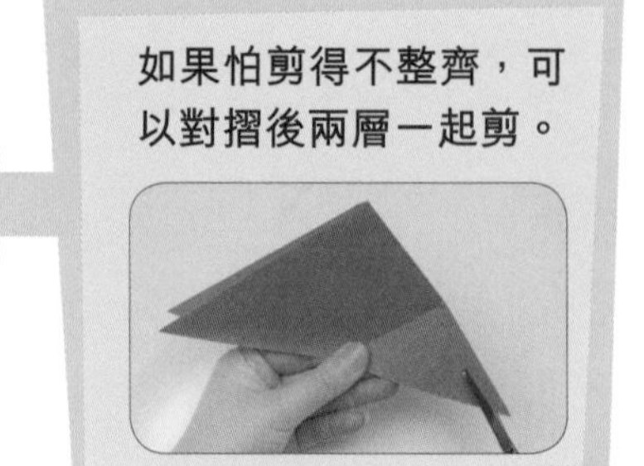

❸ 沿虛線將兩個紙角分別曲摺（先向後再向前）。

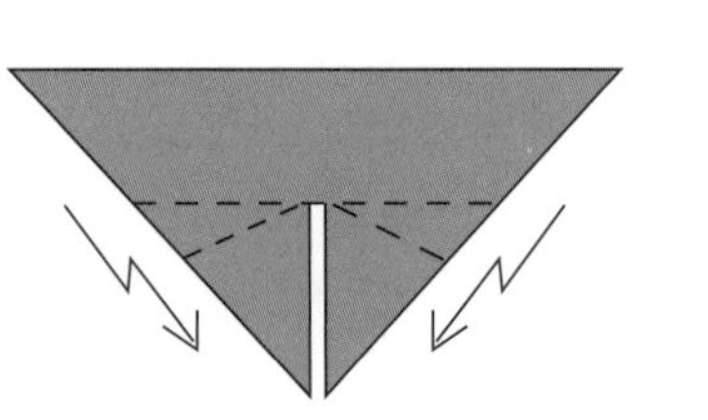

❹ 將左右兩部分沿虛線曲摺（先向外再向中間）。

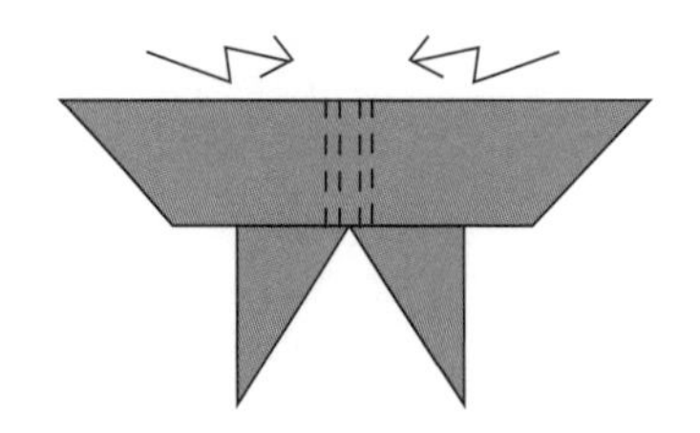

畫一畫

用筆在蝴蝶結畫上美麗的花紋。

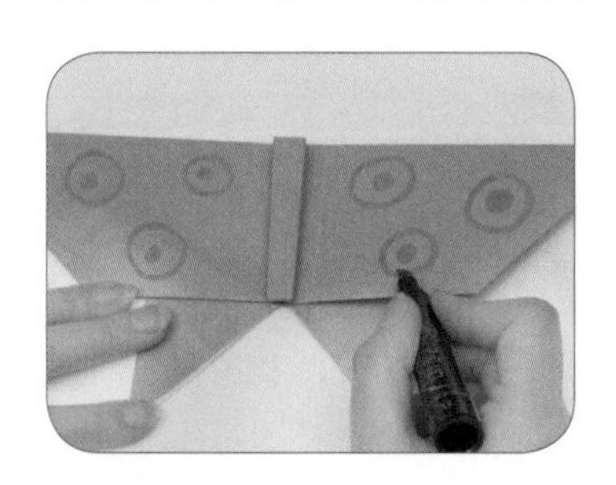

❺ 把紙張壓平，蝴蝶結就完成了。

試一試

告訴你一個秘密，蝴蝶結只要貼上觸角，就會變成蝴蝶！

手鐲

方法：

❶ 上下角對摺再攤開。

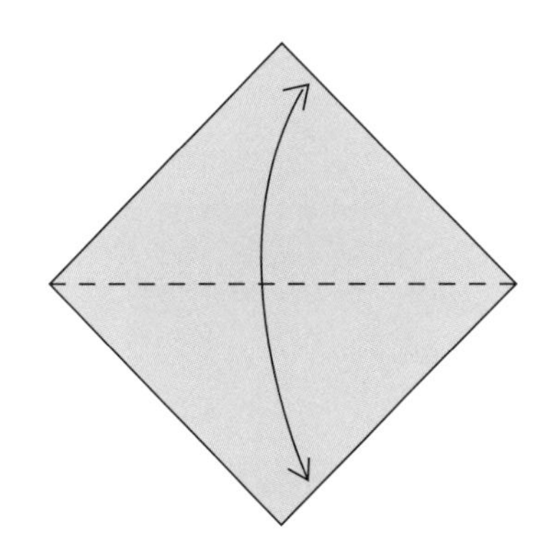

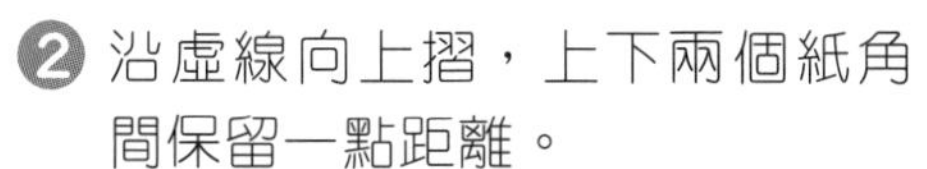

❷ 沿虛線向上摺，上下兩個紙角間保留一點距離。

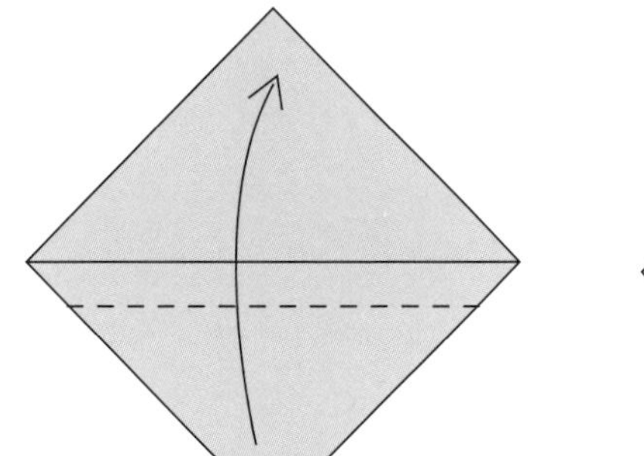

❸ 翻轉紙張。

❹ 從下向上沿虛線捲摺。

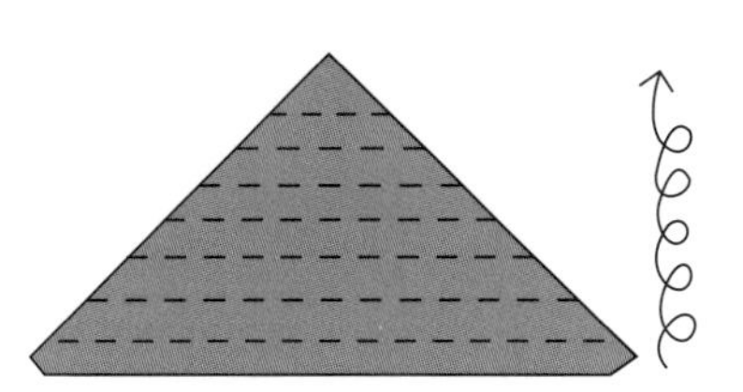

❺ 將長紙條的兩端連接起來。

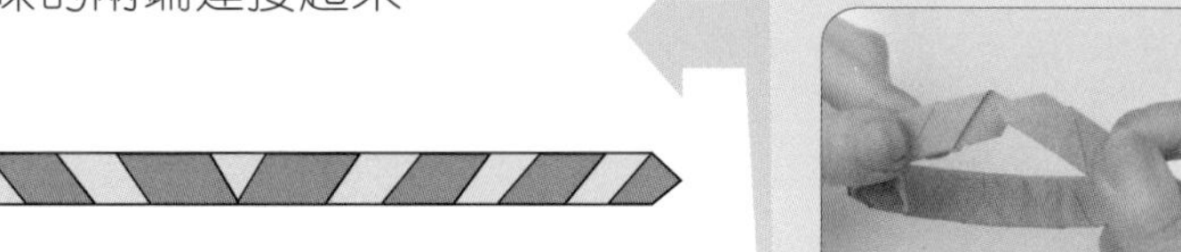

用筆為手鐲畫上好看的花紋。

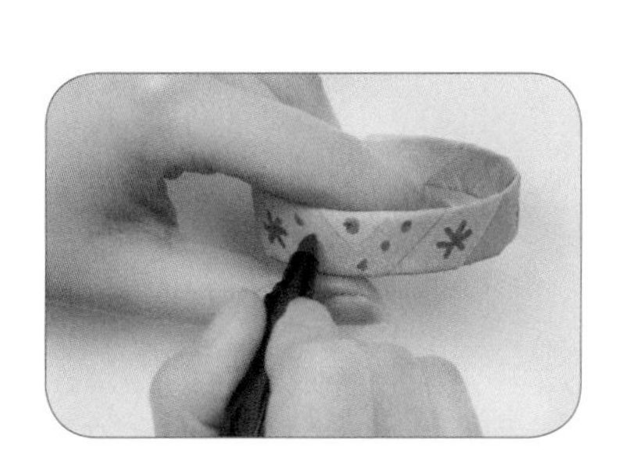

搜集一些漂亮的閃片或小貼紙，貼在手鐲上。

襪子

方法：

1. 四角對摺再攤開。

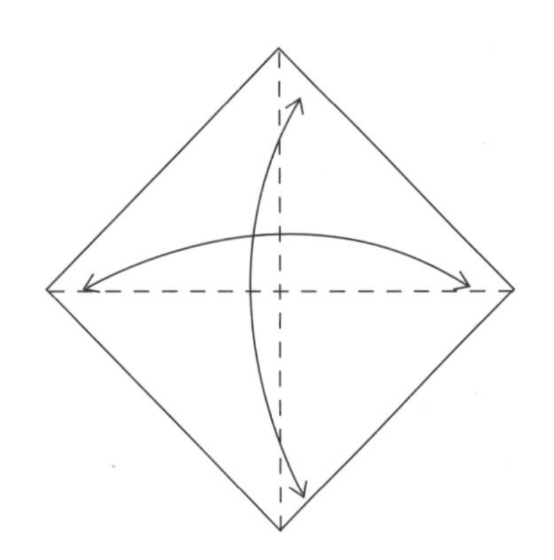

2. 沿虛線摺疊左右兩角，紙角不要碰到中線。

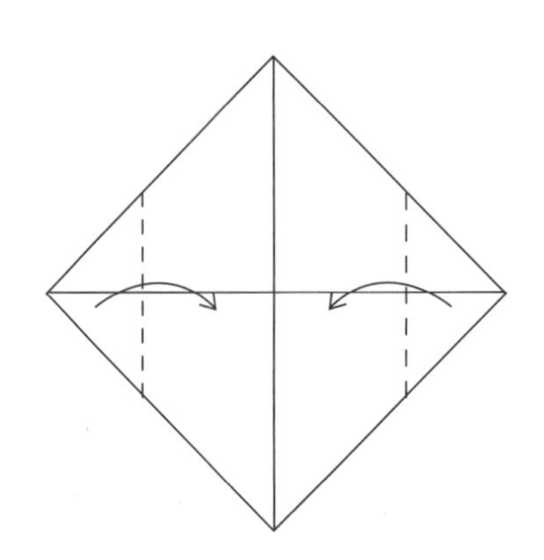

3. 把下方的紙角沿虛線向上摺。

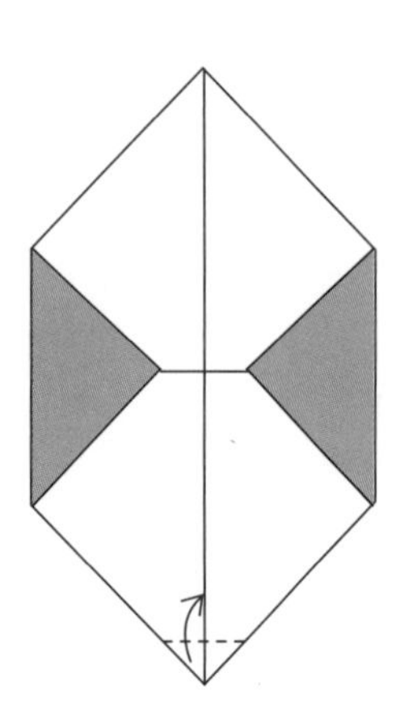

4. 再沿虛線向上摺。

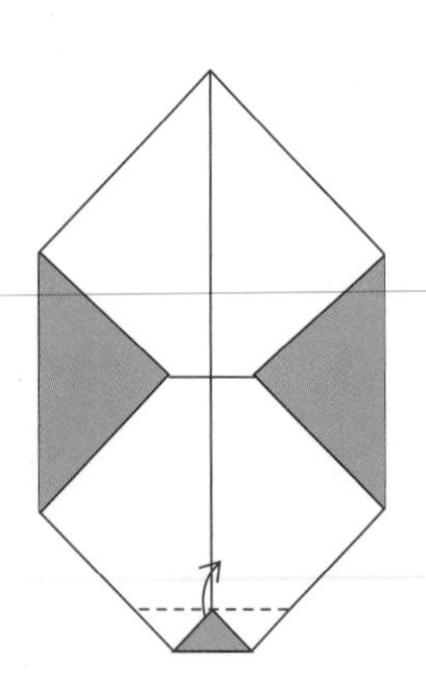

5. 翻轉紙張。

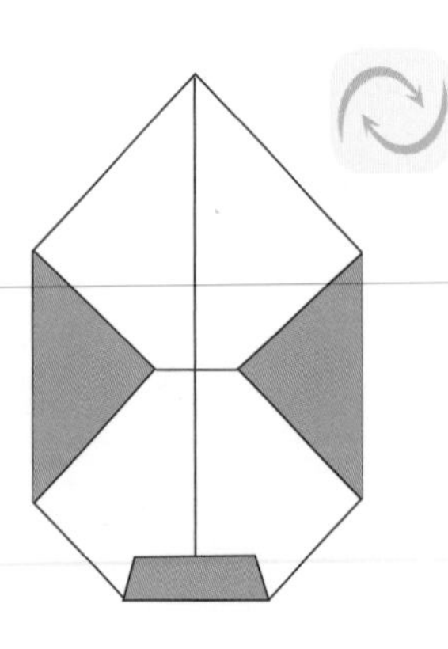

6. 左右沿虛線摺疊。

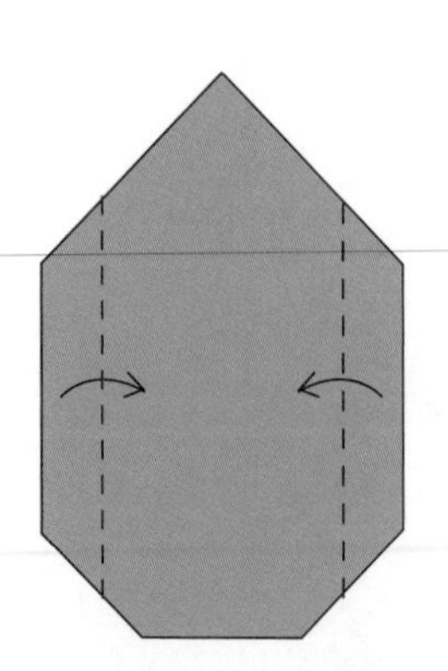

7. 將上方的三角形向下摺。

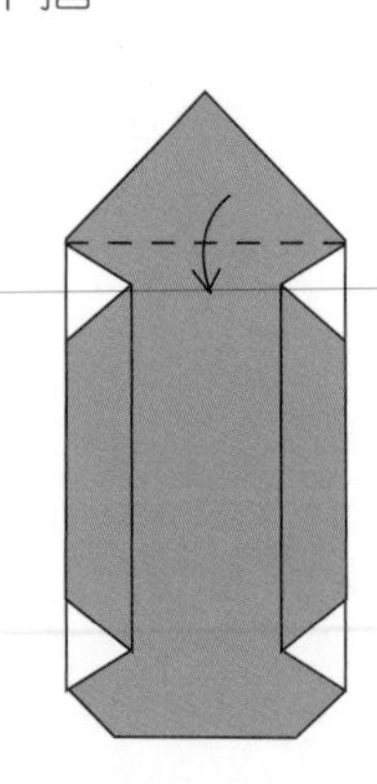

❽ 再次翻轉紙張。

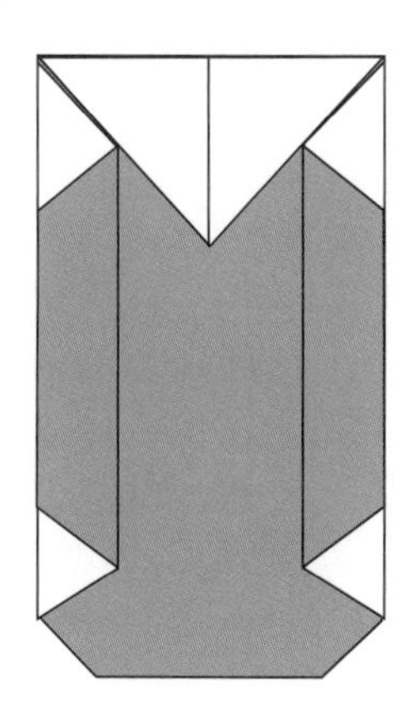

❾ 沿虛線向上對摺。

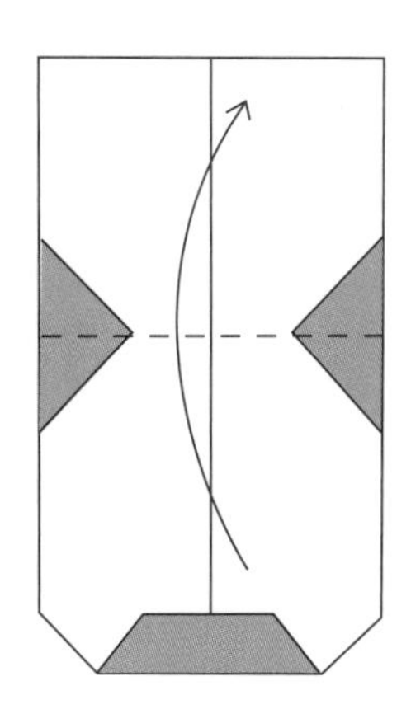

❿ 將表層的紙沿虛線向下摺。

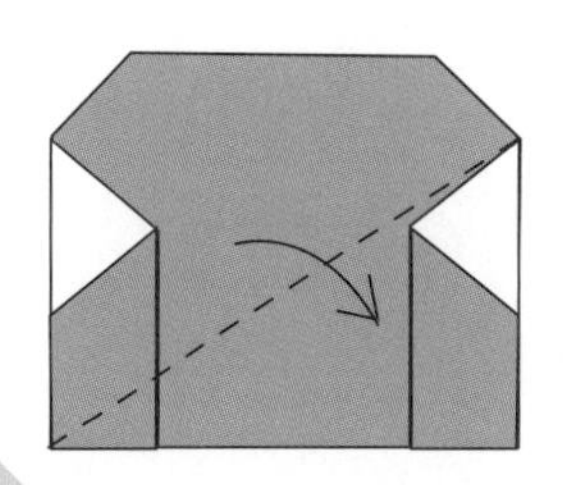

摺疊時用力要均勻。

⓫ 底層紙張沿摺痕向後摺。

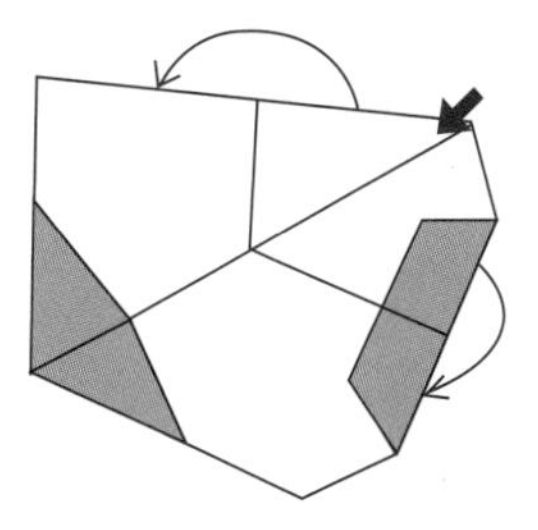

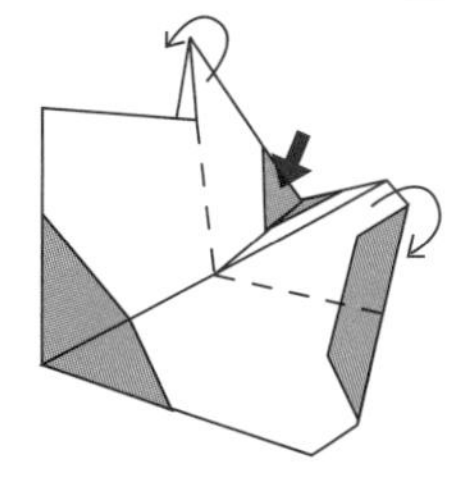

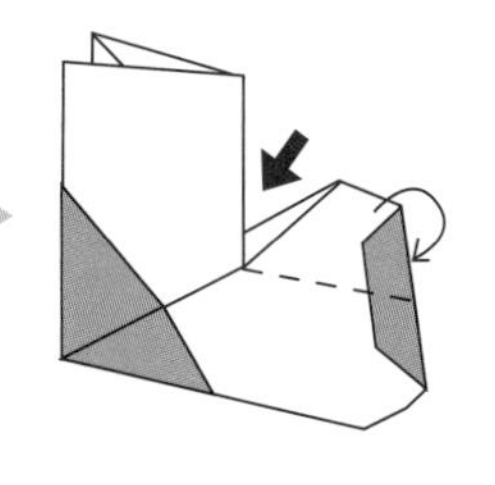

這裏稍有難度！你可以把紙張翻轉，將上半段左右對摺，然後用手指把翹起來的紙角壓平就可以了。

⓬ 用手壓平就完成了！

畫一畫

用筆為襪子畫上美麗的花紋。

翻到第 148 頁，
把襪子交給聖誕老人，讓他用襪子裝滿聖誕禮物吧！

手袋

方法：

❶ 左右角對摺再攤開。

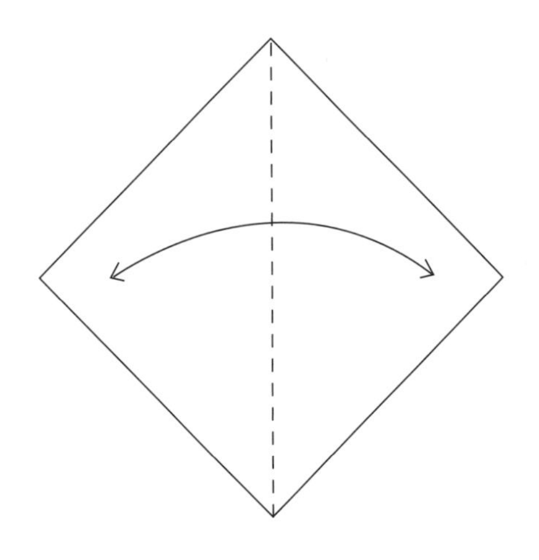

❷ 下方的角向上對摺。

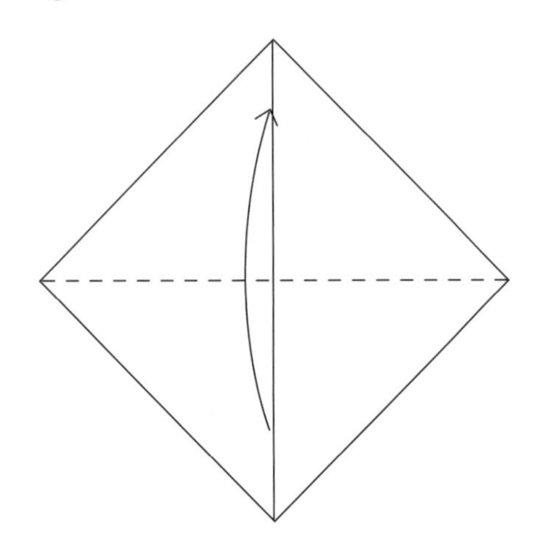

❸ 將左右兩個尖角沿虛線摺疊，中間部分重疊。

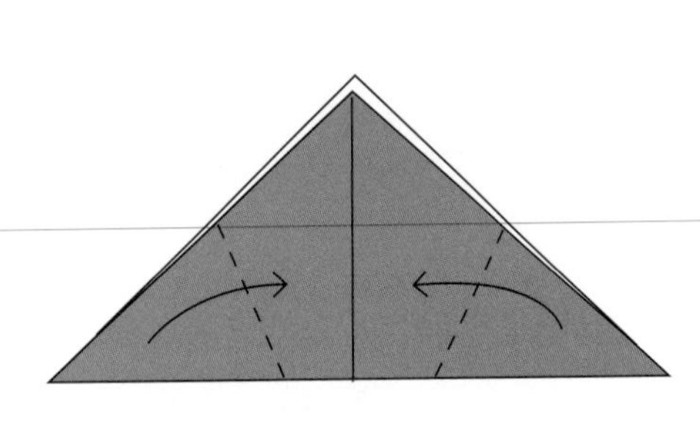

❹ 把上方表層的紙角向下摺。

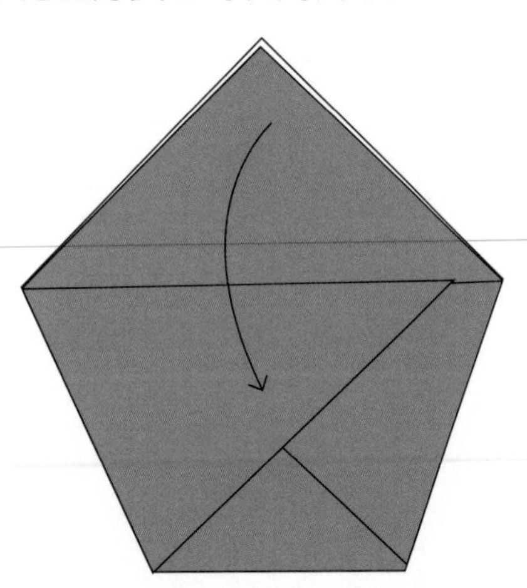

5 用剃刀沿剪切線割開底層的紙張。

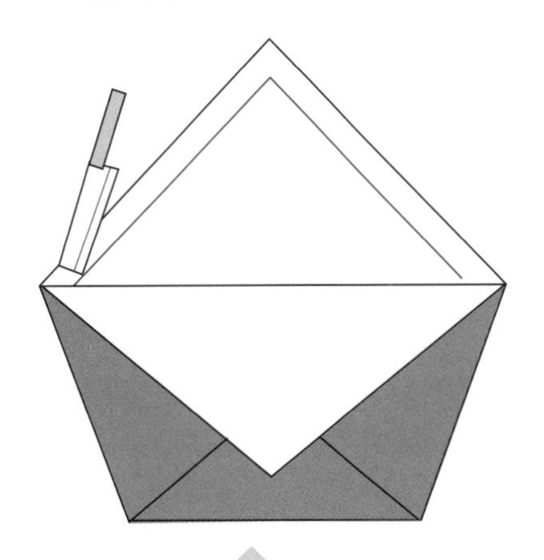

6 把割開的三角形向下摺，手袋就完成了。

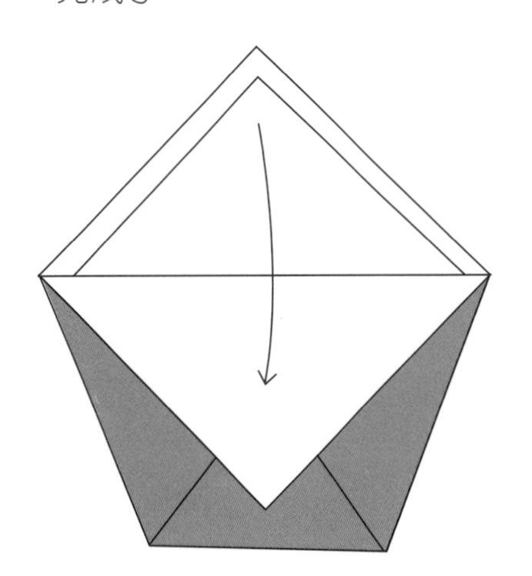

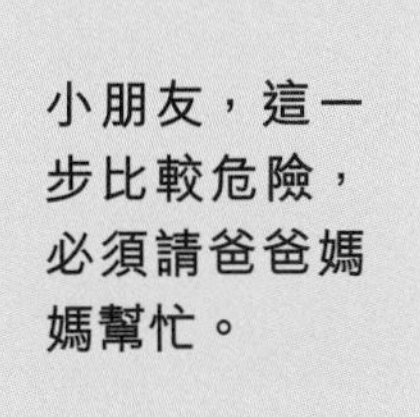

小朋友，這一步比較危險，必須請爸爸媽媽幫忙。

畫一畫

用筆為手袋畫上漂亮的扣子和好看的圖案。

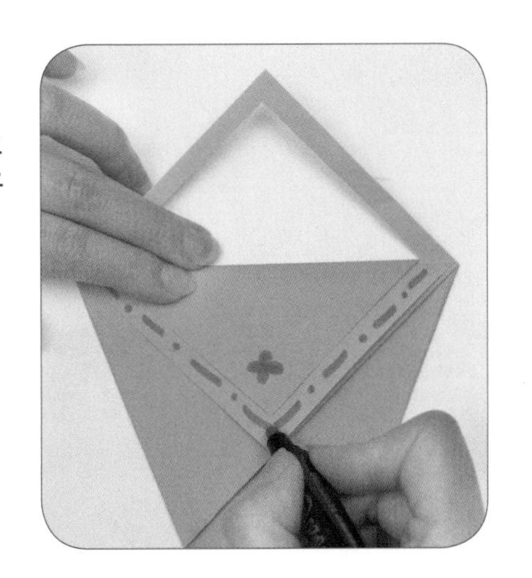

把步驟 6 割開的三角向後摺，看看像不像帽子？

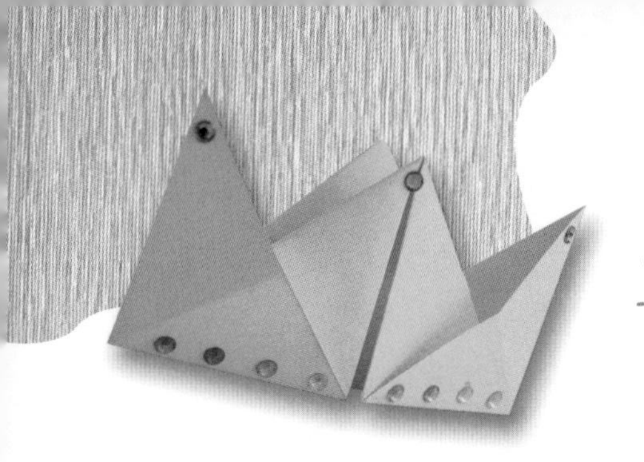

王冠

方法：

❶ 四邊對摺再攤開。

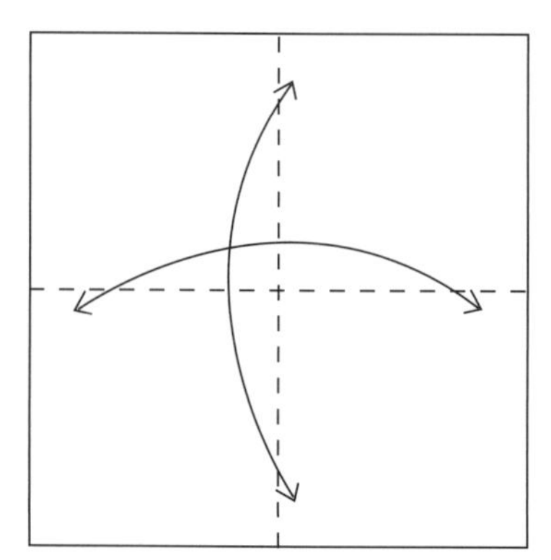

❷ 把四角摺向中點。

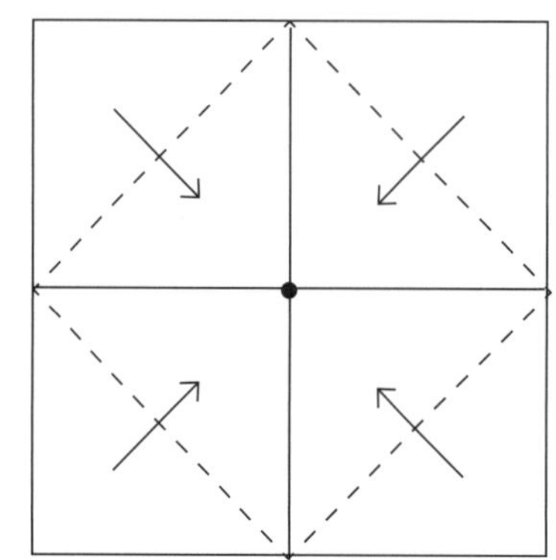

❸ 攤開左右兩角，再把紙角沿虛線摺疊，紙角剛好碰到摺痕。

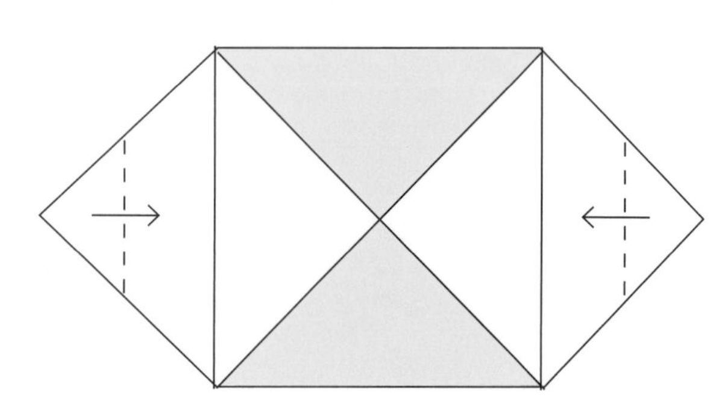

❹ 再沿摺痕摺疊一次。

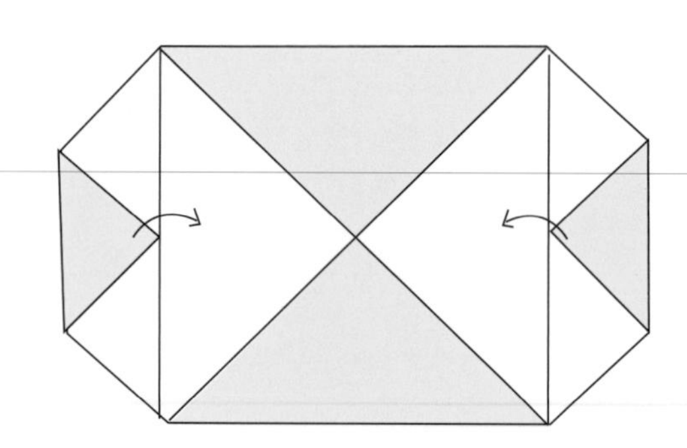

❺ 沿中線向右對摺，然後向左旋轉。

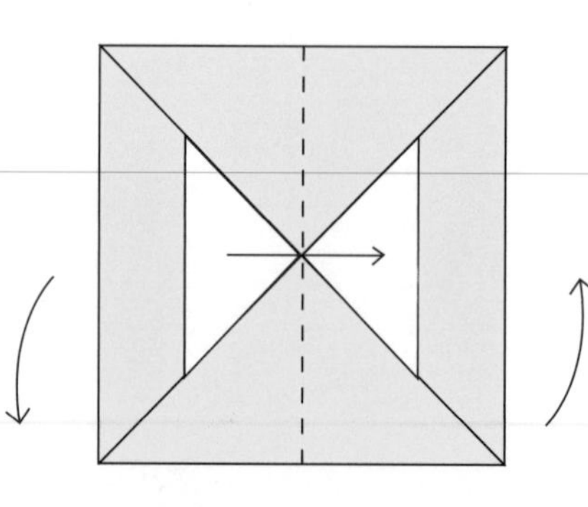

❻ 將表層上方的兩角沿虛線向下摺。

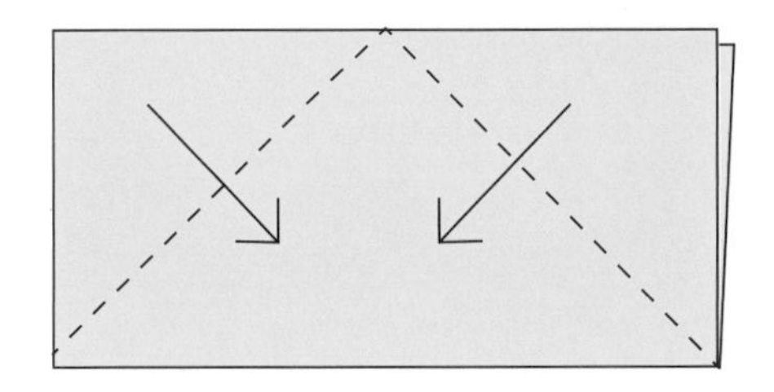

❼ 將底層上方的兩角向後摺。

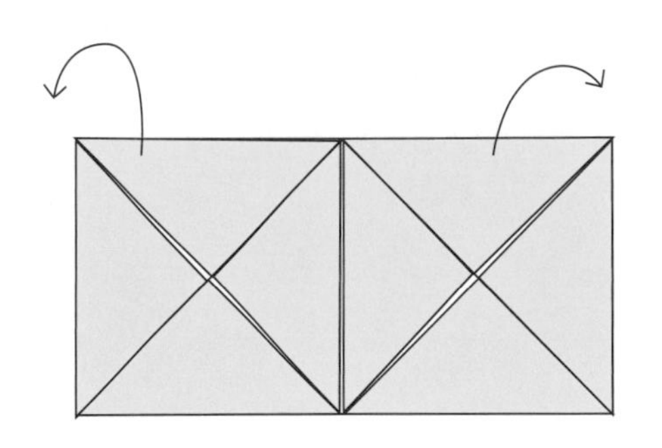

❽ 把三角形向下打開，變成一個正方形，然後把中間的紙角揭起，王冠就完成了。

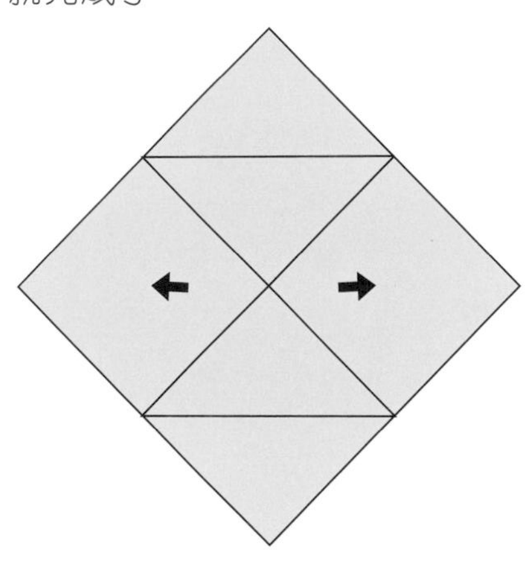

畫一畫

用螢光筆或者閃片給王冠添上五彩的寶石。

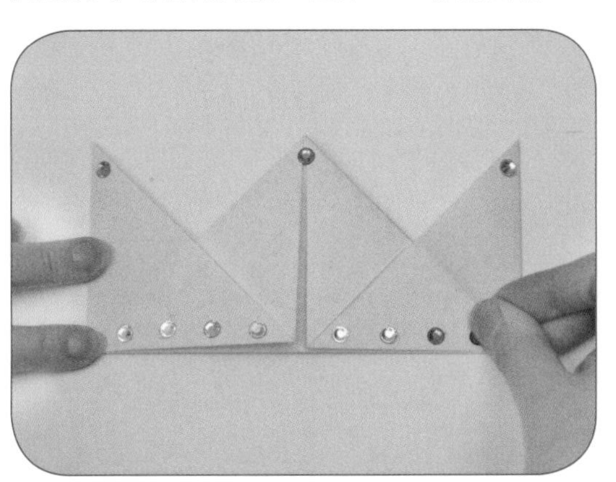

試一試

我們在第 26 頁學會了摺老虎，你可以給這百獸之王戴上王冠嗎？

連身裙

方法：

1. 左右對摺再攤開。

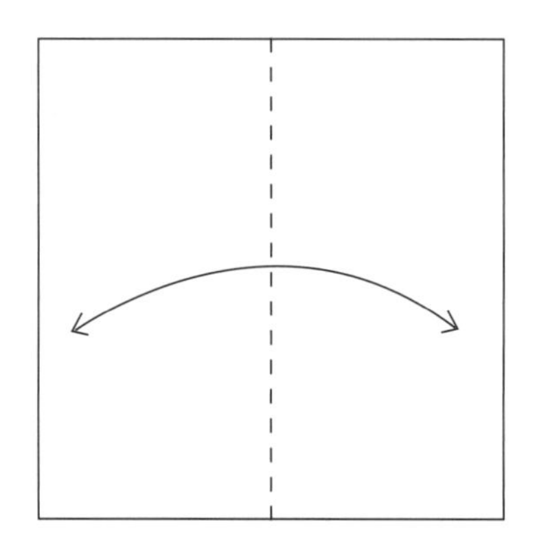

2. 將上方的兩角沿虛線摺向中線。

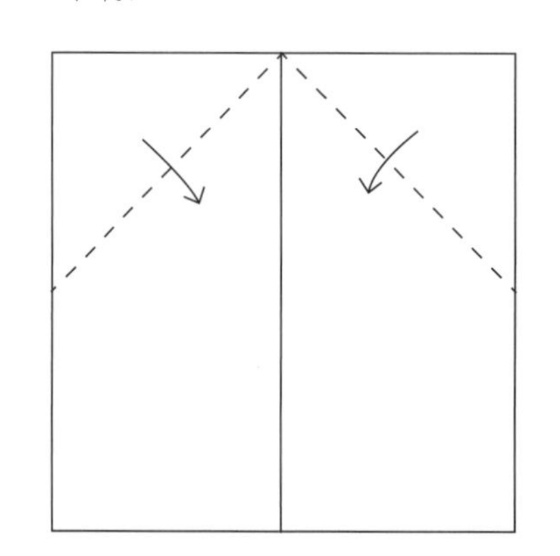

3. 翻轉紙張。

4. 將斜邊沿虛線摺向中線。

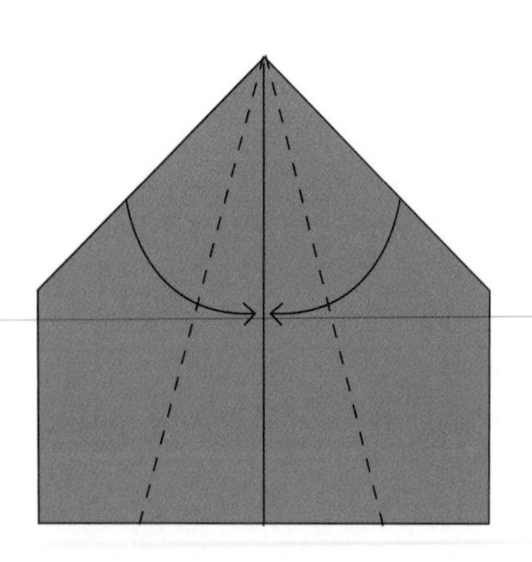

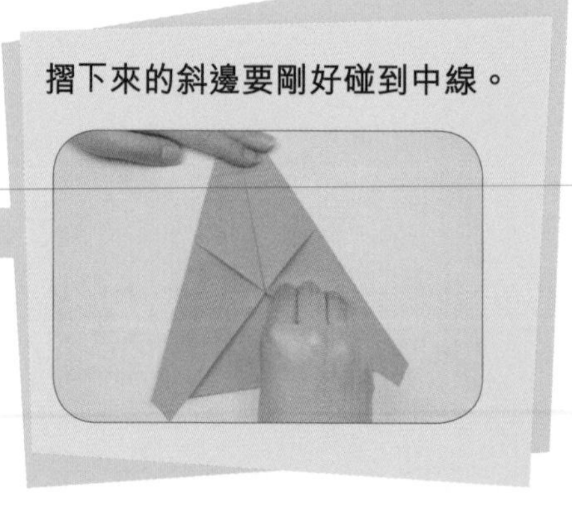

5. 翻轉紙張。

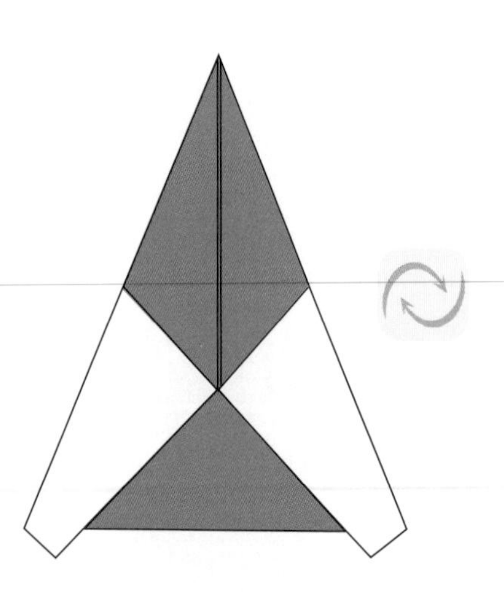

❻ 將上方的左右兩角揭開。

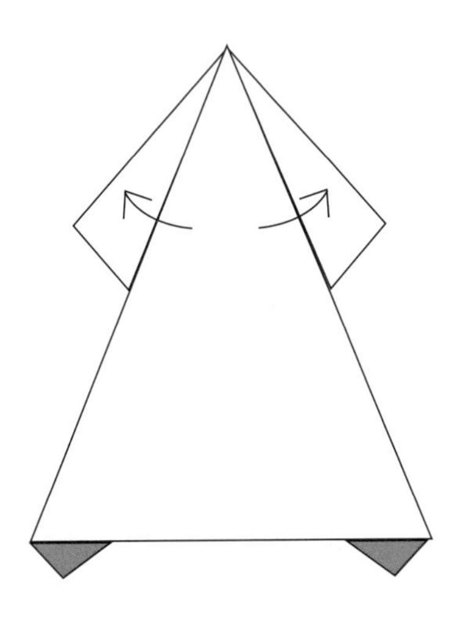

❼ 將上方的紙角沿虛線向下摺。

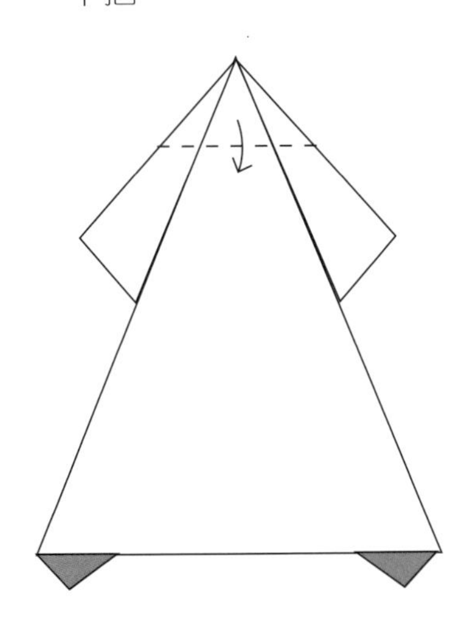

❽ 將下方的兩個小角向上摺藏起來，連身裙就完成了。

畫一畫

用筆為連身裙畫上鈕扣和漂亮的花紋吧。

完成步驟 6 後，在紙張的下方畫上八隻腕，看看變成什麼了？

高跟鞋

方法：

❶ 上下兩角對摺再攤開。

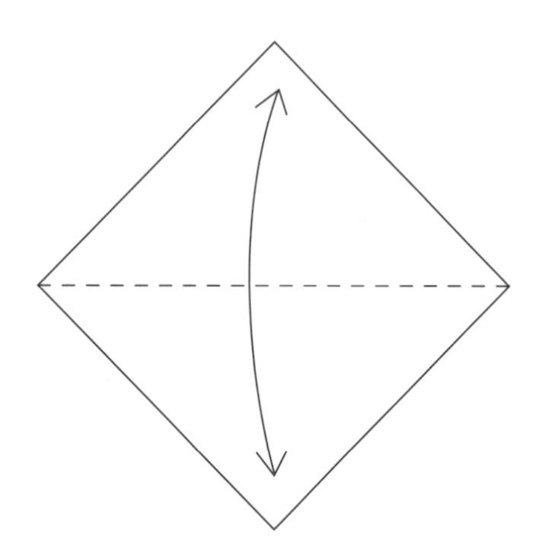

❷ 將右側的紙邊沿虛線摺向中線。

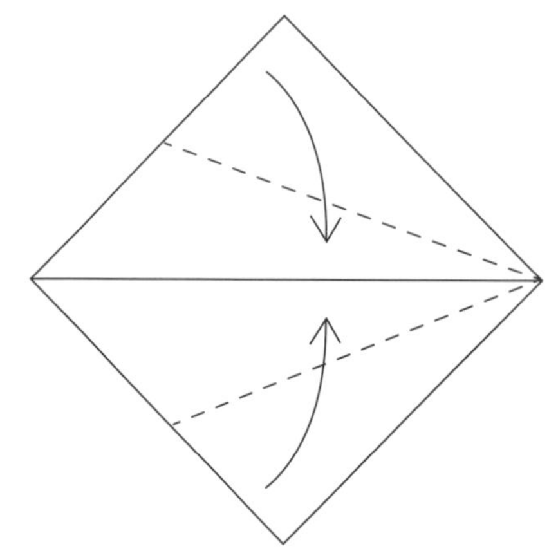

❸ 左側兩條短斜邊沿虛線摺向中線。

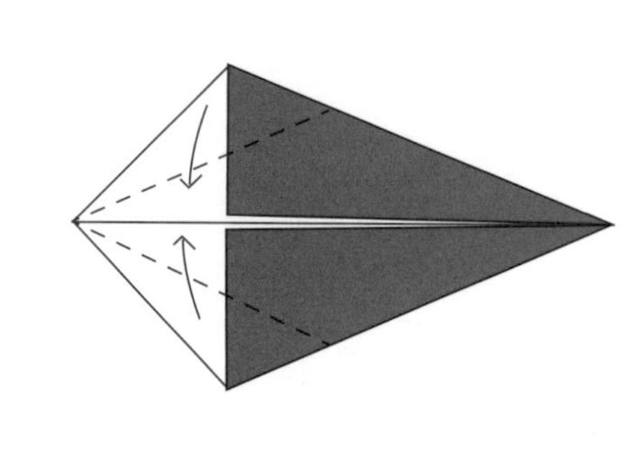

❹ 將中間的兩個紙角沿虛線向外摺。

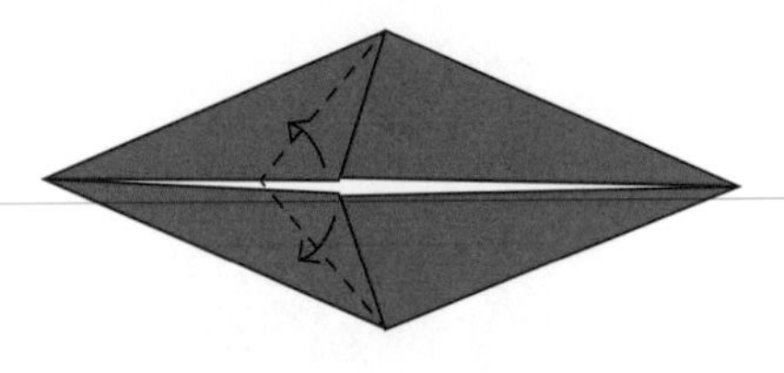

❺ 從粗箭嘴所示的開口揭起，然後沿虛線壓平。

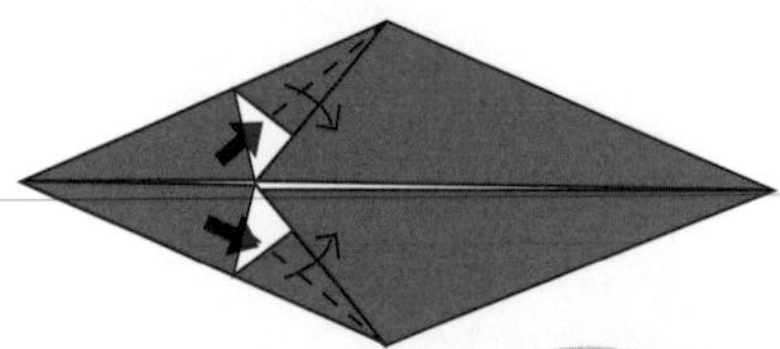

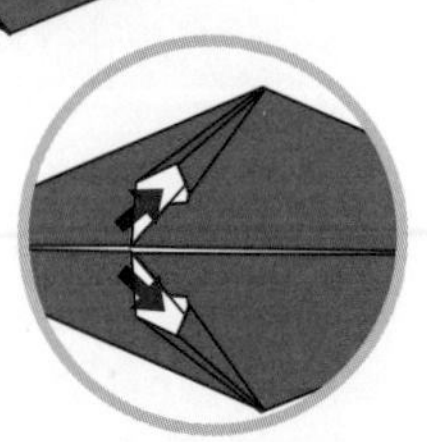

❻ 把左方的尖角沿虛線往後摺。

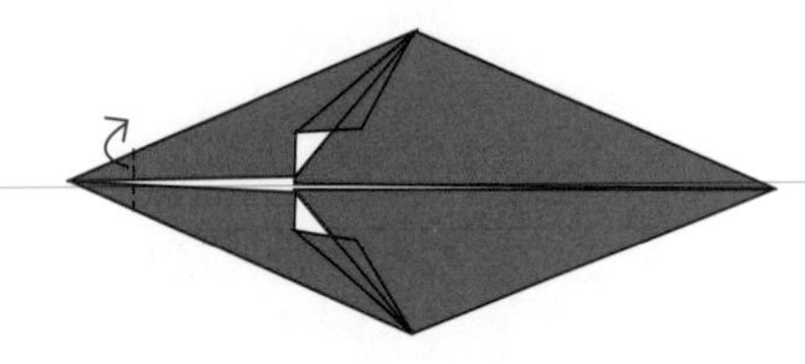

❼ 上下向後對摺。

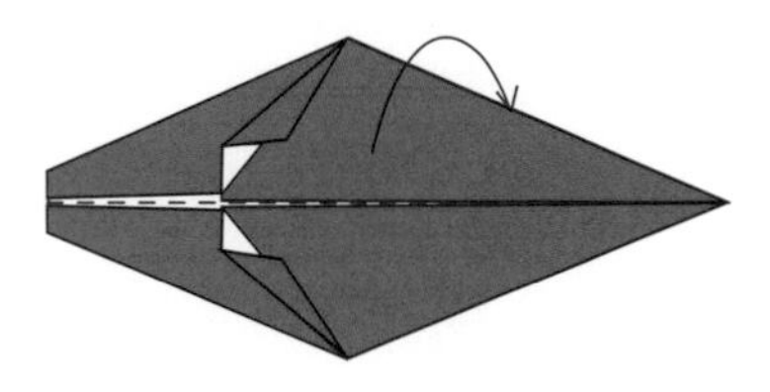

❽ 將右側的尖角沿虛線向內摺。

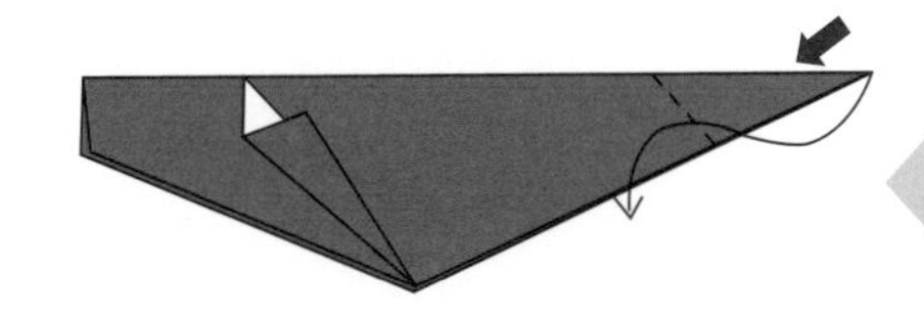

可以先沿虛線摺出摺痕，然後才輕輕地把尖角向內推。

❾ 把鞋跟的尖角向內摺，高跟鞋就完成了。

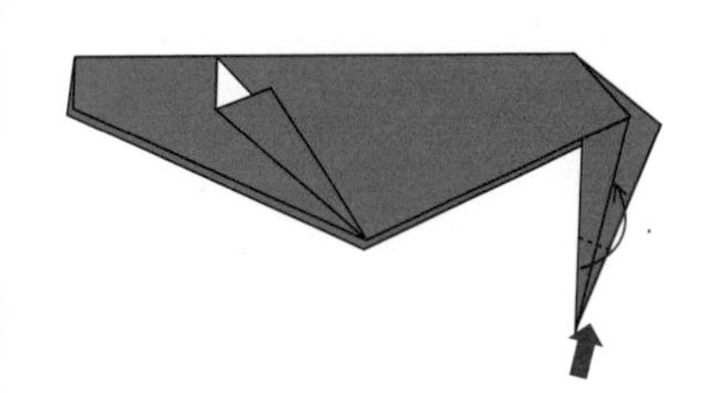

畫一畫

用筆為高跟鞋設計一些漂亮的圖案。

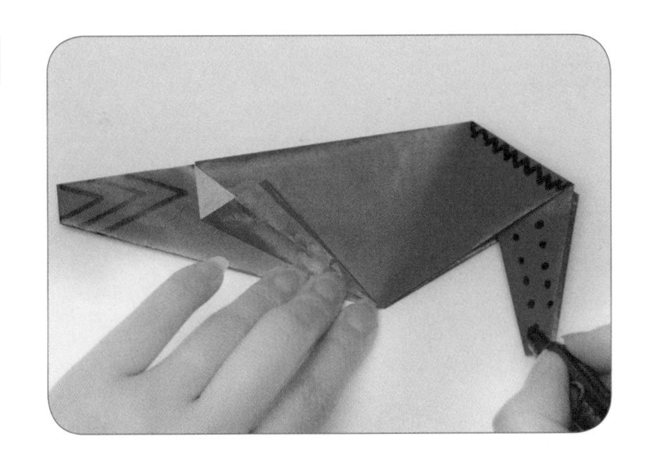

把高跟鞋翻轉，鞋跟向上，並把鞋跟內的尖角拉出來，看看像不像一隻未開屏的孔雀呢？

外套

方法：

❶ 左右對摺再攤開。

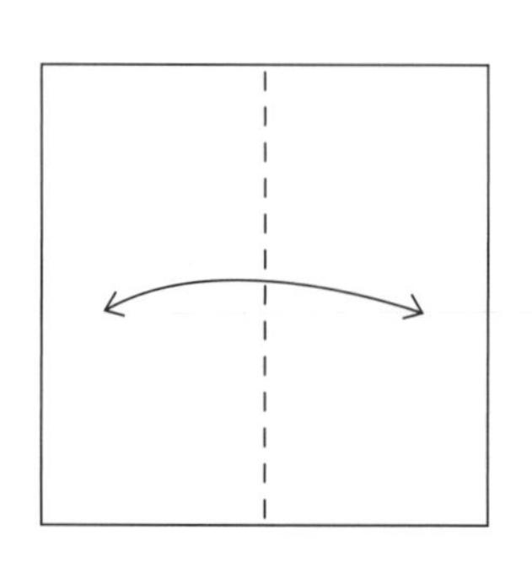

❷ 上下對摺。

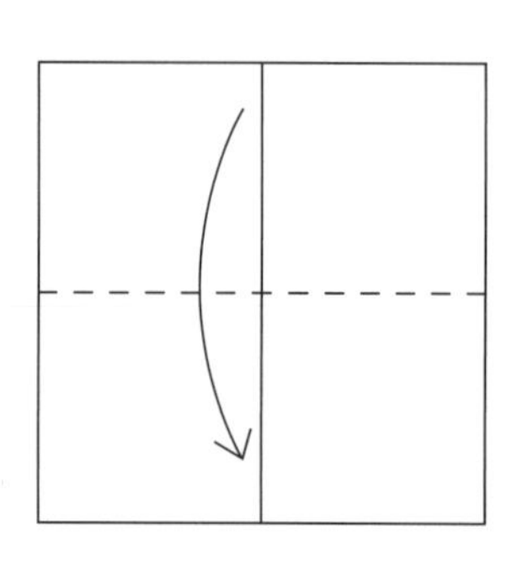

❸ 把左右兩邊沿虛線摺向中線。

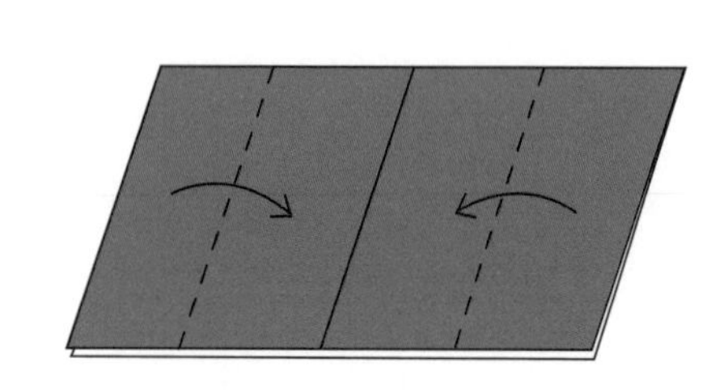

❹ 沿虛線摺出摺痕，然後把表層的紙邊從中間向外揭開，再沿摺痕壓平。

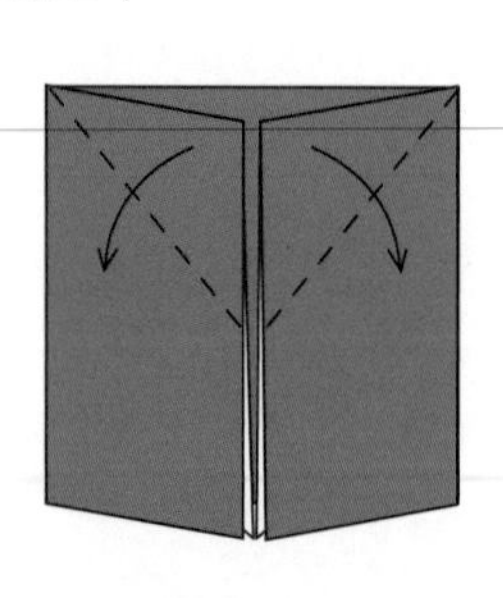

❺ 翻轉紙張。

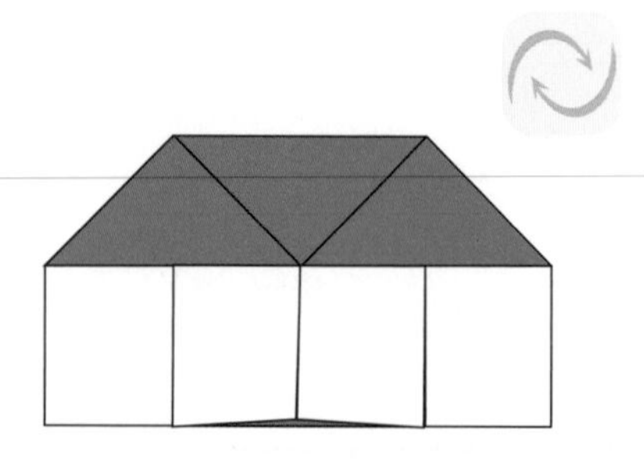

❻ 沿虛線向上摺再攤開。

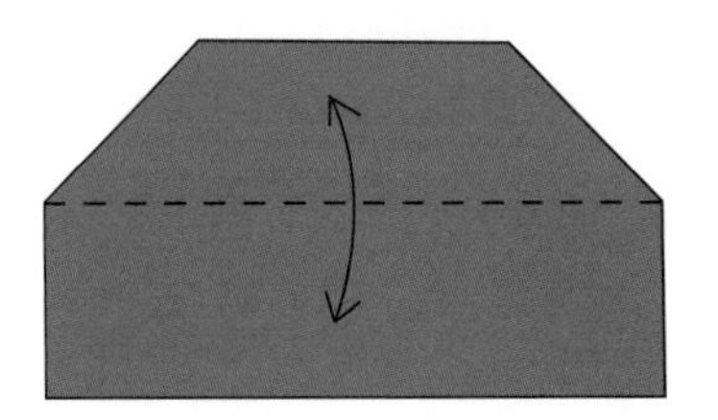

❼ 把表層的紙張沿虛線向上摺。

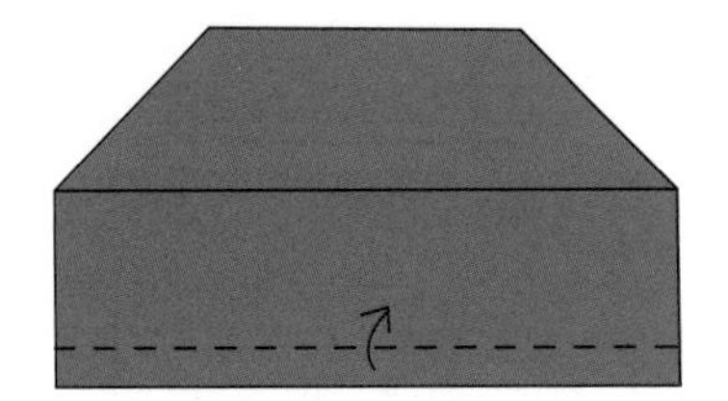

❽ 再沿步驟 6 的摺痕向上摺。

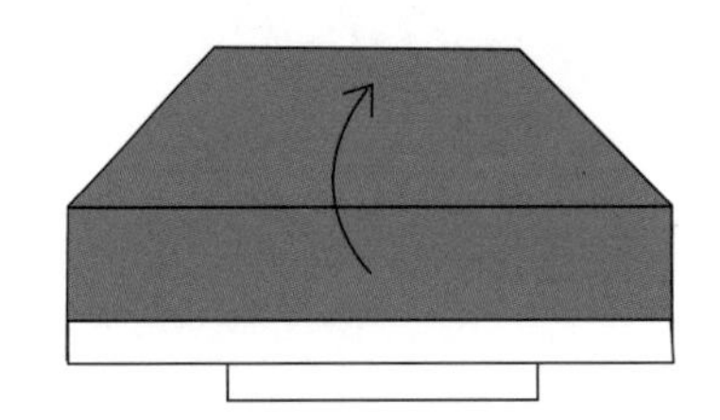

❾ 翻轉紙張。

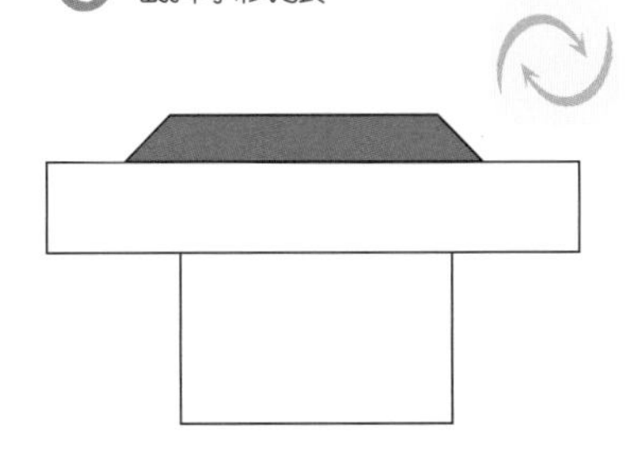

❿ 沿虛線把左右兩側向下摺，外套就完成了。

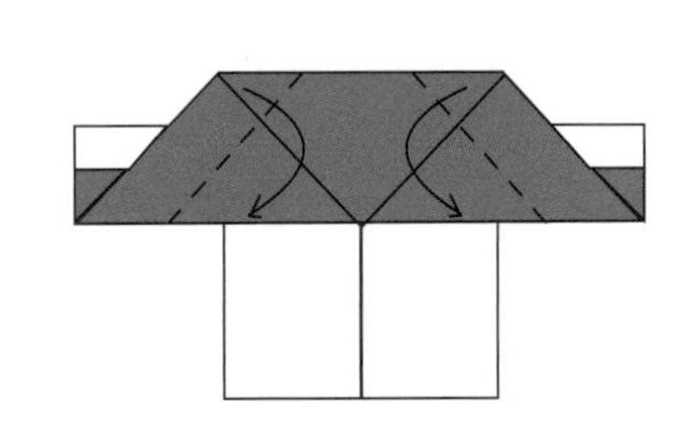

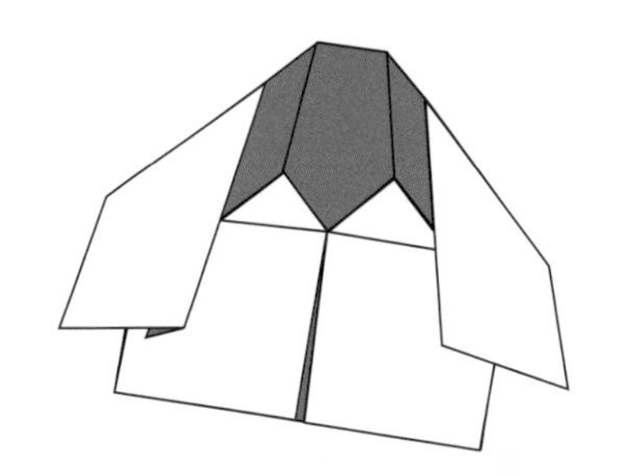

畫一畫

用筆為外套畫上鈕扣和漂亮的花紋。

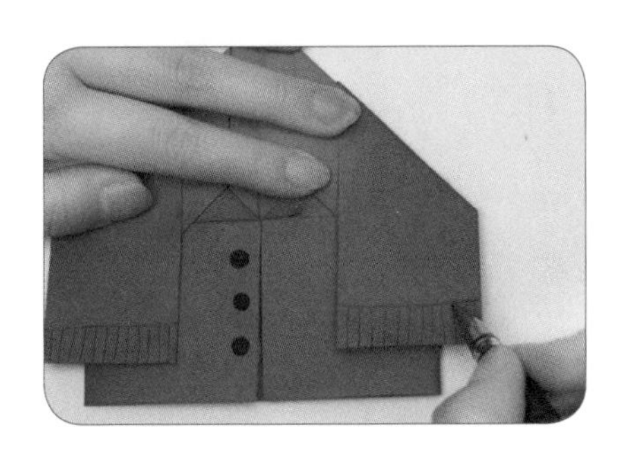

粉盒

方法：

❶ 把紫色紙的四邊四角對摺再攤開。

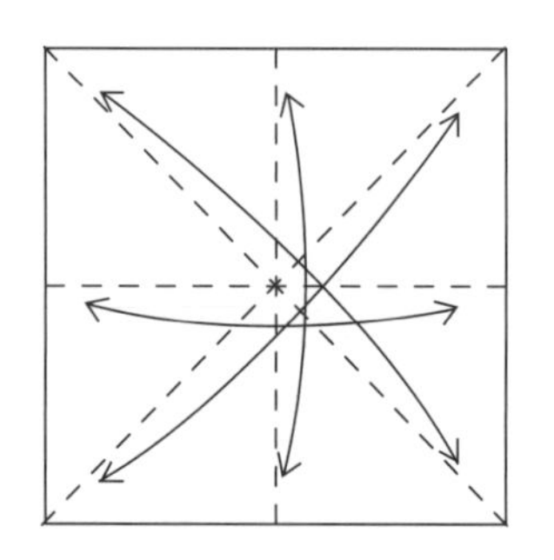

❷ 把四邊沿虛線摺向中線再攤開。

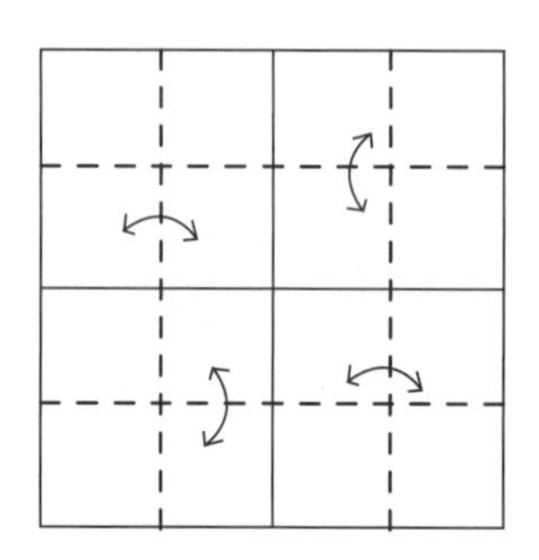

❸ 將四邊沿虛線摺疊。

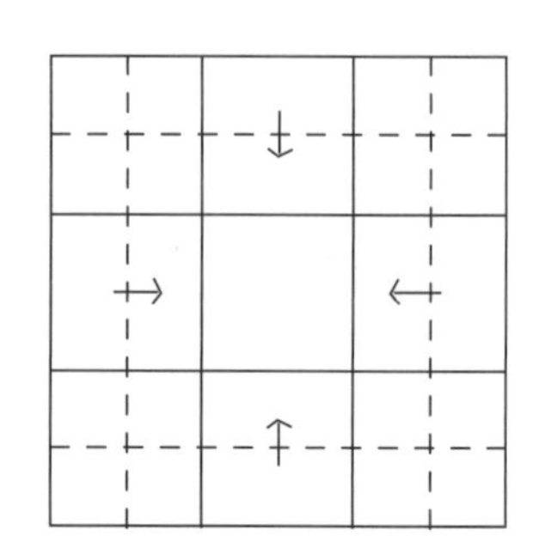

❹ 插入銀色三角形紙。

❺ 把左右兩角摺向中線。

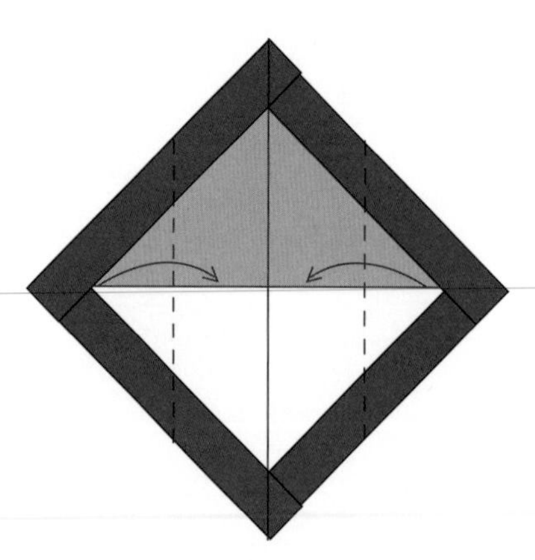

❻ 把上下兩角沿虛線摺疊。

7 再次沿虛線摺疊。

8 沿中線上下對摺。

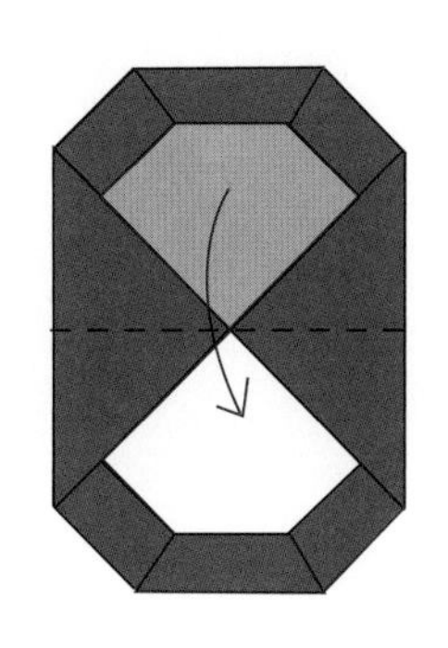

9 將上方兩角沿虛線向內摺。

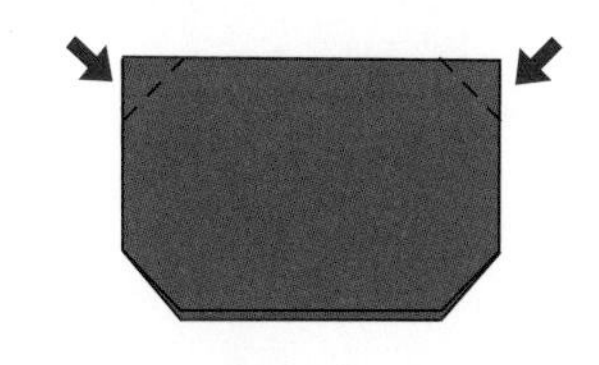

預先摺出摺線，再向內摺時就容易多了。

畫一畫

用筆為粉盒畫上漂亮的花紋。

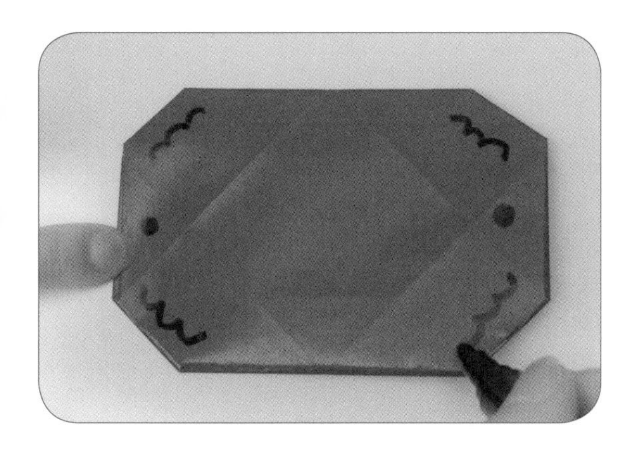

試一試

把粉盒打開豎立在桌子上，就變成了一台小電視，在屏幕上畫上你喜歡的卡通片吧。

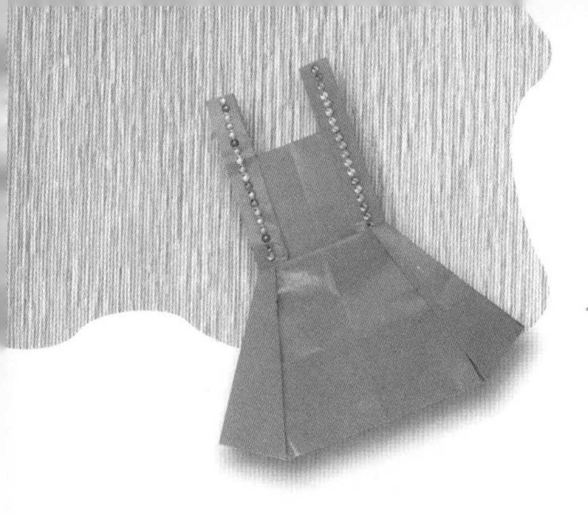

背心裙

方法：

❶ 左右對摺再攤開。

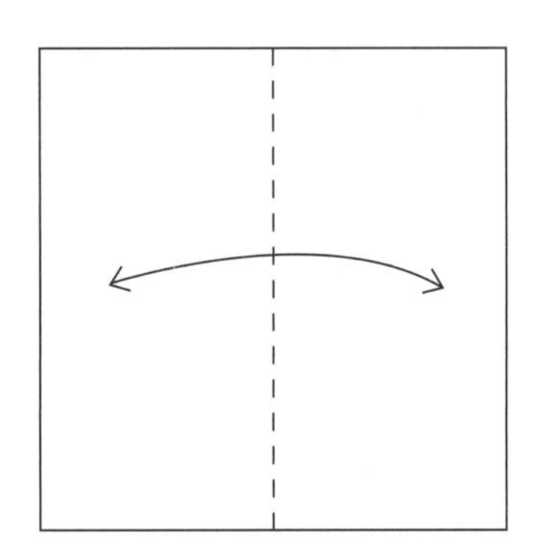

❷ 左右兩邊沿虛線摺向中線。

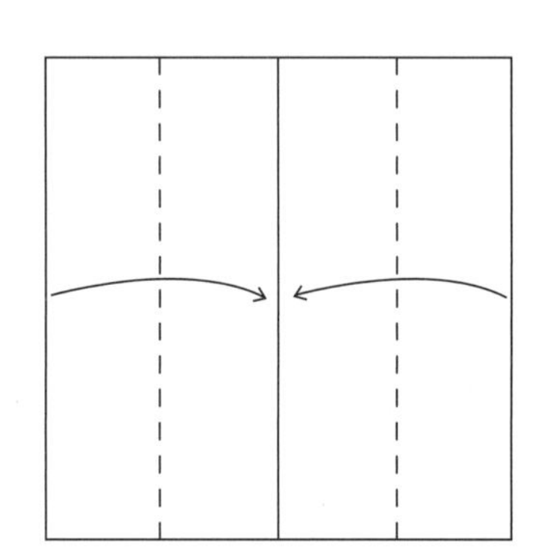

❸ 把中間的紙邊沿虛線往外摺。

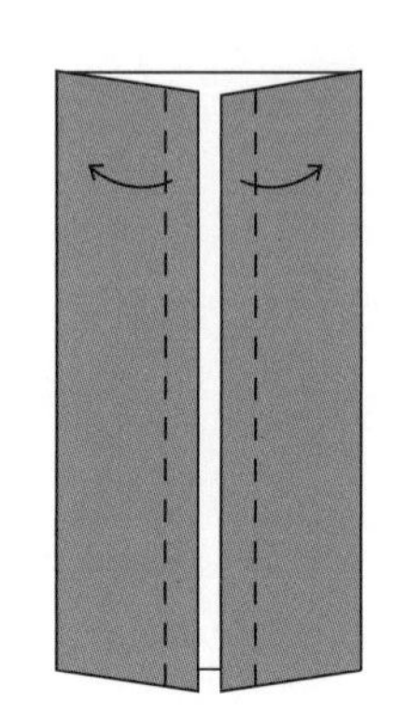

❹ 翻轉紙張，沿虛線向下摺再攤開。

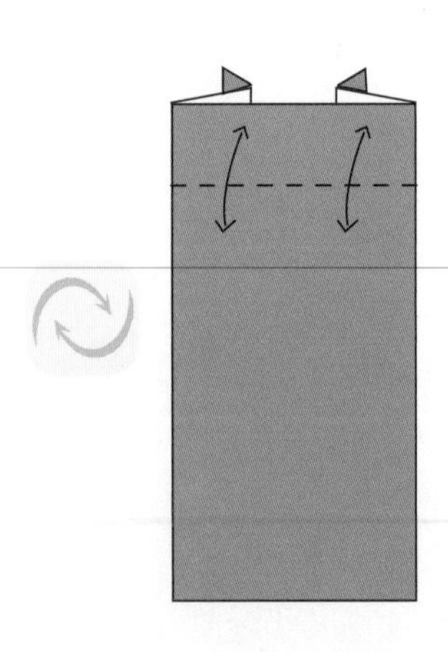

❺ 揭開上方的紙邊，然後沿虛線向下推摺。

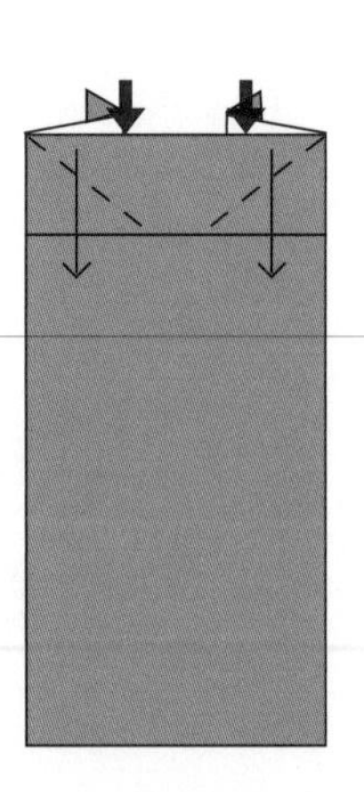

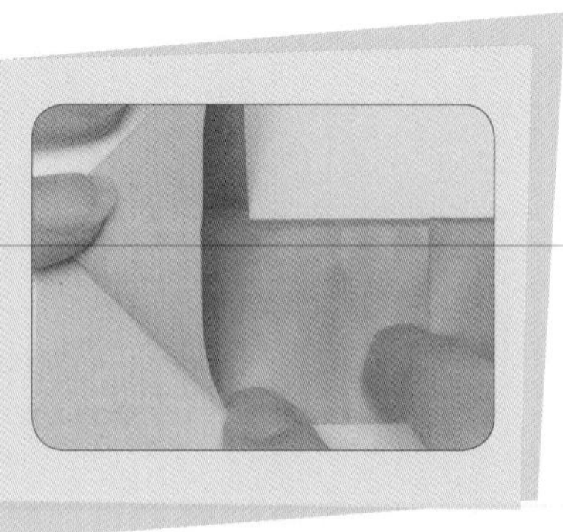

推摺後會形成兩個三角形。

❻ 翻轉紙張。

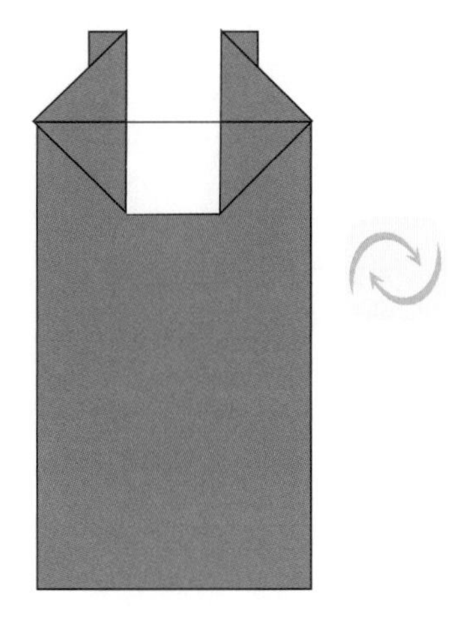

❼ 把下方的兩個紙角沿虛線向外摺。

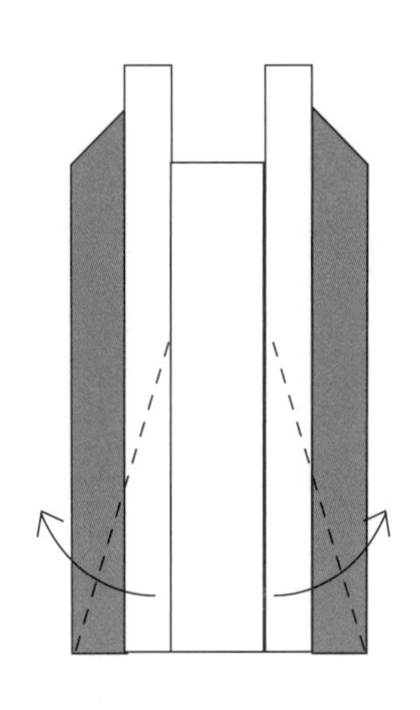

畫一畫

用筆或者其他裝飾，讓背心裙變得美美的。

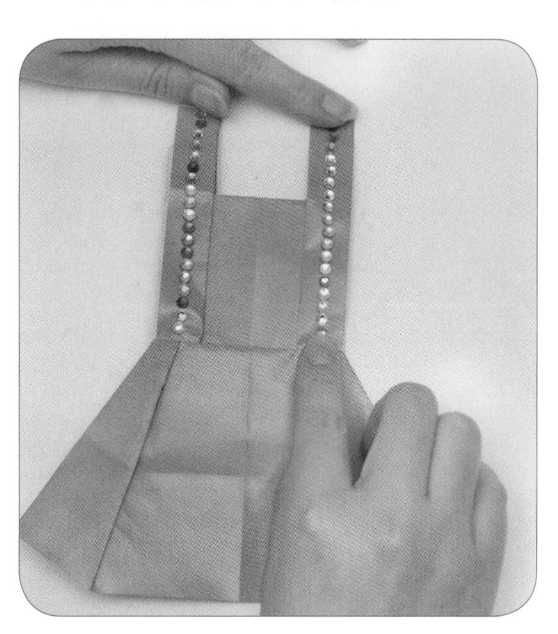

❽ 沿虛線曲摺（先向下再向上）。

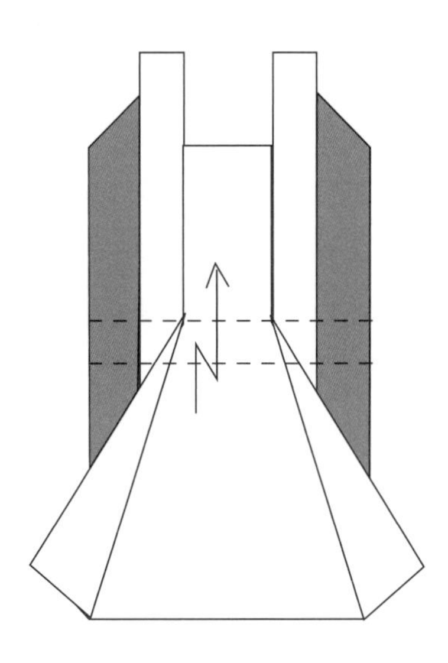

❾ 把兩側多餘的部分向後摺，背心裙就完成了。

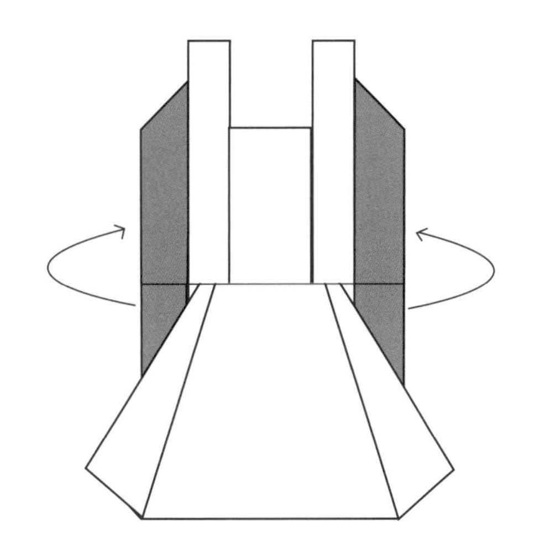

用剪刀給你的背心裙剪出漂亮的裙擺。

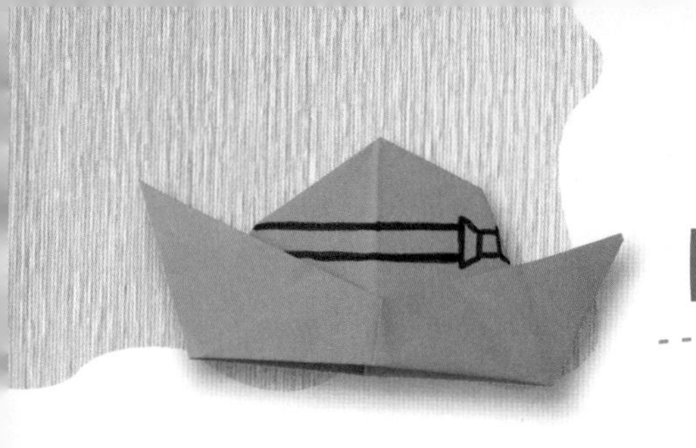

帽子

方法：

❶ 沿虛線向下對摺。

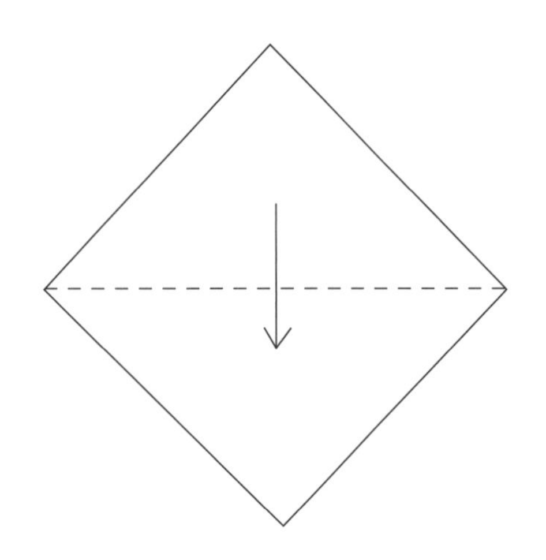

❷ 將左右兩角沿虛線摺疊。

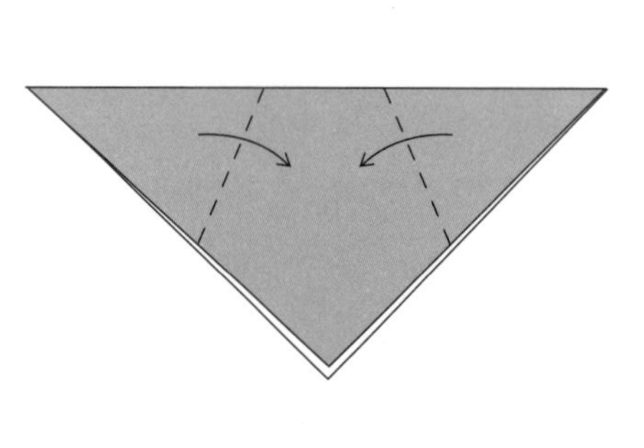

❸ 將下方的兩層紙角分別從前後兩方往上摺。

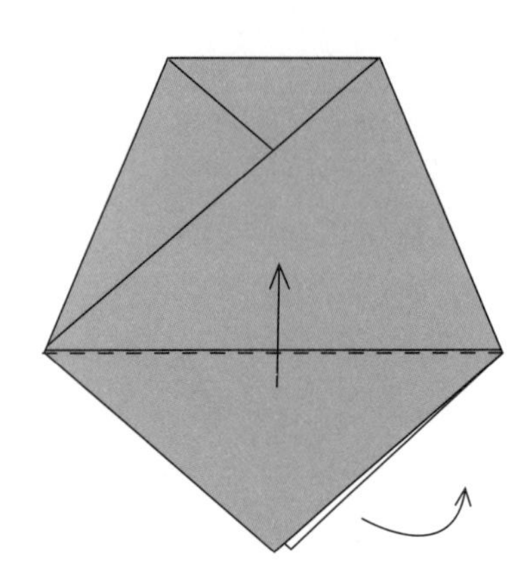

❹ 沿虛線左右對摺再攤開，然後從下方把紙邊揭開，再從側面壓平。

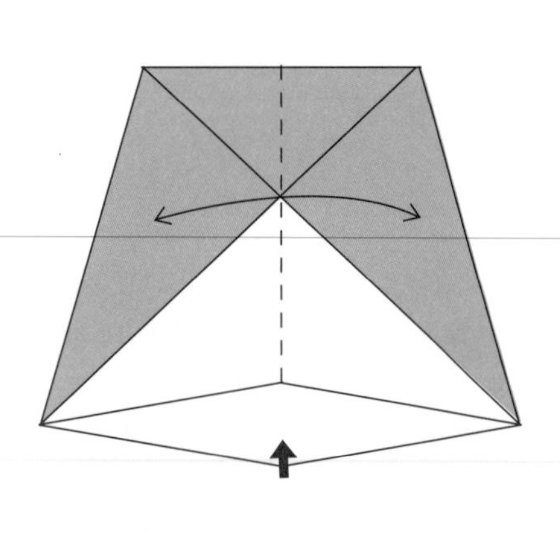

把手指從下方撐開紙洞，再把頂部壓平。

❺ 將下方的紙角分別從前後兩方沿虛線向上摺。

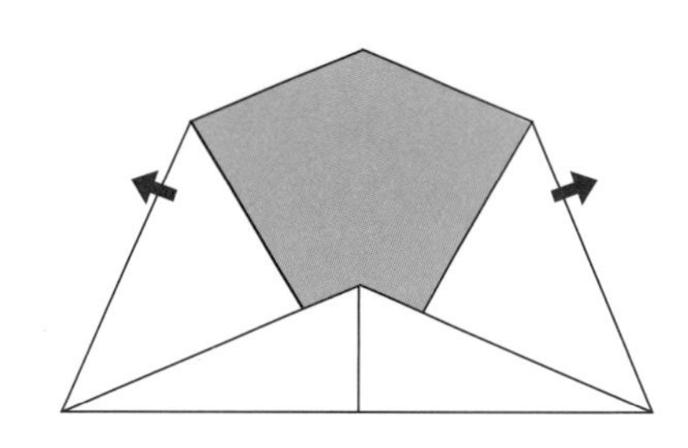

❻ 將左右兩側的尖角向外拉。

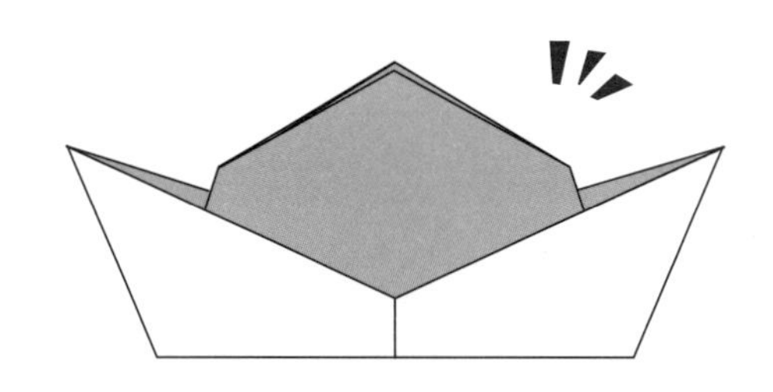

❼ 帽子完成了。

畫一畫

用筆為帽子畫上好看的圖案。

培養色彩運用的能力

在孩子的眼中，世界是五彩繽紛的，所以他們生來就喜歡色澤鮮豔的玩具，他們的創作會把色彩運用得淋漓盡致。加強孩子對色彩的認知，可以增進孩子的記憶力，提升他們的情商。

積極探索大自然的色彩

孩子好奇心強，喜歡鮮豔的色彩。家長應該時常帶他們外出活動，觀察嫩綠的小草、蔚藍的天空、潔白的雲朵……一起感受色彩斑斕的世界，幫助孩子發現生活的美好。

引導孩子感知色彩

讓孩子學習觀察和運用色彩，首先要牢固掌握常見顏色，如紅、黃、藍、橙、綠、紫、黑、棕等，家長要反複地用物品「考驗」他們，務必讓孩子記住這些常見顏色，同時用「變魔術」的方法，將兩種顏色混合，變出新顏色，加深孩子對顏色的印象，引導孩子積極表達對色彩的感受：為什麼紅色會讓人感覺暖洋洋，為什麼白色會讓人感覺乾淨整潔……

鼓勵孩子運用色彩

大膽地運用色彩，是孩子與生俱來的能力，比起畫家亦毫不遜色。他們的色彩運用極具渲染力，時常令人驚訝不已。不要試圖用成人的眼光教他們怎樣配色，我們唯一該做的就是鼓勵孩子，讓他們盡情釋放自己，成為自信滿滿的小天才。

第七章
實用的生活物品

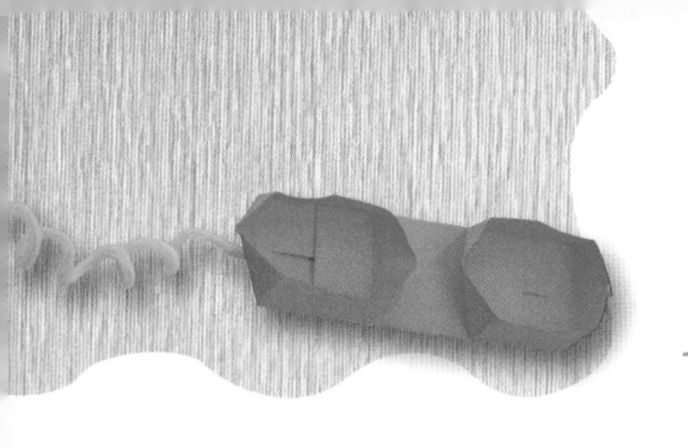

電話

方法：

❶ 上下對摺再攤開。

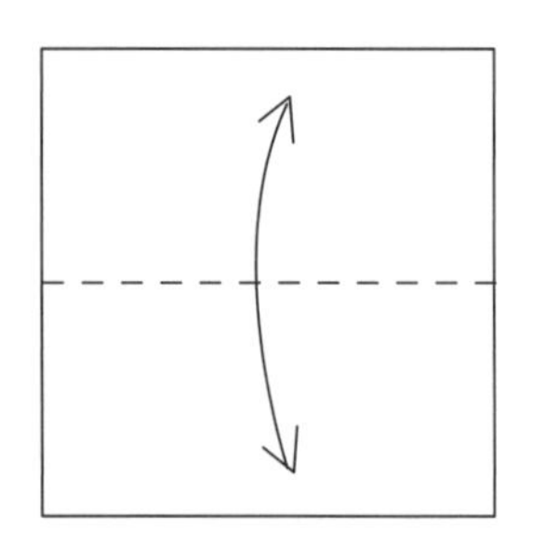

❷ 將上下兩邊沿虛線摺向中線。

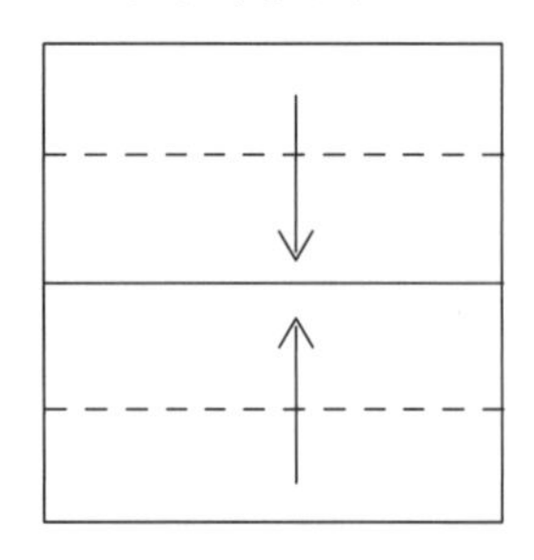

❸ 翻轉紙張，將左右兩邊沿虛線摺向中線。

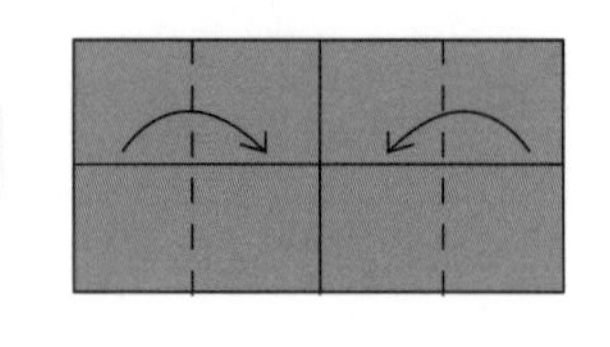

❹ 揭起表層的小正方形，向外拉成三角形。四角做法相同。

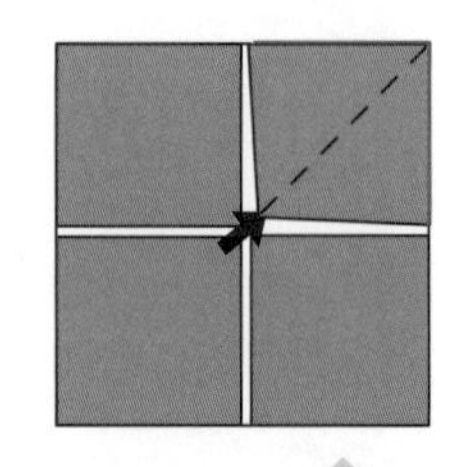

把中間的紙角向外拉。

❺ 翻轉紙張。

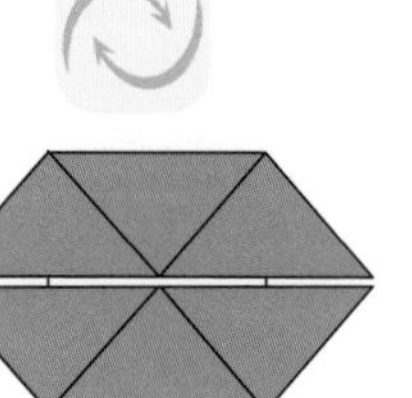

❻ 將上下兩邊沿虛線摺向中線。

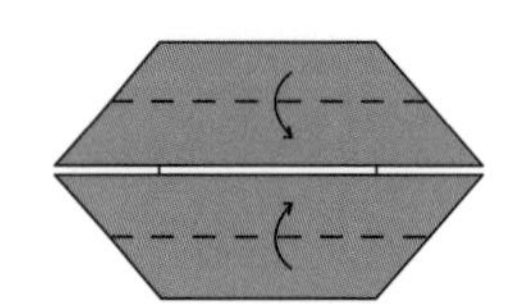

❼ 再次翻轉紙張，將兩側的六角形從中線拉開，把紙邊豎起。

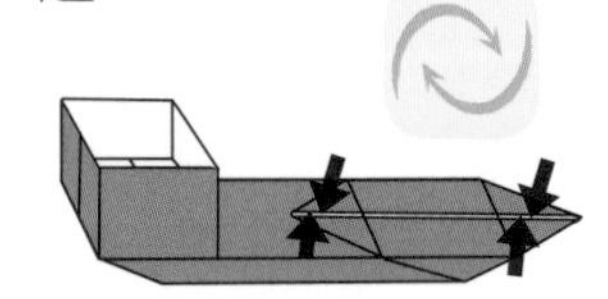

❽ 將紙邊整理好，電話就完成了。

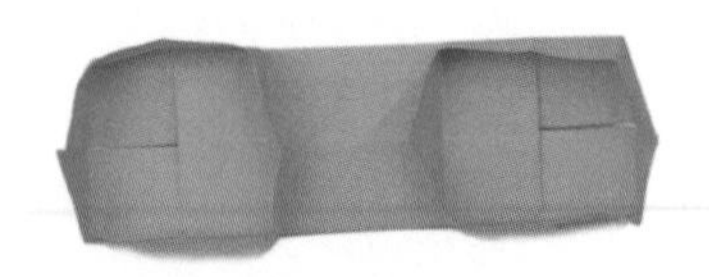

發揮創意

快快撥打電話，把幼稚園裏的有趣事情，告訴你的好朋友吧！

錢包

方法：

❶ 四邊對摺再攤開。

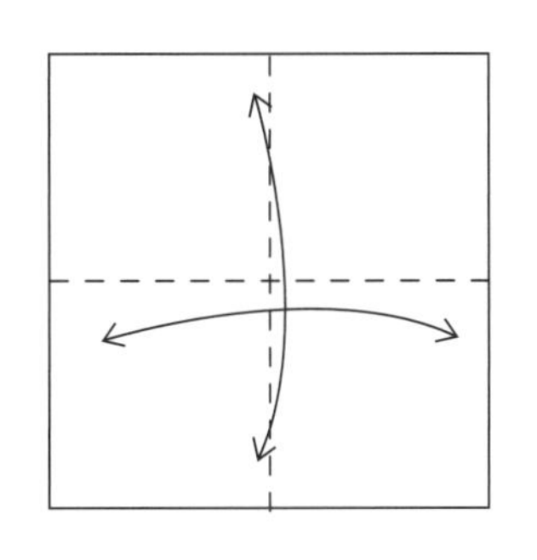

❷ 將上下兩邊沿虛線摺向中線。

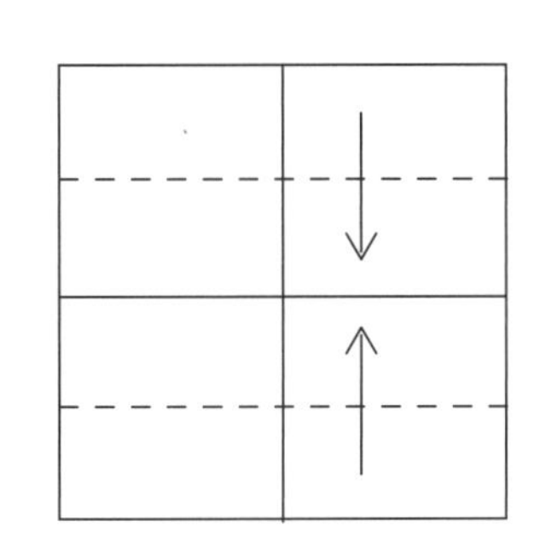

❸ 將左右兩邊沿虛線向後摺。

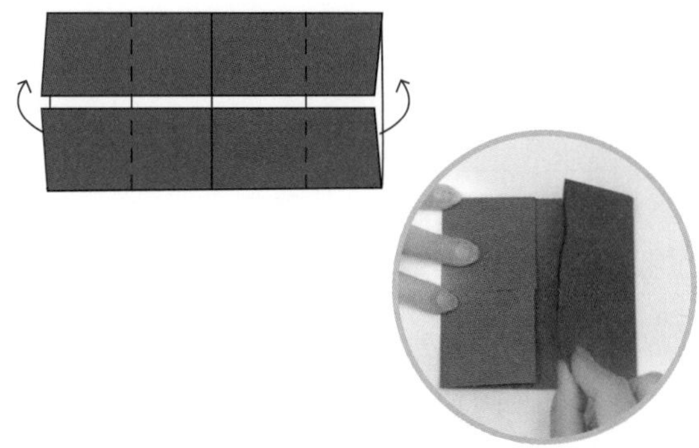

❹ 上下向後對摺。

❺ 錢包完成了。

畫一畫

用筆為錢包畫上花紋和鈕扣。

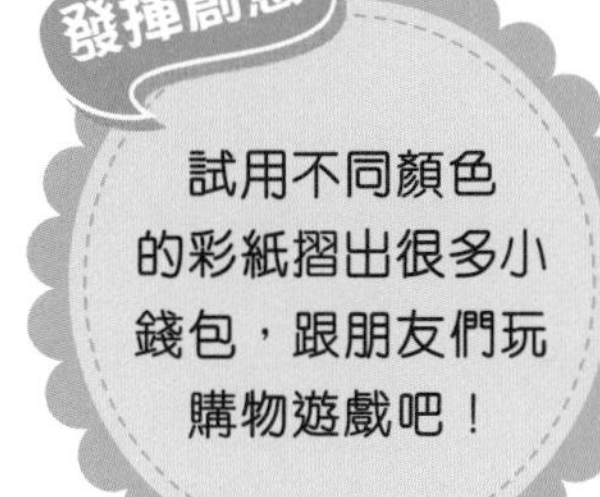

紙扇

方法：

❶ 把長方形紙張沿虛線向下摺

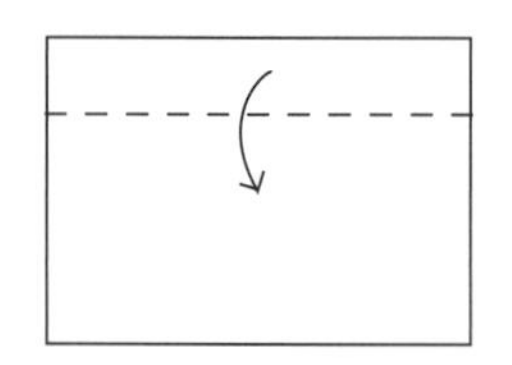

❷ 向後對摺再攤開。

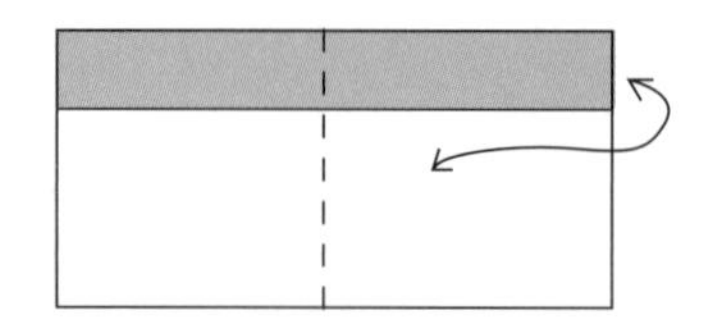

❸ 左右兩邊沿虛線摺向中線。

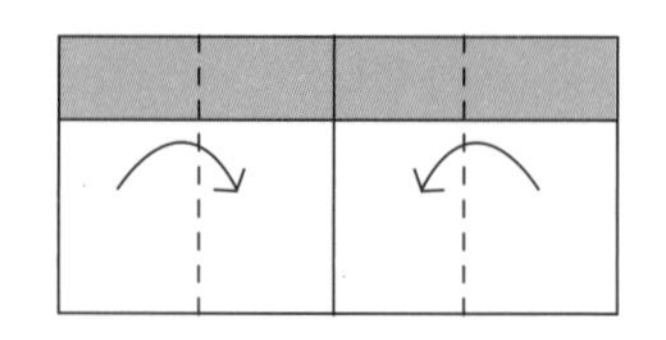

❹ 左右兩邊沿虛線再摺向中線。

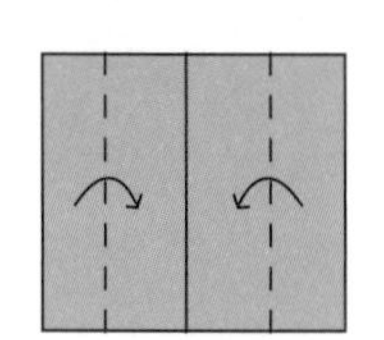

❺ 左右兩邊沿虛線再摺向中線。

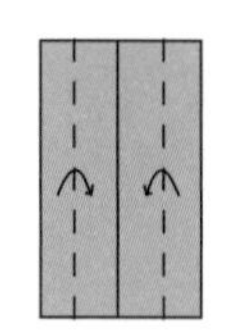

❻ 把紙張左右打開。

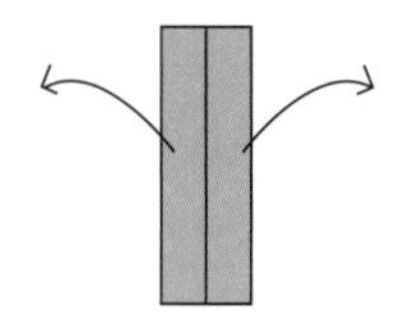

❼ 沿摺痕層層曲摺。

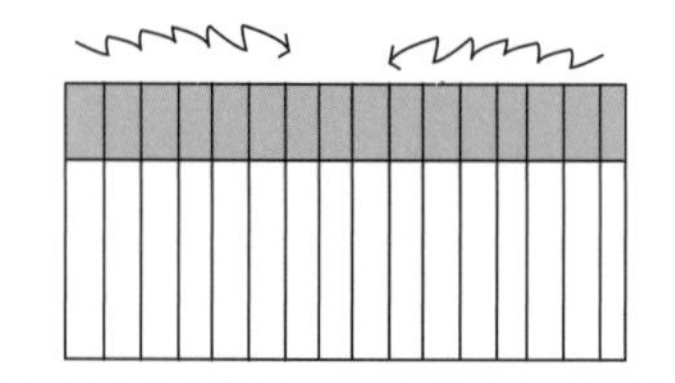

❽ 用線將紙張下端扎緊。

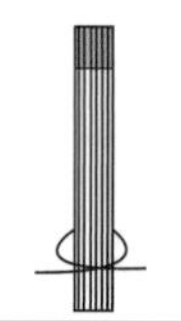

❾ 打開扇子。

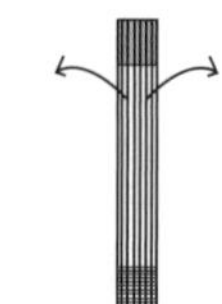

試用橢圓形、長方形、圓形、梯形的紙張，按照同一種方法摺疊，看看會摺出怎樣的扇子？

❿ 紙扇完成了。

畫一畫

取出毛絨棒，為紙扇子加上美麗的絲帶。

鋼琴

方法：

❶ 沿虛線向下對摺。

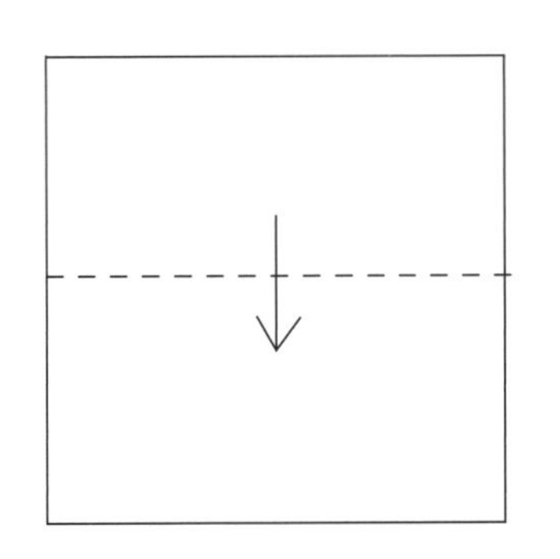

❷ 將左右兩邊沿虛線摺向中線。

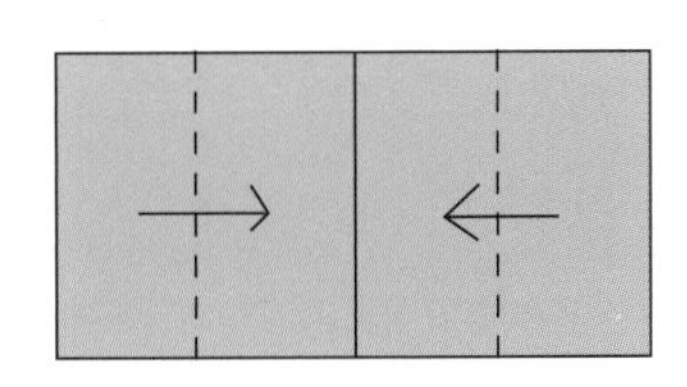

❸ 先沿虛線摺出摺痕，揭起表層的紙邊，然後壓平。

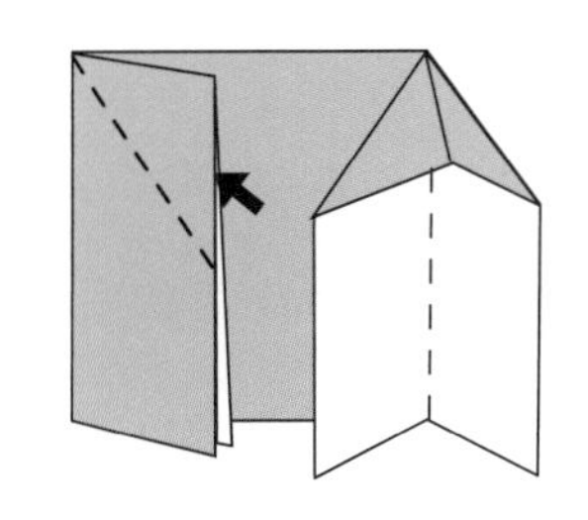

用手指將三角形的頂端固定，再慢慢把紙張壓平。

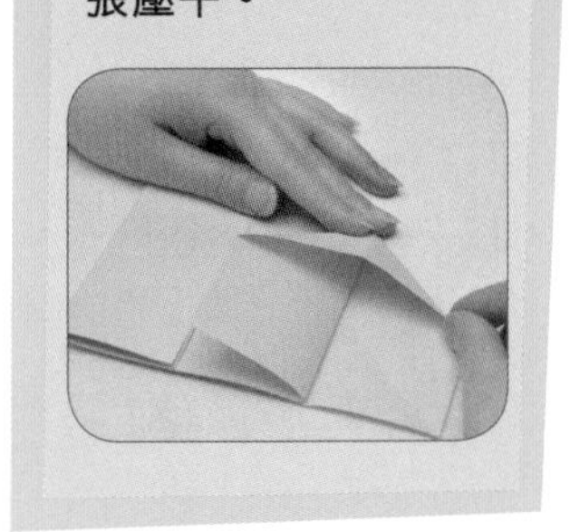

❹ 沿虛線向上摺。

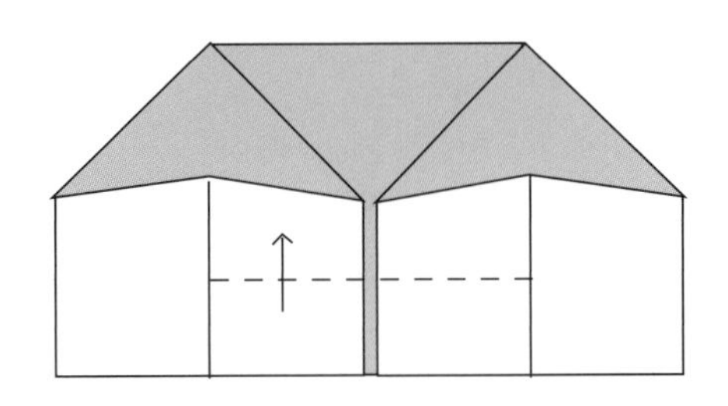

❺ 將左右兩側沿虛線摺向中線，然後把鋼琴豎立起來。

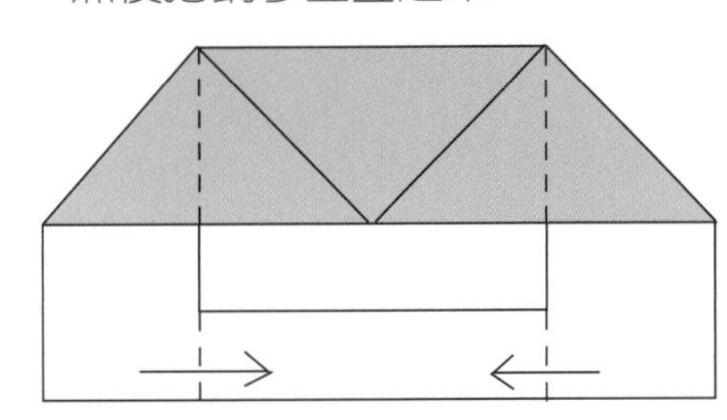

畫一畫

取出黑色的筆，為鋼琴畫上琴鍵吧。

小紙盒

方法：

❶ 將雙正方形（參看第 12 頁）的上方表層沿虛線摺向中線。

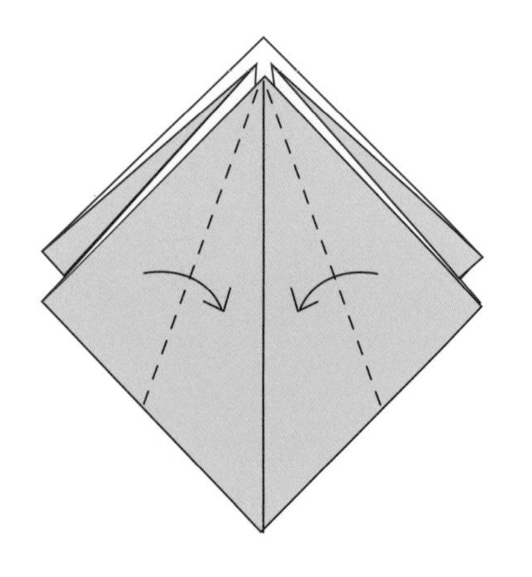

❷ 翻轉紙張，重複步驟 1。

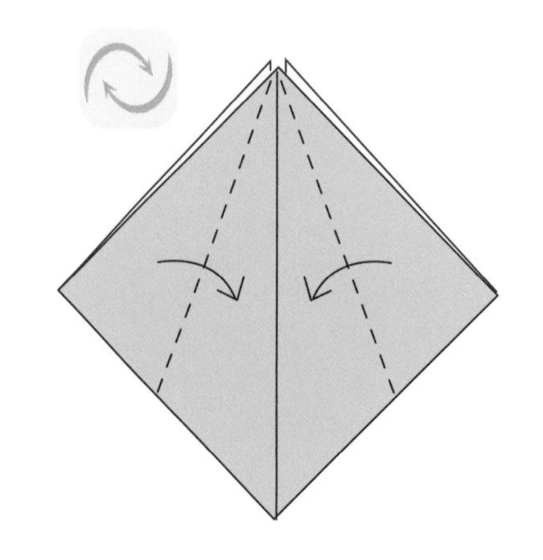

❸ 揭起中間表層的紙邊，然後向兩邊打開並壓平，背面也是一樣。

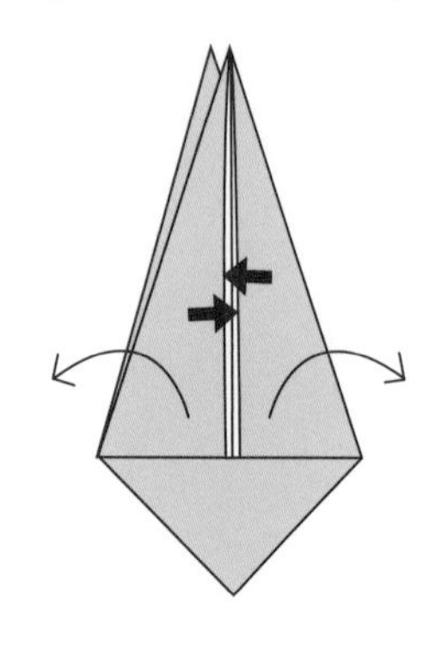

❹ 從右向左翻頁，背面也是一樣。

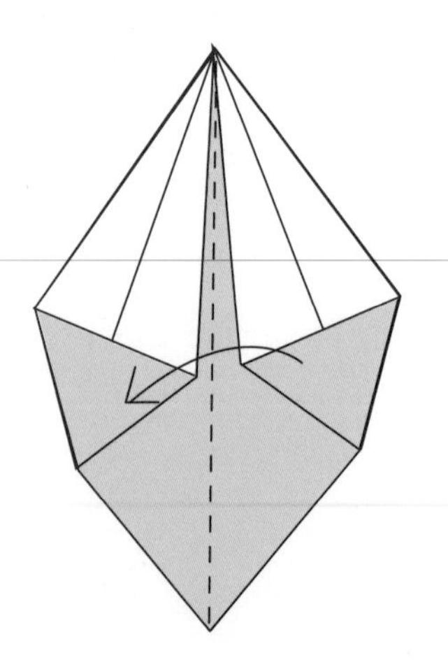

❺ 斜邊沿虛線摺向中線，背面也是一樣。

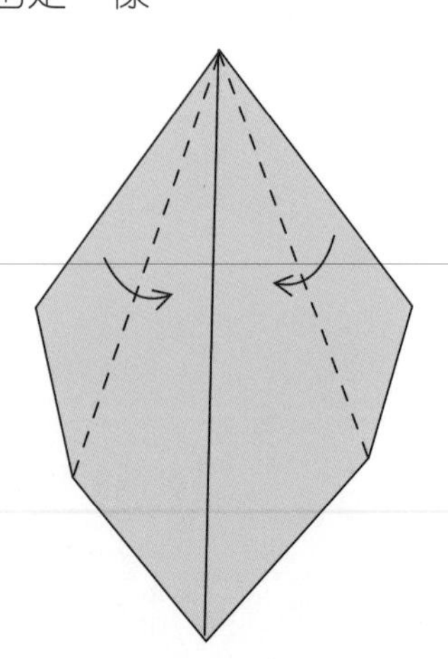

❻ 將上半部沿虛線向下摺。

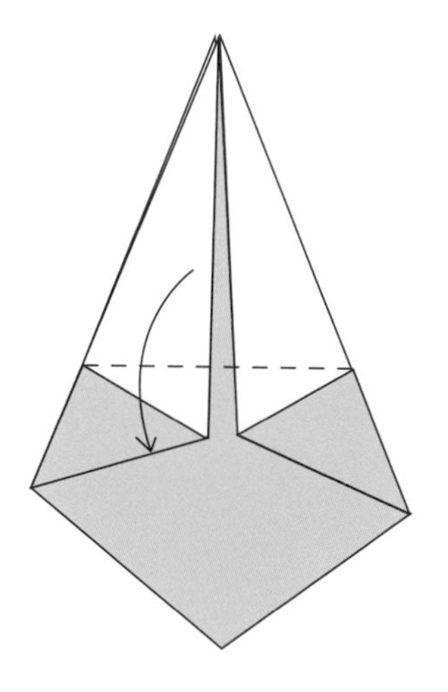

❼ 將其餘 3 面的尖角同樣向下摺。

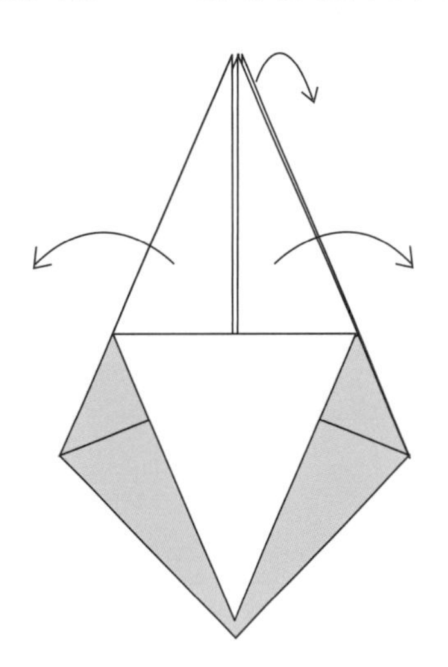

❽ 將底部撐開，小紙盒就完成了。

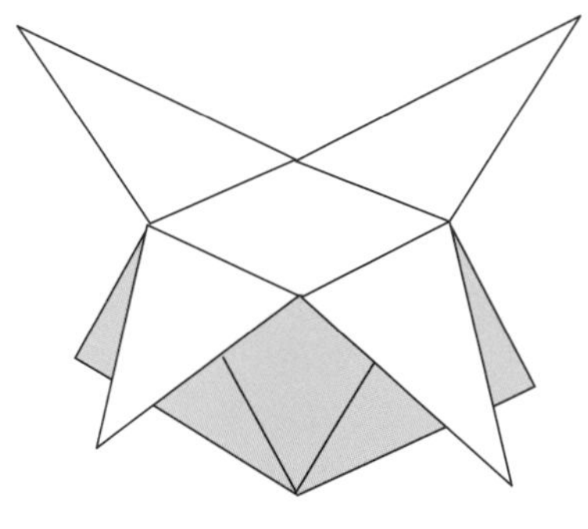

畫一畫

用筆為紙盒畫上不同的花紋和圖案。

紙杯

方法：

❶ 四邊對摺再攤開。

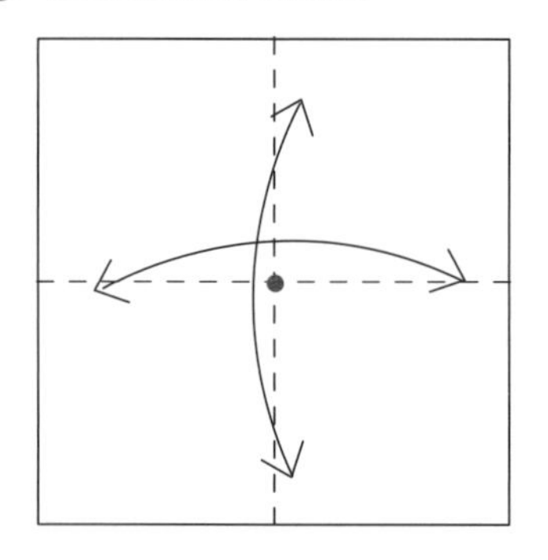

❷ 把四角摺向中點。

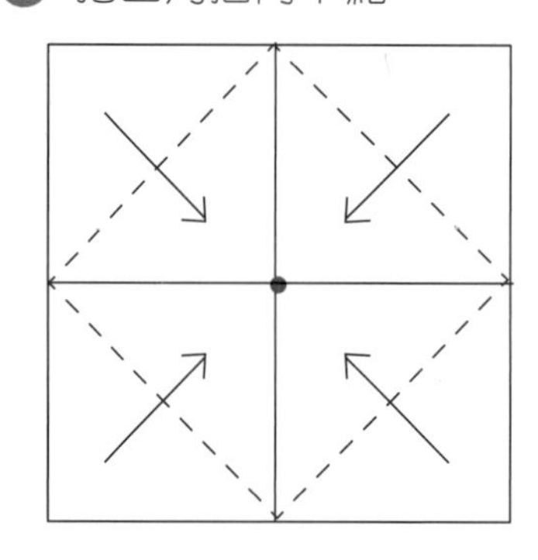

❸ 上下向後對摺。

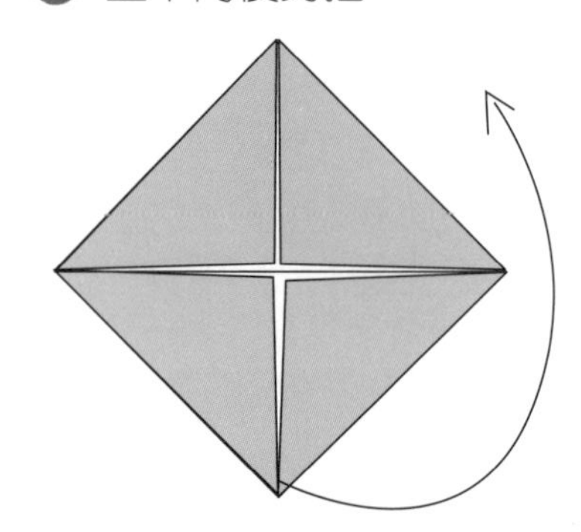

❹ 左右對摺。

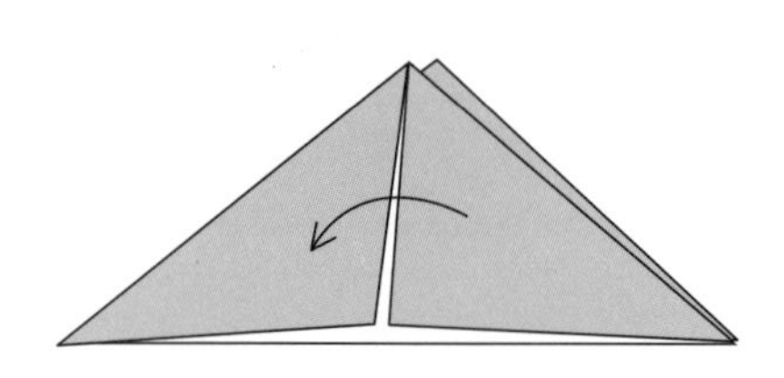

❺ 把手指插進長邊的紙層，把紙層揭開然後壓平。

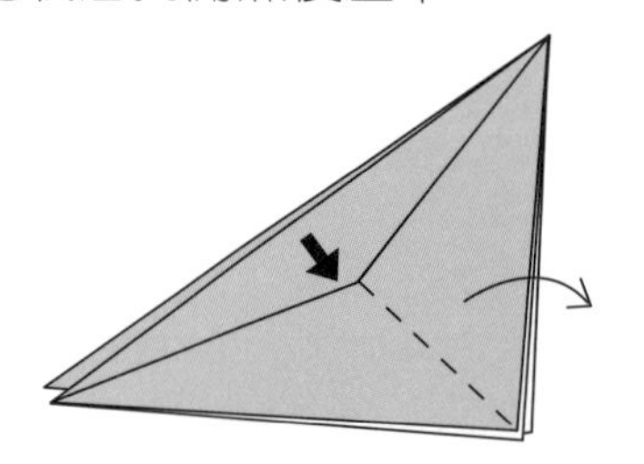

❻ 背面也是一樣。

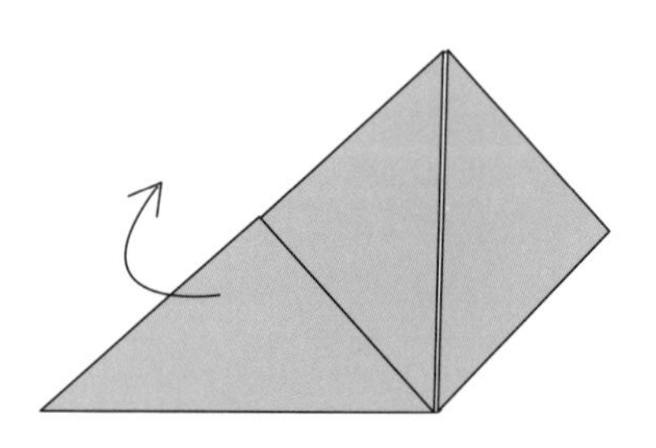

❼ 揭開中間的紙邊，向下壓平。

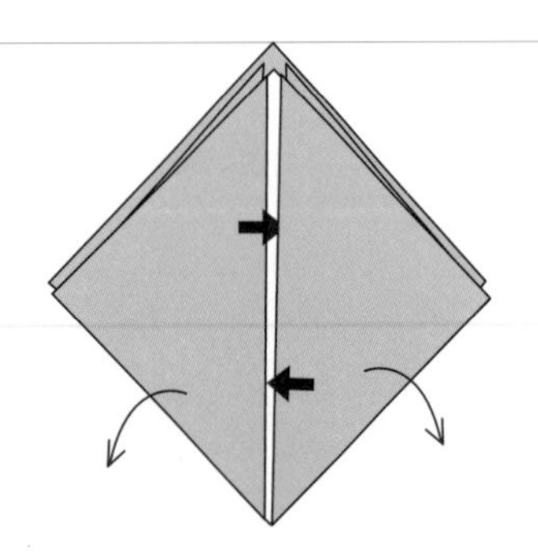

完成這一步後，你會看到一個三角形在一個長方形之上。

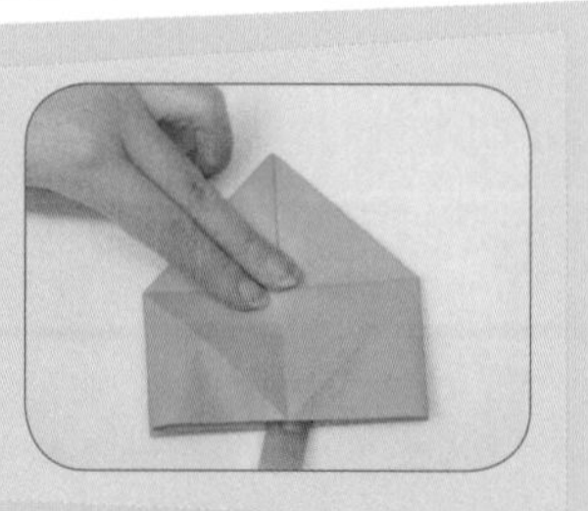

❽ 翻轉紙張，重複步驟 7。

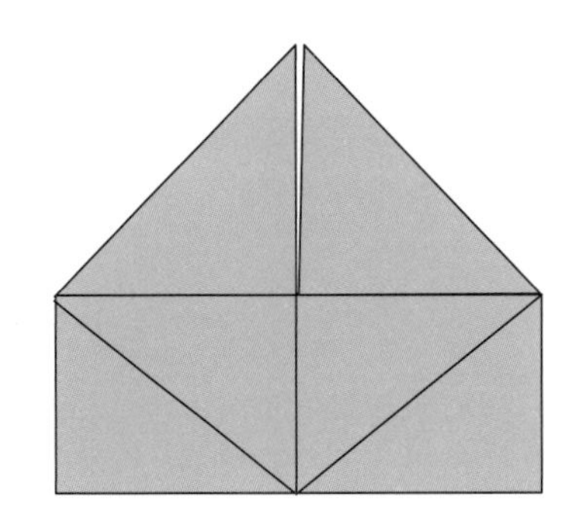

❾ 向左翻頁，背面也是一樣。

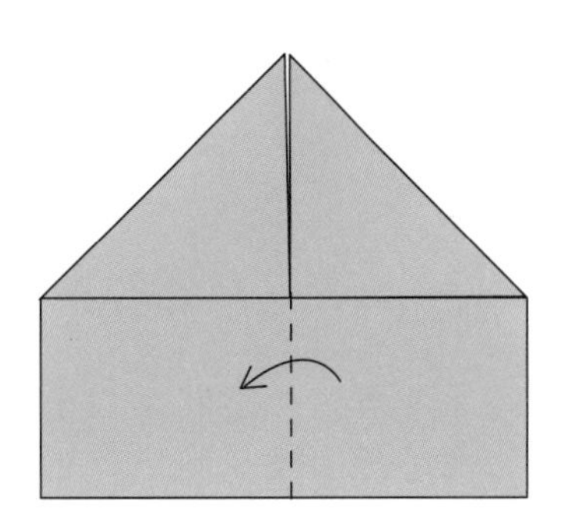

❿ 將左右兩邊沿虛線摺向中線，背面也是一樣。

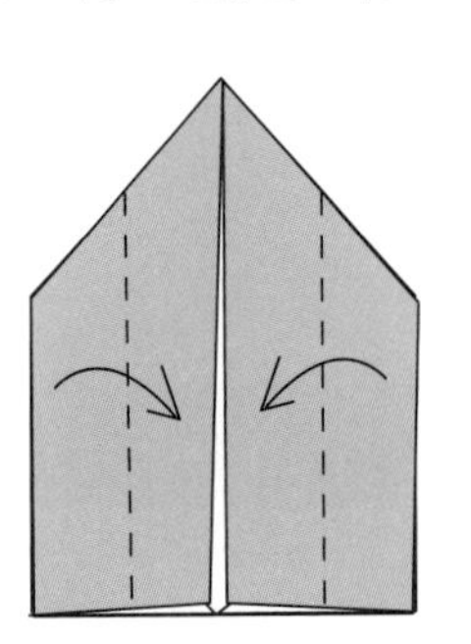

⓫ 將上半部沿虛線向下摺，背面也是一樣。

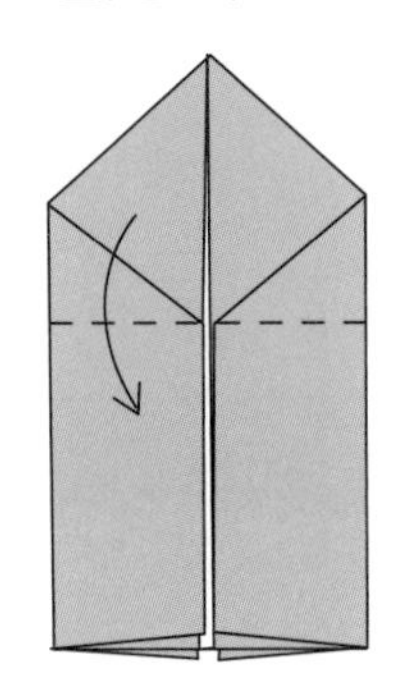

⓬ 從上方把開口撐開。

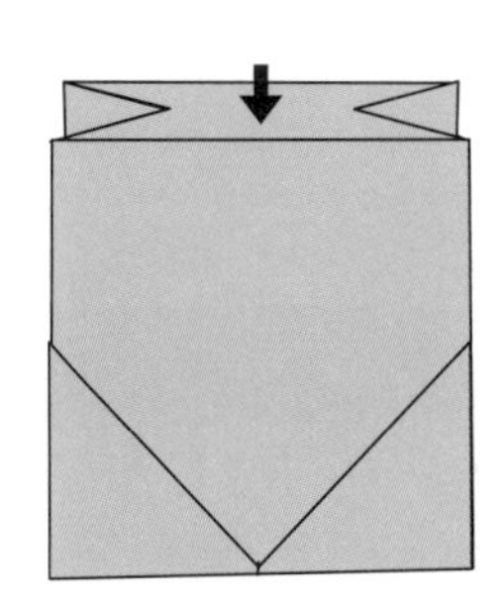

⓭ 紙杯完成了。

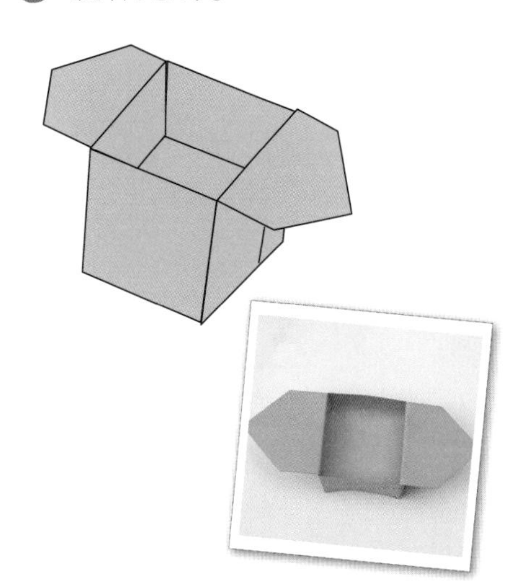

畫一畫

用筆為紙杯畫上不同的花紋和圖案。

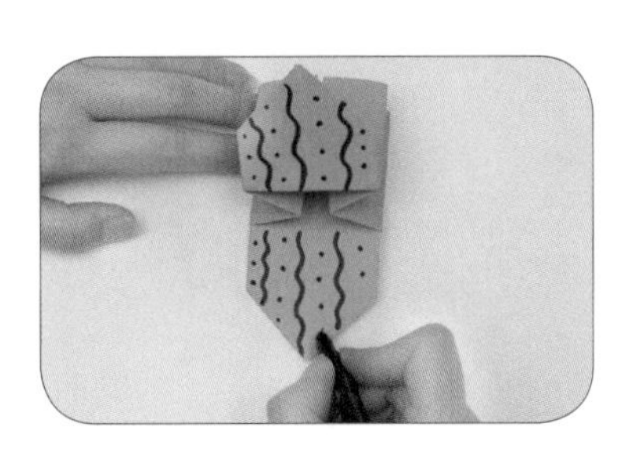

延伸活動

紙杯可作多種用途，讓我們一起把桌上的雜物放到裏面，養成收拾物品的好習慣。

花籃

方法：

❶ 將雙正方形（參看第 6 頁）沿虛線上下對摺再攤開。

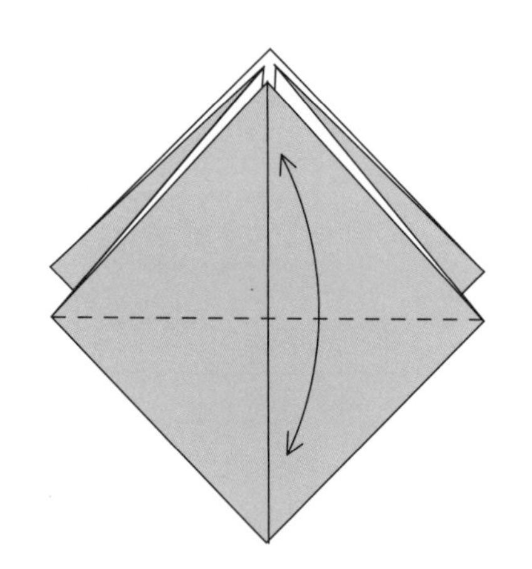

❷ 將上方的紙角沿虛線向下摺至中點。

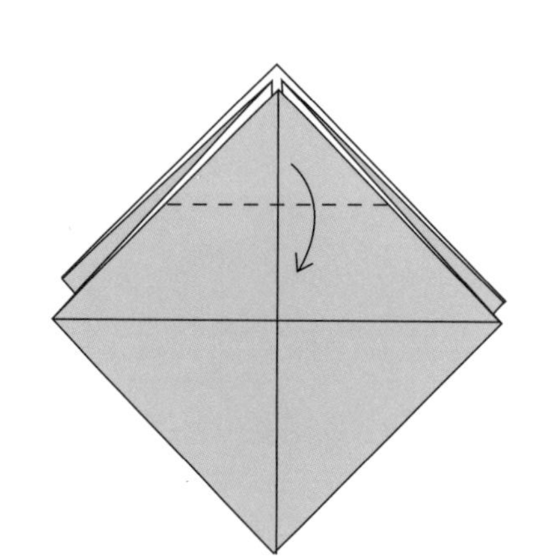

❸ 沿中線向下摺。

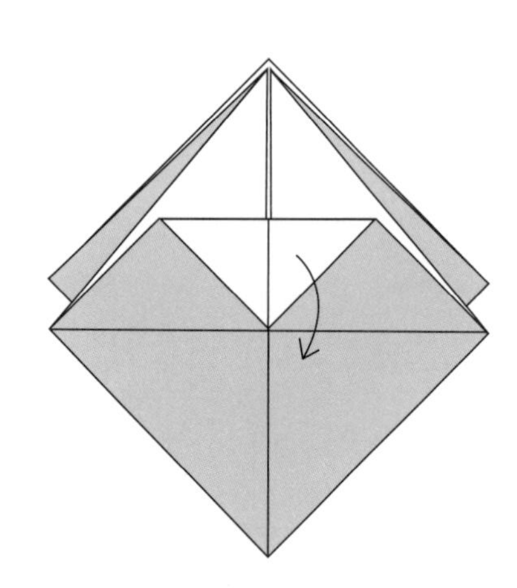

❹ 翻轉紙張，重複步驟 2 到 3。

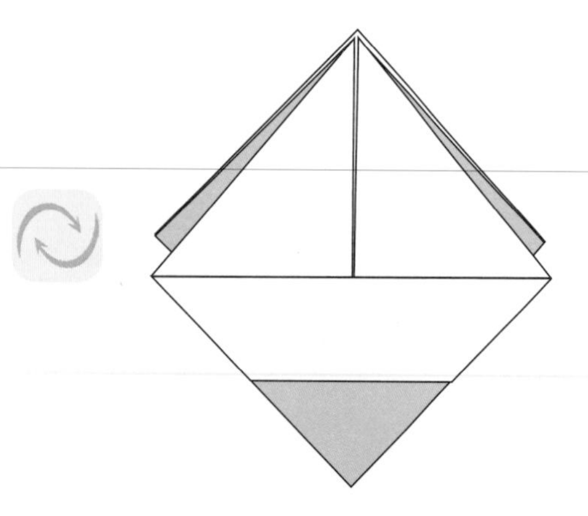

❺ 向右揭頁，背面也是一樣。

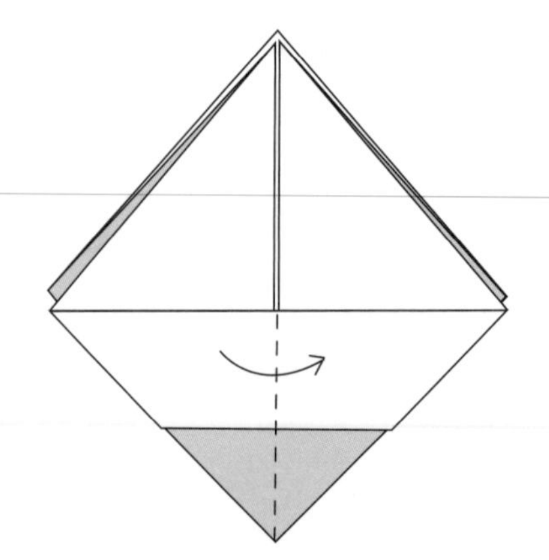

❻ 將上方的兩邊沿虛線摺向中線，背面也是一樣。

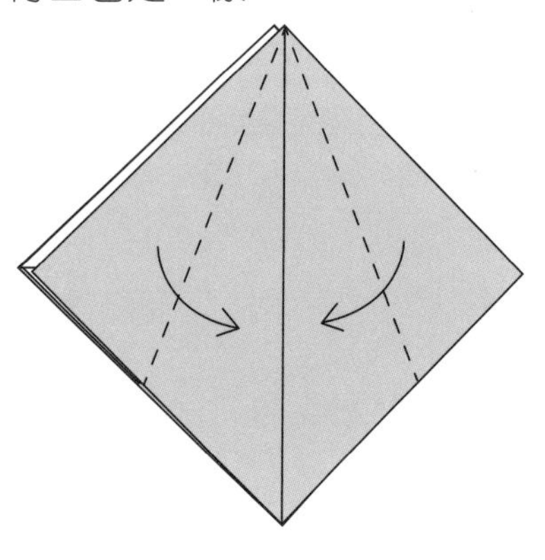

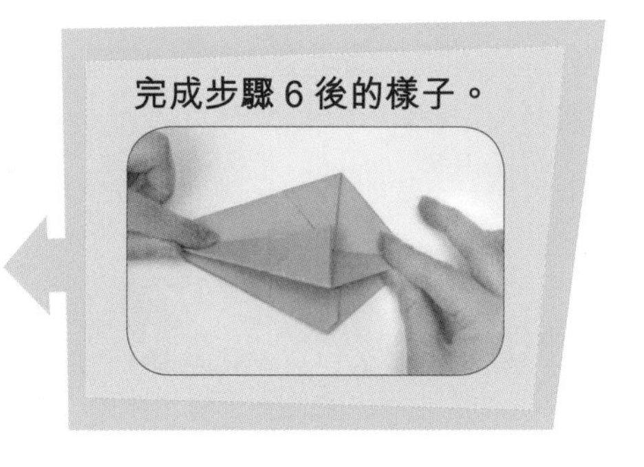

❼ 將上方尖角沿虛線向下摺，背面也是一樣。

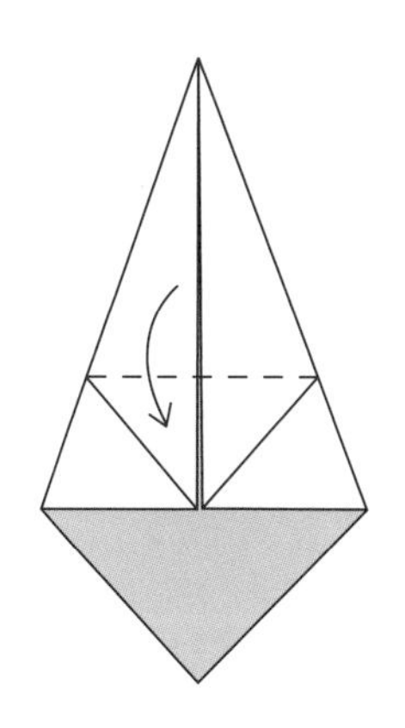

❽ 從上方把開口撐開，底部向上推平。

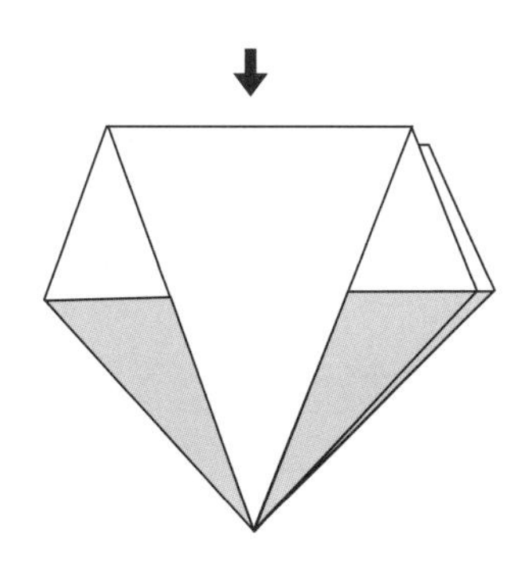

❾ 把尖角向兩側翻開即可。

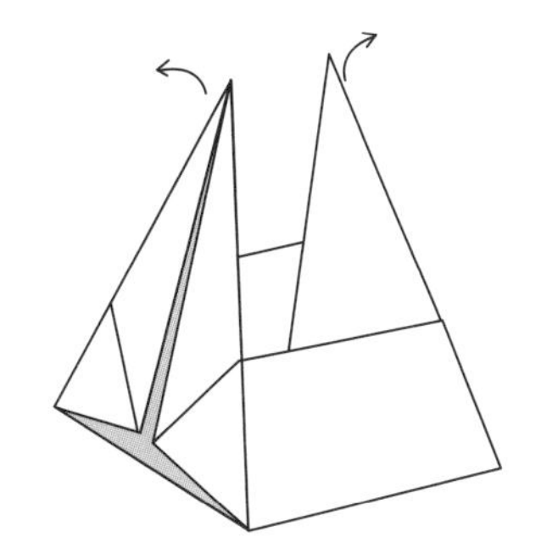

畫一畫

用筆為花籃畫上不同的花紋和圖案。

發揮創意

快快摺些花朵，把花籃裝滿，看看誰的花籃最漂亮！

相框

方法：

❶ 四邊對摺再攤開。

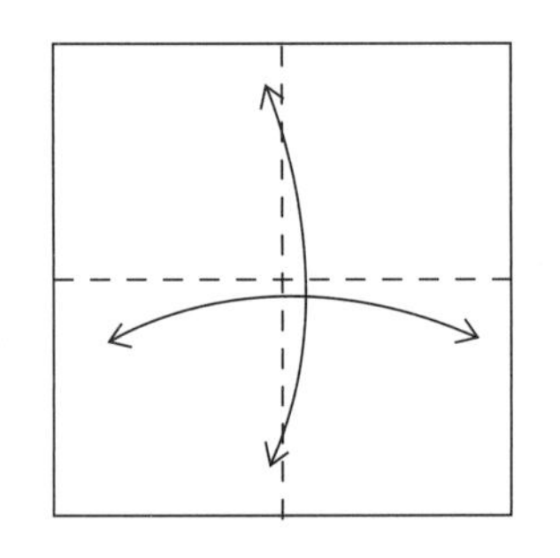

❷ 將左右兩邊沿虛線摺向中線。

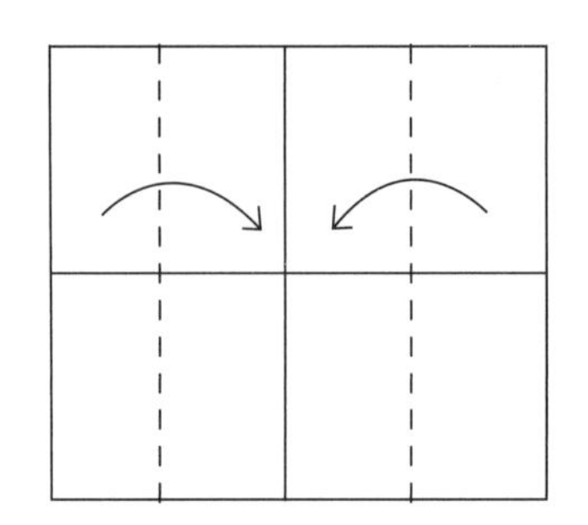

❸ 將上下兩邊沿虛線摺向中線再攤開。

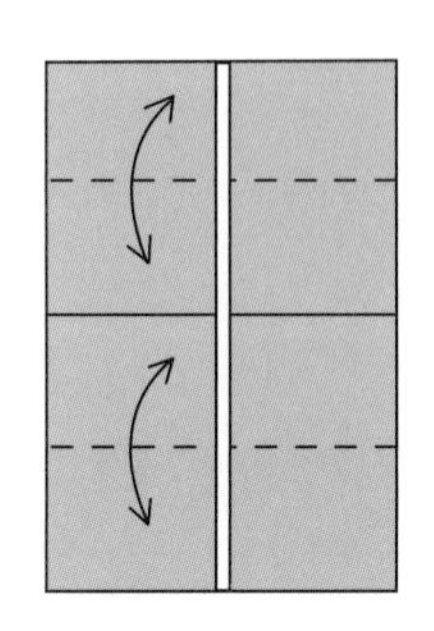

❹ 揭開中線上方紙角並向下壓，使兩條黃線重疊、兩條綠線重疊。

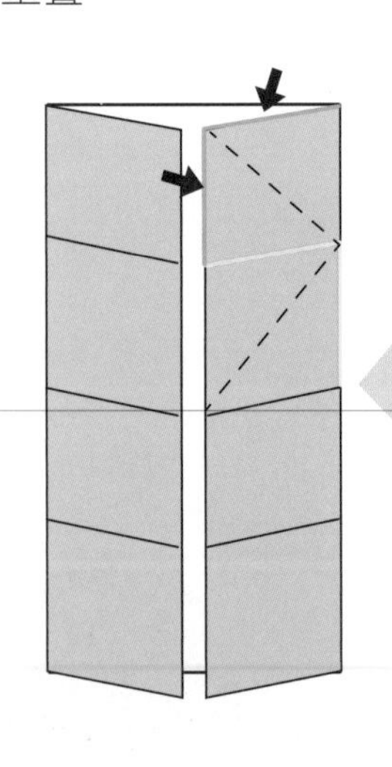

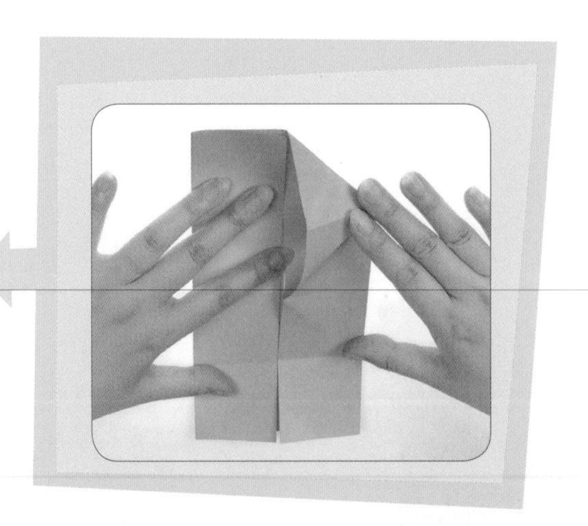

❺ 四角做法相同。

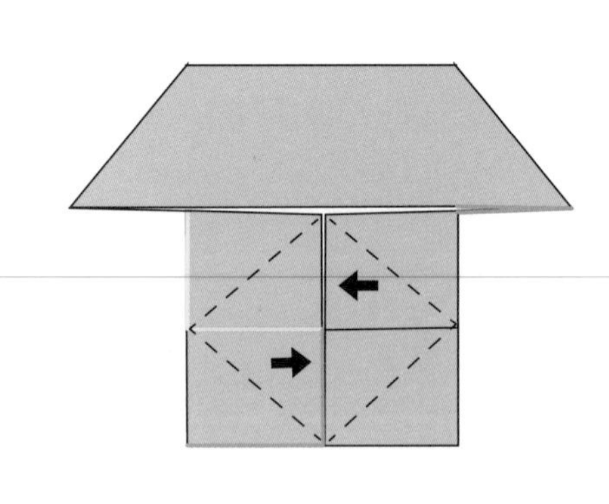

❻ 將左右兩端的四個尖角揭起，壓成正方形。

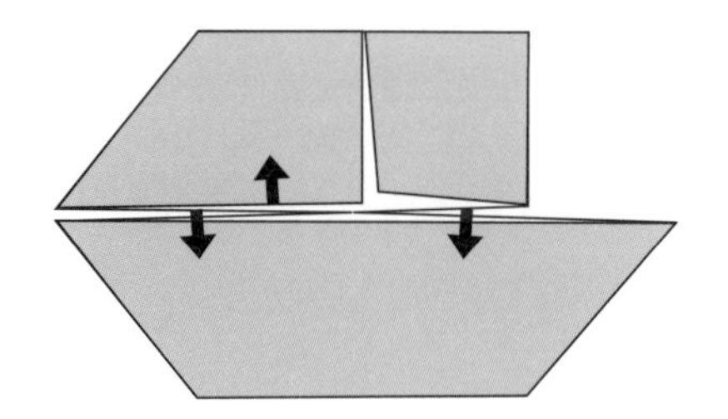

❼ 將四個小正方形的表層沿虛線向外摺。

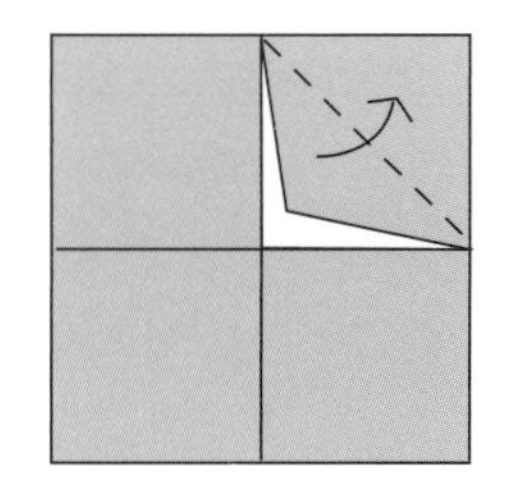

跟照片對照一下，看看自己是否摺對了。

❽ 沿虛線將小角向後摺。

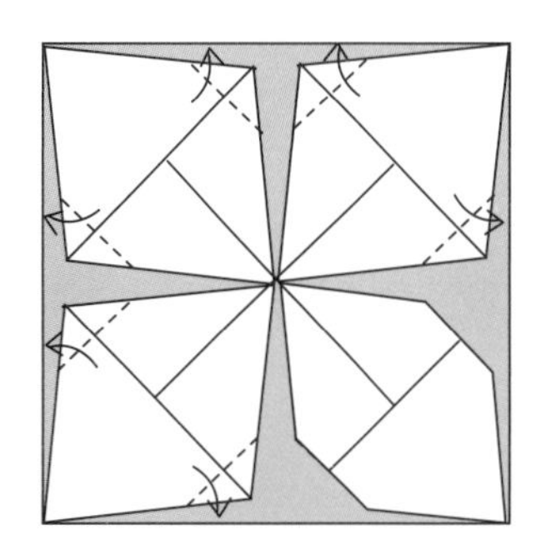

❾ 沿虛線將中間的四個小角沿虛線向外摺。

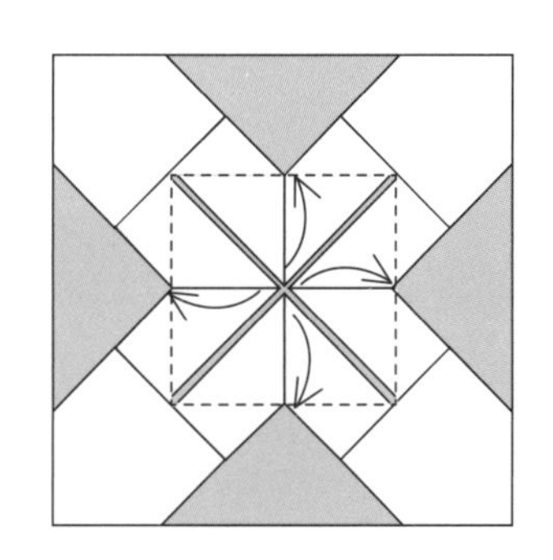

❿ 相框完成了。

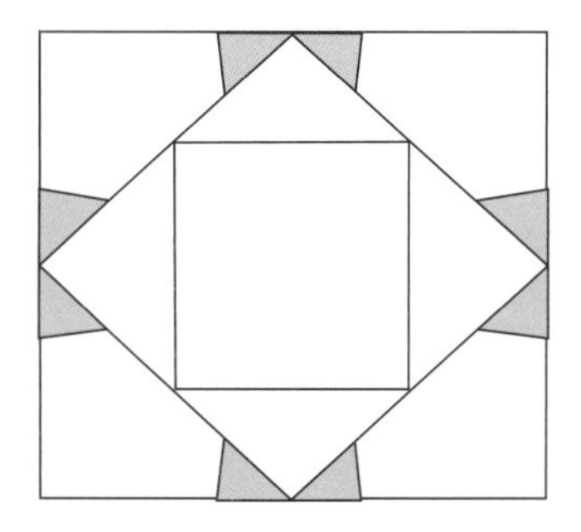

畫一畫

用筆為相框畫上不同的圖案。

試一試

用雙色彩紙摺出相框，然後把照片放進去，看看誰的相框最漂亮！

信封

方法：

❶ 左右對摺再攤開。

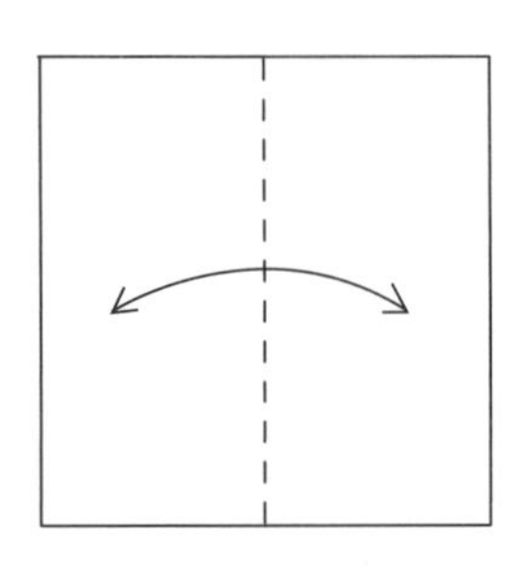

❷ 將上方的兩角沿虛線摺向中線。

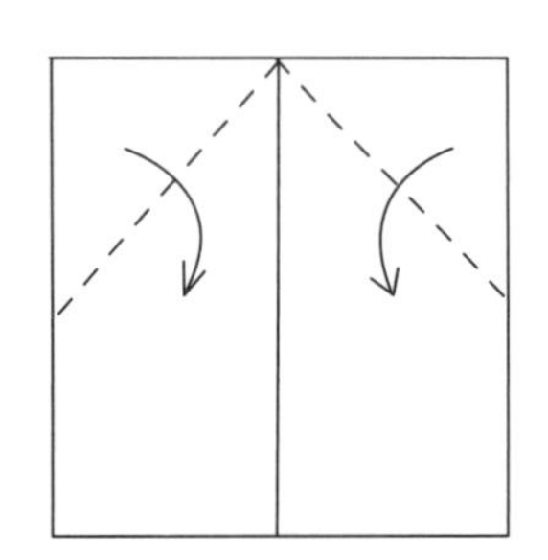

❸ 將下方的紙邊沿虛線向上摺，露出上方的小角（上方的角不用太大）。

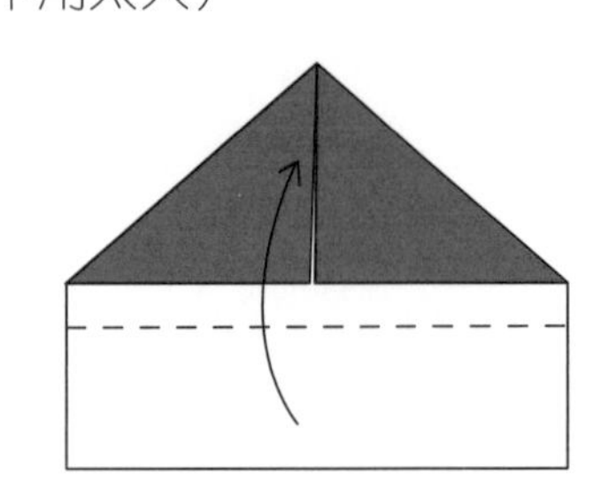

❹ 將左右兩邊沿虛線摺向中線。

❺ 揭開粗箭嘴所示的斜邊，然後向外壓平。

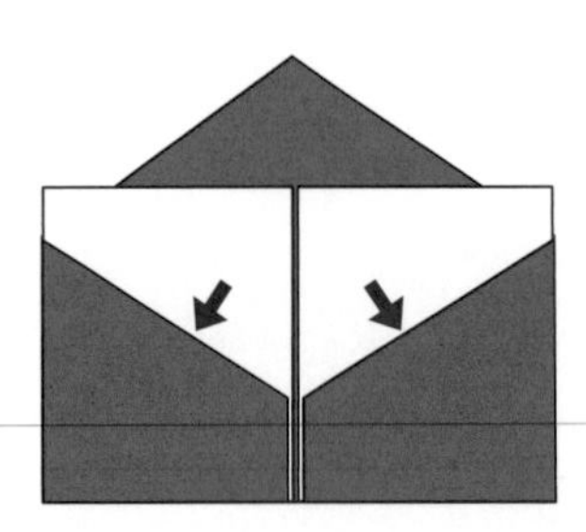

揭開斜邊之後，用手指從下往上把紙張壓平。

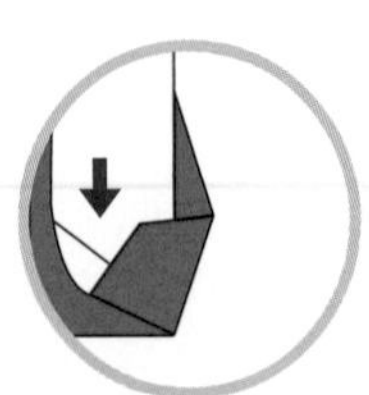

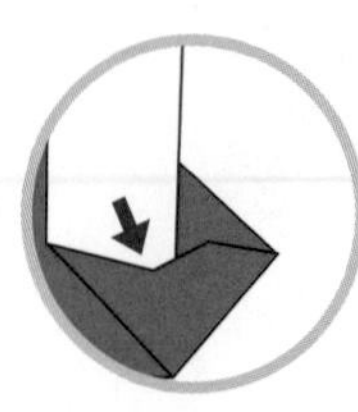

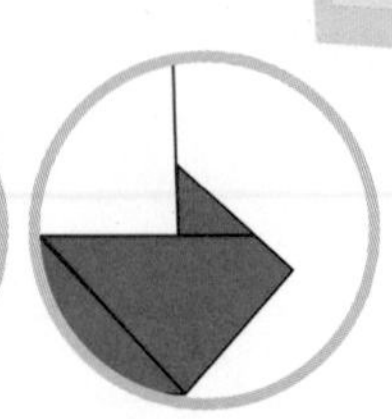

❻ 將左右兩角沿虛線摺疊。

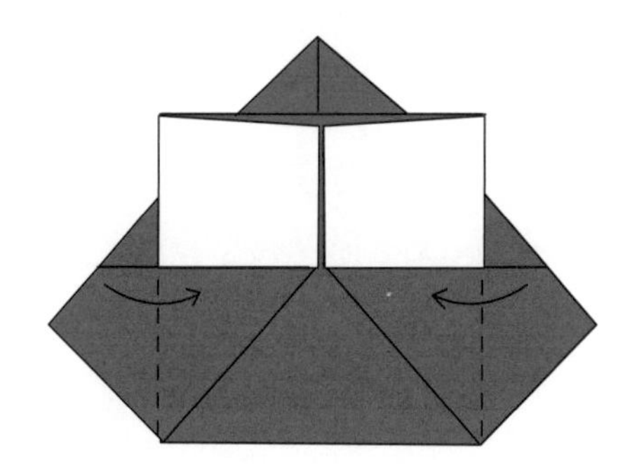

❼ 沿虛線向下摺。

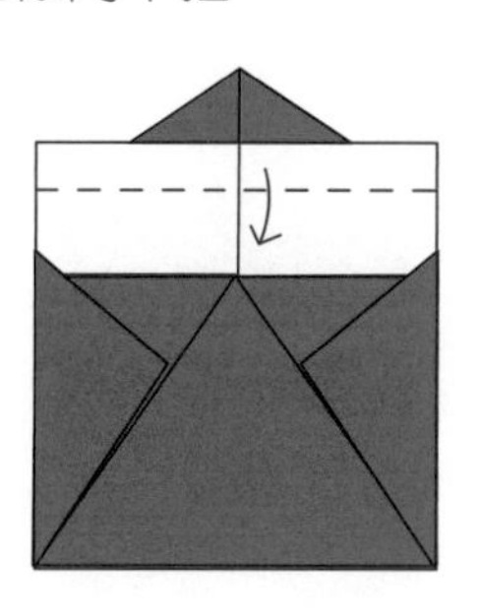

❽ 將①放到②之下，將③放到④之下。

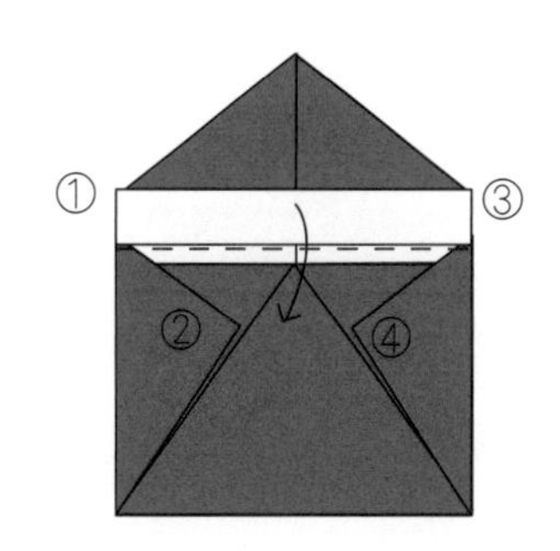

❾ 把剛往下摺的部分用漿糊筆固定，然後將上方的紙角沿虛線向下摺。

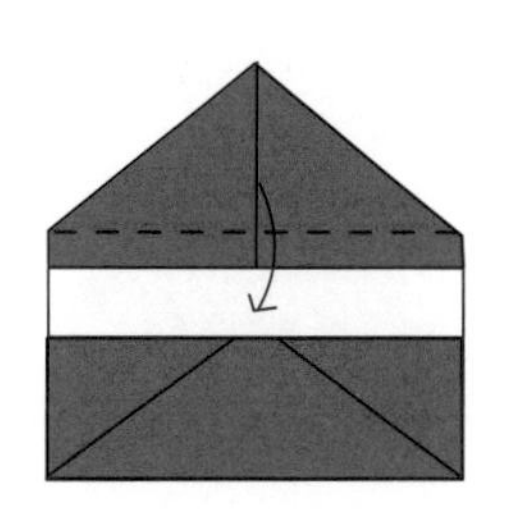

❿ 信封完成了。

畫一畫

用筆為信封畫上不同的花紋和圖案。

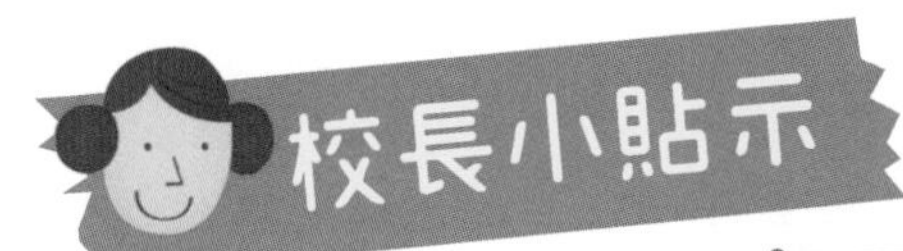

校長小貼示

實用型摺紙，給孩子成就感

隨着人們的想像力不斷發展，越來越多的摺紙作品運用在日常生活中，例如用廣告紙摺成的雜物盒、紙扇等等。那麼，我們怎樣做才能讓孩子在摺紙的過程中體會這種「發明者」的成就感呢？

我們的放手，鼓勵孩子大膽創新

先教孩子一些最簡單的基本技巧，訓練孩子手指的靈活性和準確性。孩子在練習技巧的同時，創意也會慢慢地發展起來。家長鼓勵孩子不模仿別人，不重複摺自己過去摺過的東西，孩子就會利用眼前的東西進行聯想和創造。例如：用一張正方形的紙對角摺，成了三角形；用一張長紙條緊緊地捲在筆芯外面，就成了一枝簡單的筆等等。

我們的堅持，培養孩子的耐心

摺紙是一項細緻有序的工作，它要求孩子必須按照步驟一步一步地完成，途中可能出現難題和障礙，家長必須用十足的耐性，才能引導孩子完成一件作品，體會到成功的喜悅。

我們的欣賞，增加孩子的自信心

孩子的成功感源於同伴的認同與家長的肯定。老師要多多讚美孩子的摺紙作品，家長也需要及時發現並表揚孩子的進步，讓孩子享受成功的喜悅。利用隨手可得的廢紙，化腐朽為神奇，為生活增加樂趣，和孩子一起摺紙，能培養他們多種品德，更可以給他們愉快的童年時光，我們還等什麼呢？

第八章
好玩的遊戲摺紙

青蛙呱呱叫

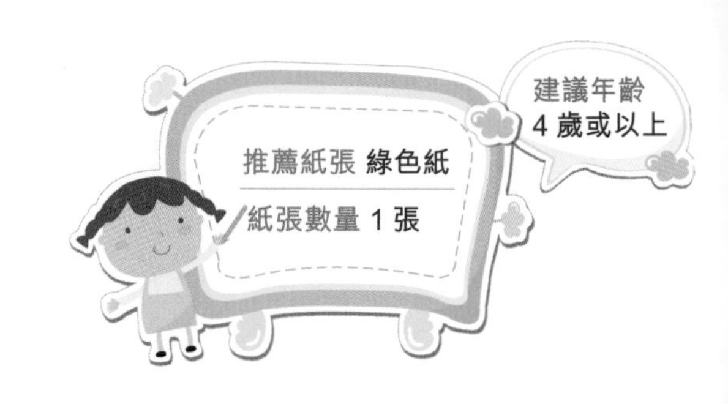

方法：

❶ 將上下兩邊沿虛線摺向中線。

❷ 左右對摺再攤開。

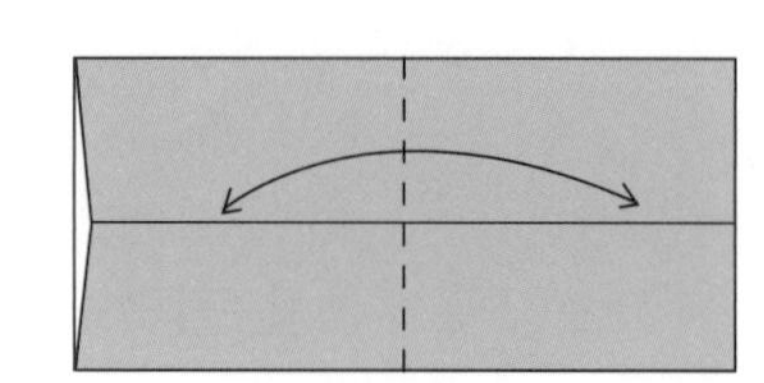

❸ 把左右兩邊沿虛線摺向中線再攤開。

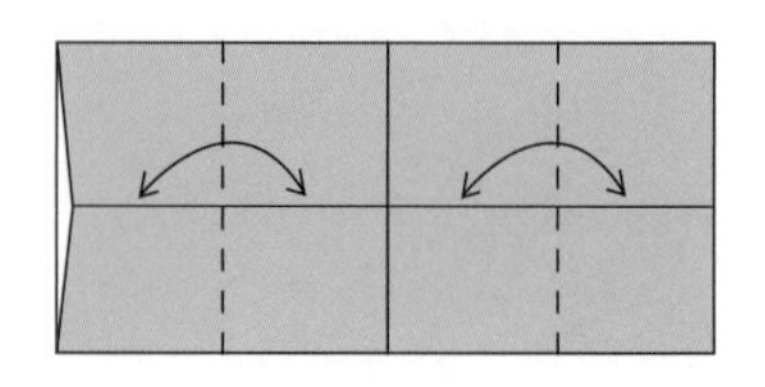

❹ 四個紙角沿虛線向摺疊再攤開。

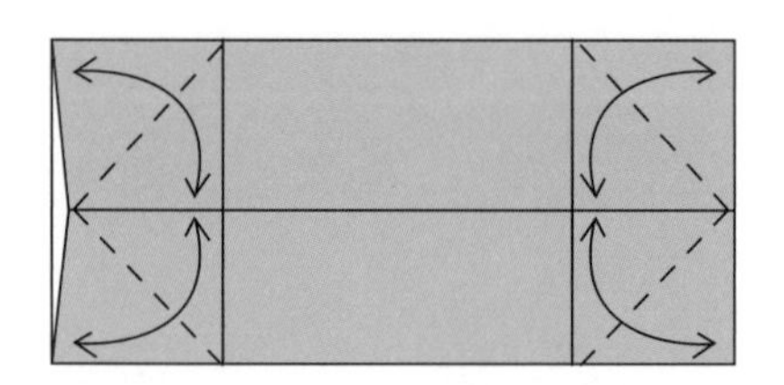

❺ 揭開左右紙邊，壓摺出四個三角形。

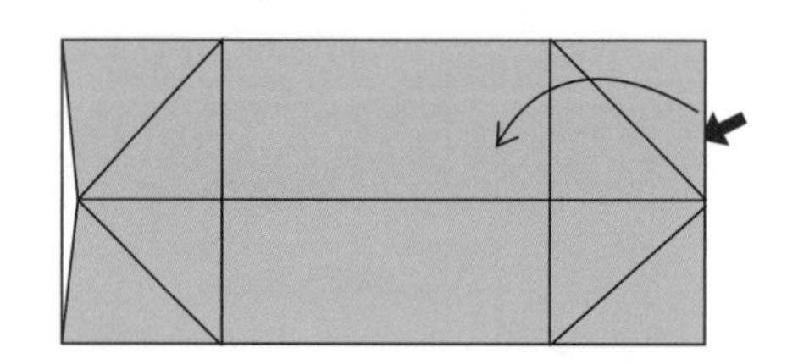

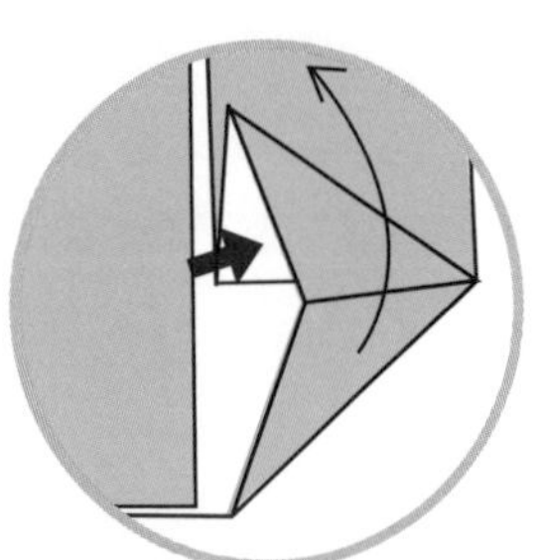

❻ 將右側的兩個小三角形沿虛線向右摺。

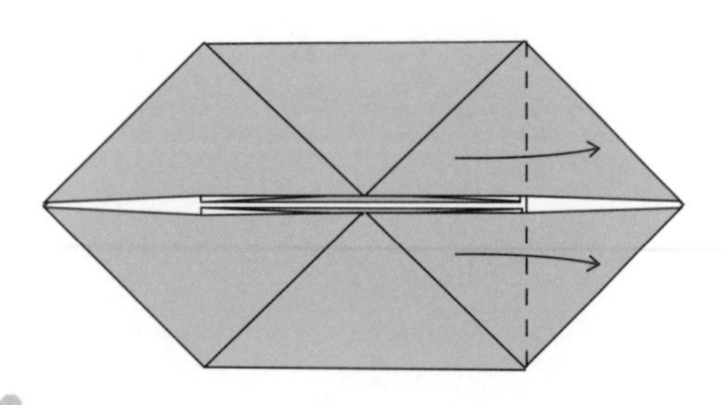

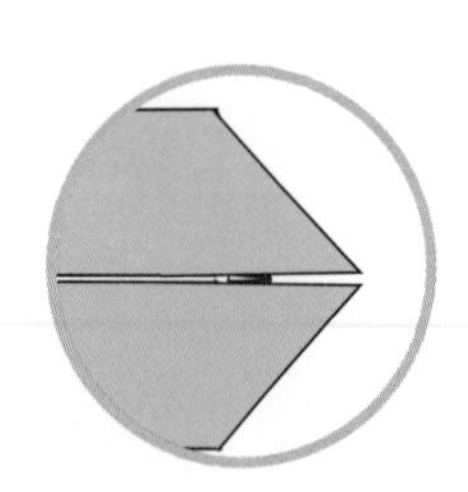

有了步驟 4 的摺痕，這一步便會非常簡單。

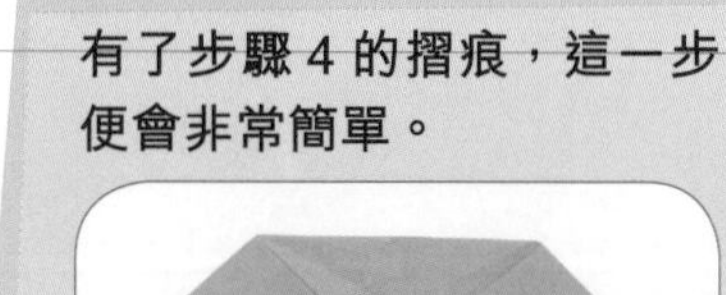

❼ 沿虛線向左摺再攤開，然後向內摺。

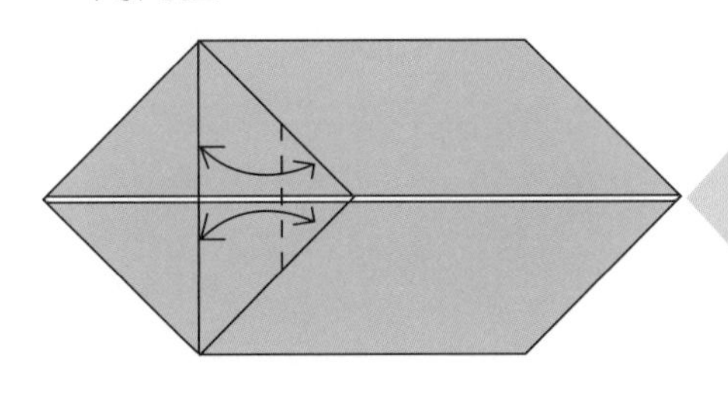

向內摺是要把紙角藏起來，但是也要摺得齊齊整整才行。

❽ 沿中線向後對摺。

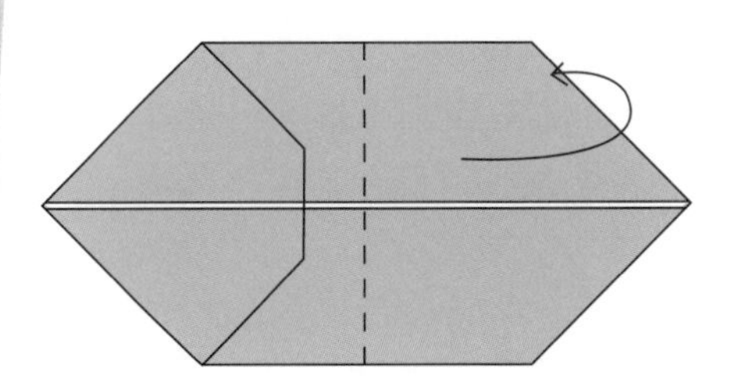

❾ 把紙張向左扭轉。

❿ 將上方的兩個紙角沿虛線向後摺。

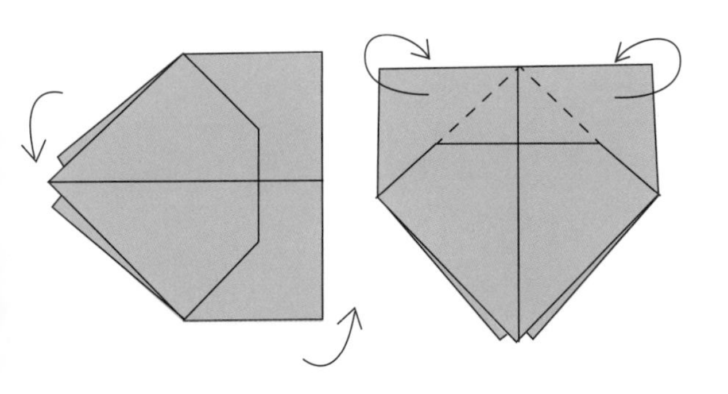

⓫ 翻轉紙張，再上下倒轉。揭起剛剛摺過的紙角，然後沿虛線向下摺。

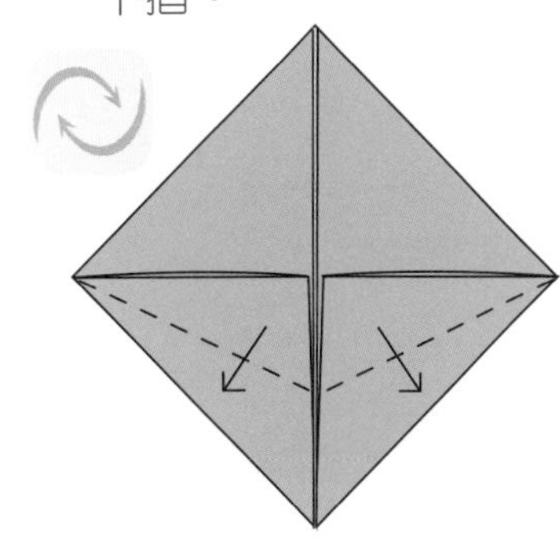

⓬ 將下端的紙角沿虛線向上對摺。

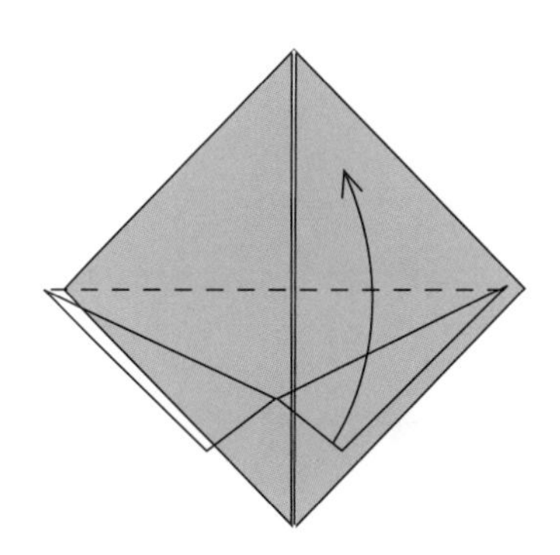

⓭ 把紙張上下倒轉，然後將下方的紙角豎立起來，只留下最底的一層。

⓮ 捏住青蛙的臉頰，往內推、往外拉……聽，它在唱歌呢。

畫一畫

用黑色的筆，為青蛙畫上大大的眼睛。

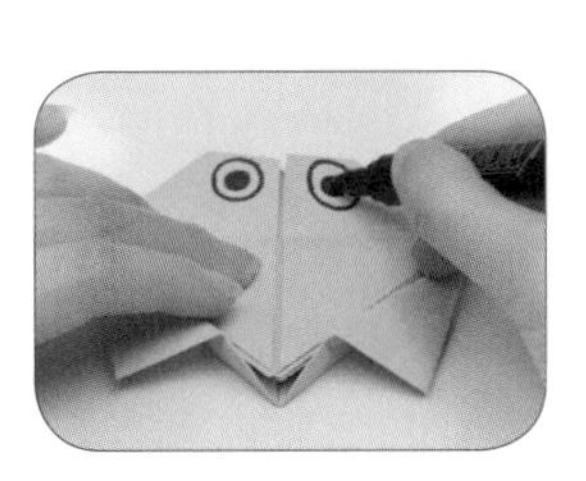

試一試

不同材質的紙摺出的青蛙，也會有不同的聲線。

陀螺轉轉轉

方法：

❶ 把淺綠色紙的四邊對摺再攤開。

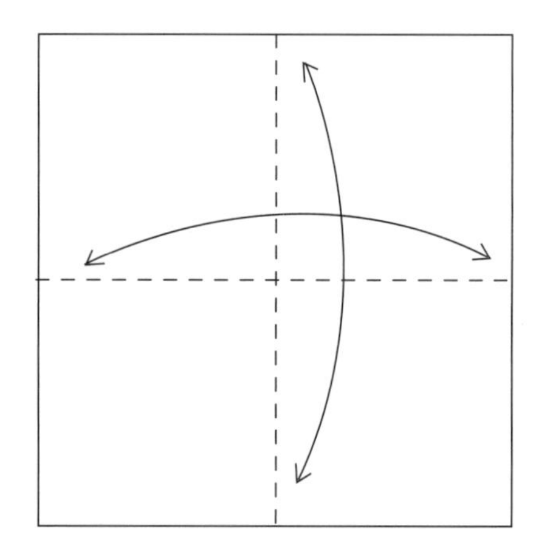

❷ 把左右兩邊沿虛線摺向中間，摺疊的闊度只佔每邊的三分之一。

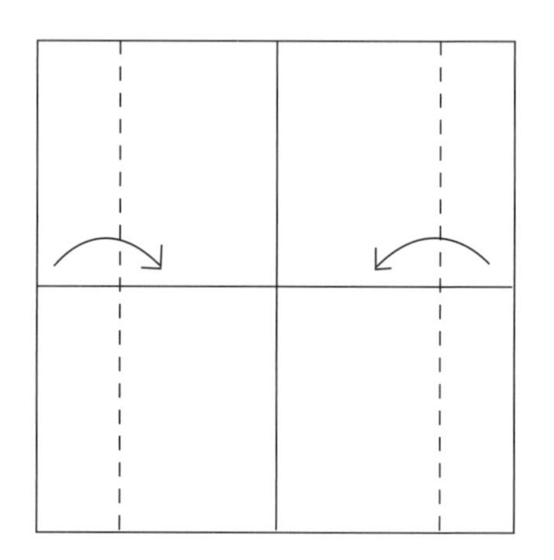

❸ 將上下兩邊也沿虛線摺向中間再攤開，摺疊的闊度只佔每邊的三分之一。

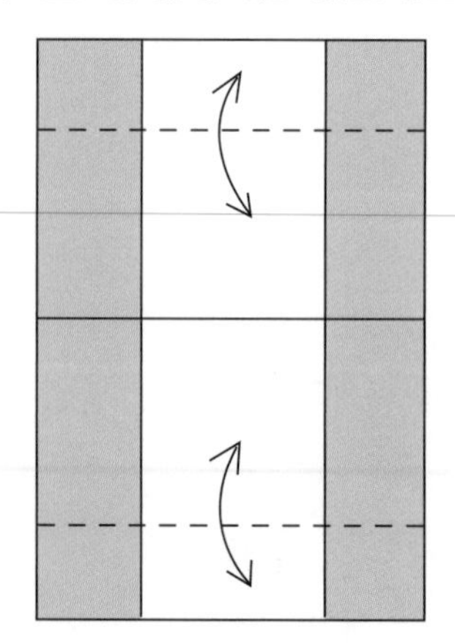

❹ 以右上角為例，把粗箭嘴所示的地方揭開，然後輕輕向右側推摺，其餘三角的摺法相同。

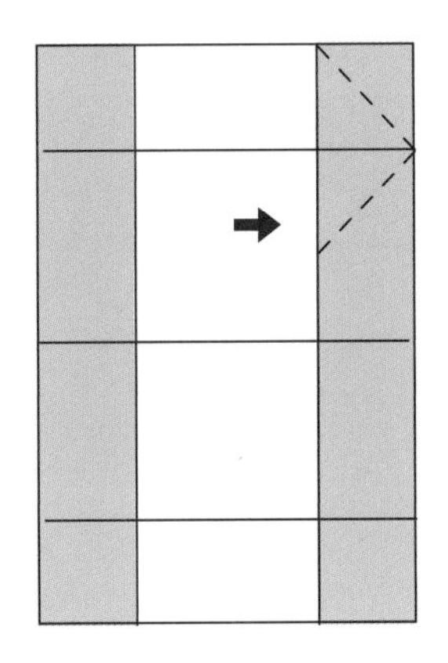

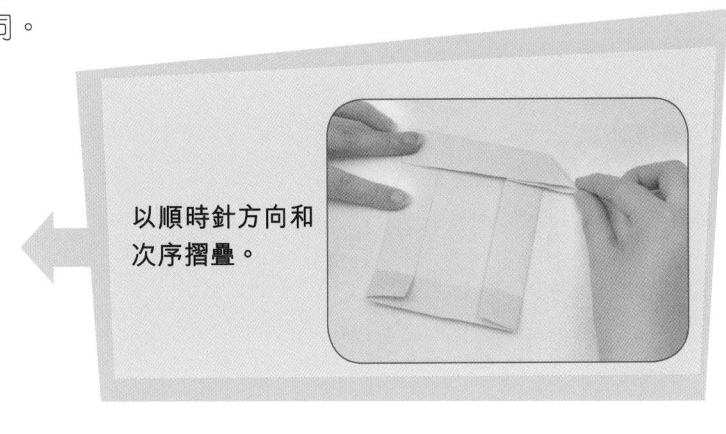

以順時針方向和次序摺疊。

❺ 取出一張翠綠色紙，捲成紙管。

❻ 將紙管從淺綠色紙的中點刺進去，陀螺就完成了。

畫一畫

用筆為陀螺畫上不同的花紋。

試一試

如果你的陀螺轉得不夠快，試試改用不同的材料吧！

遊戲時間

用雙手搓動紙管，然後放手，陀螺便會轉起來了。

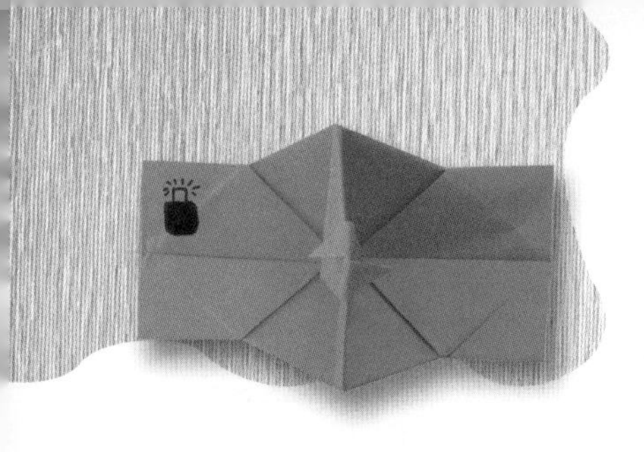

我的小相機

方法：

❶ 四邊對摺再攤開。

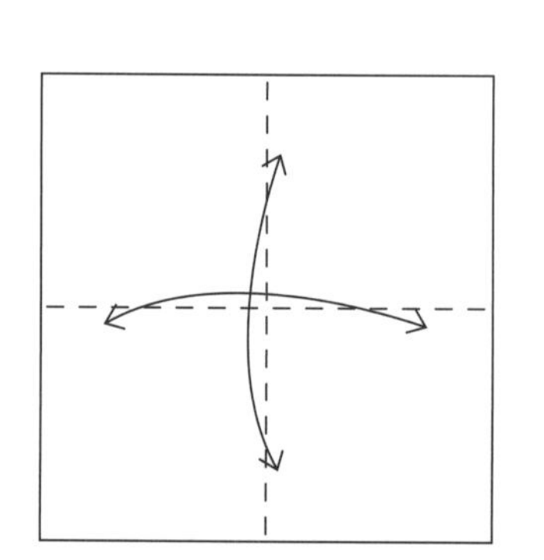

❷ 將四角沿虛線摺向中點。

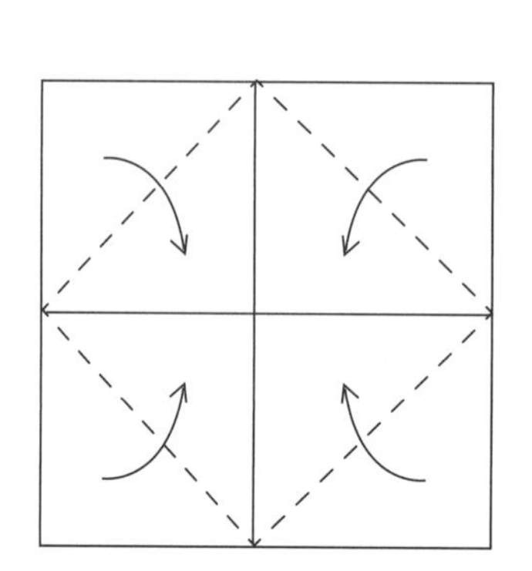

❸ 將左右兩角沿虛線向後摺。

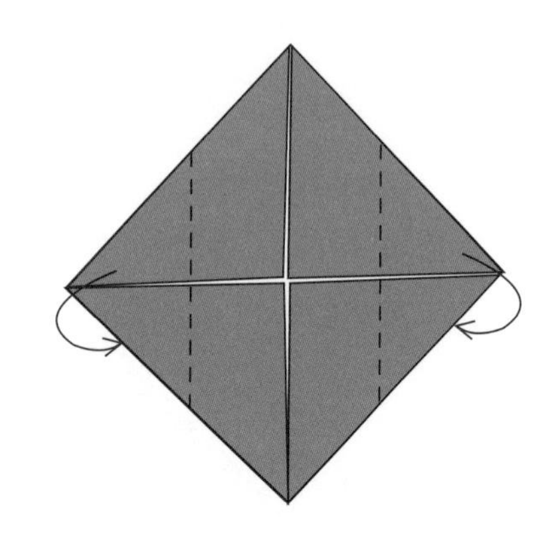

❹ 將右側的斜邊沿虛線摺疊。

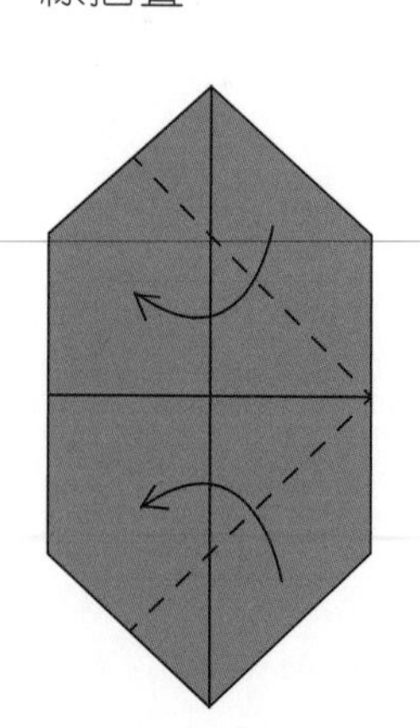

❺ 將左側沿虛線摺疊。

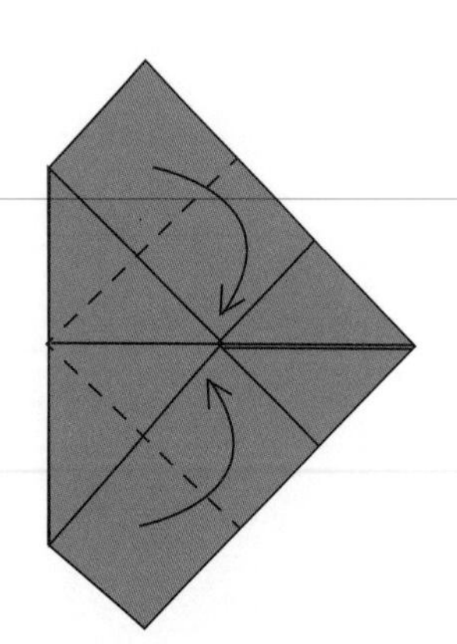

❻ 揭起表層的紙角，向外拉然後壓平。

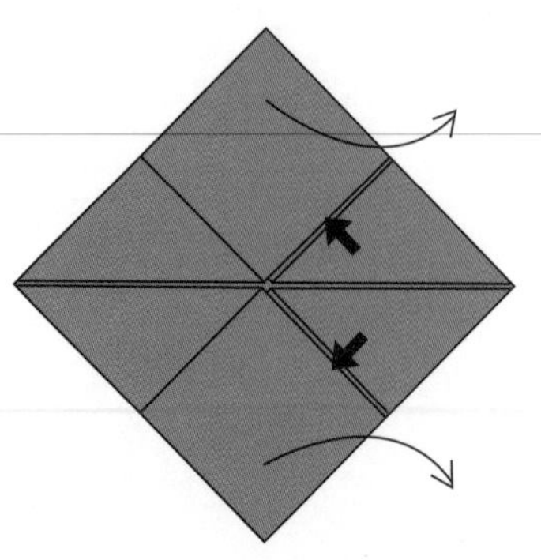

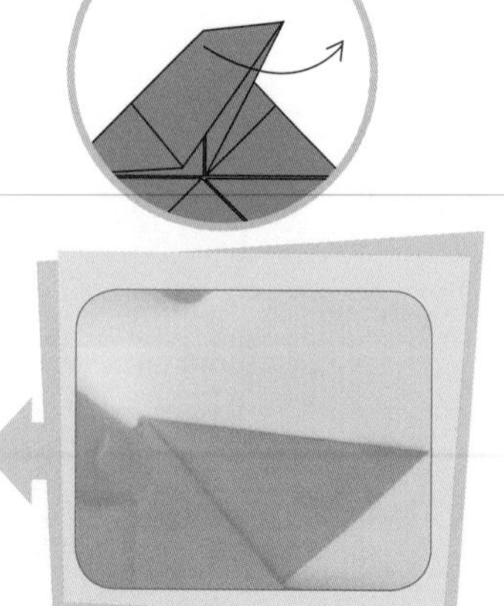

❼ 翻轉紙張。

❽ 把粗箭嘴所示的紙邊揭開再壓平。

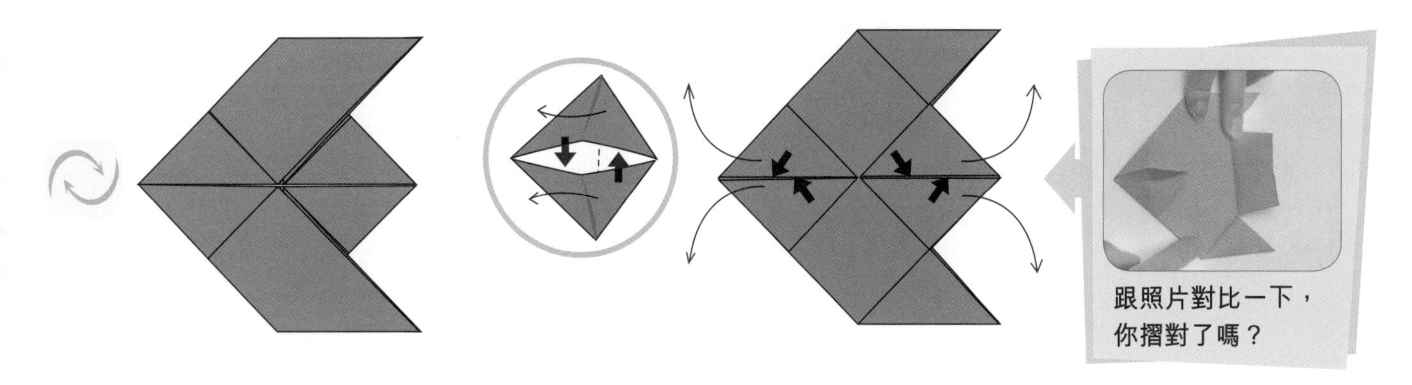

❾ 翻轉紙張。

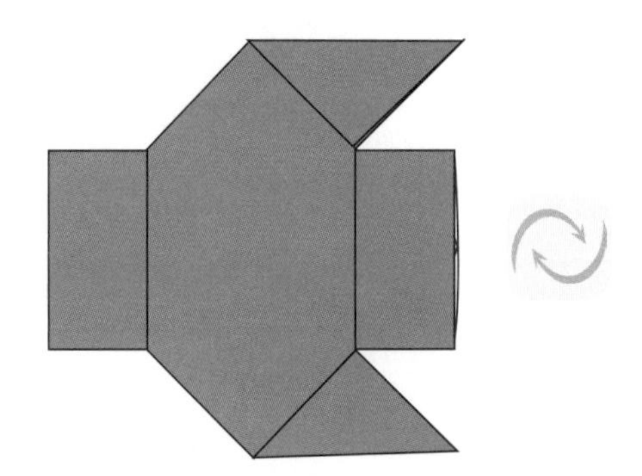

❿ 將兩個小角沿虛線摺疊再互相勾住，相機就完成了。

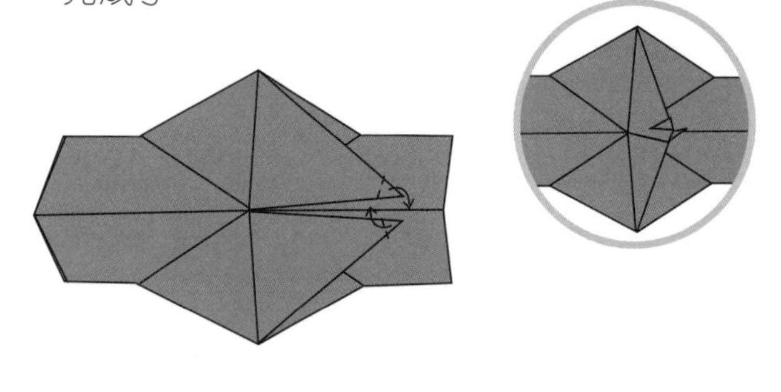

畫一畫

用筆為照相機畫上閃光燈。

試一試

完成步驟 8 後，你會看到一個類似衣服的形狀，試試能不能把它變成褲子吧。

遊戲時間

跟你的好朋友一起在相機前扮鬼臉吧！

東南西北遊戲

方法：

❶ 四角對摺再攤開。

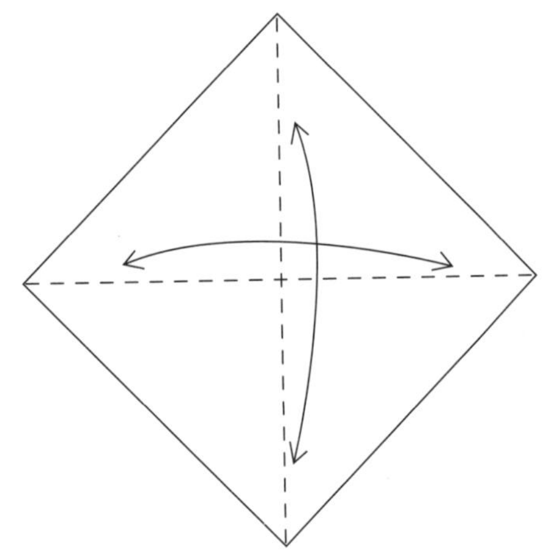

❷ 將四角沿虛線摺向中點。

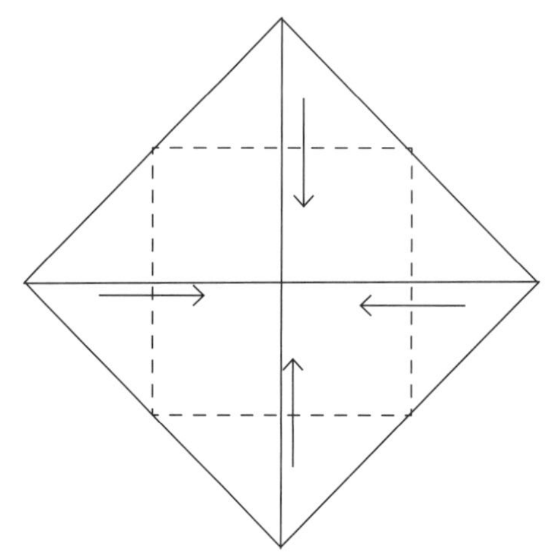

❸ 翻轉紙張。

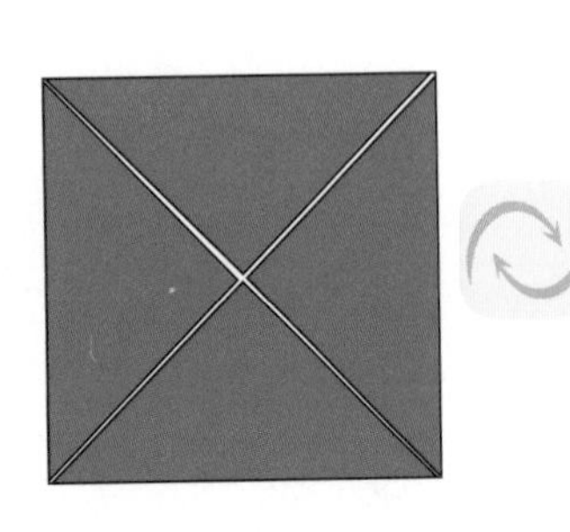

❹ 將四角沿虛線摺向中點。

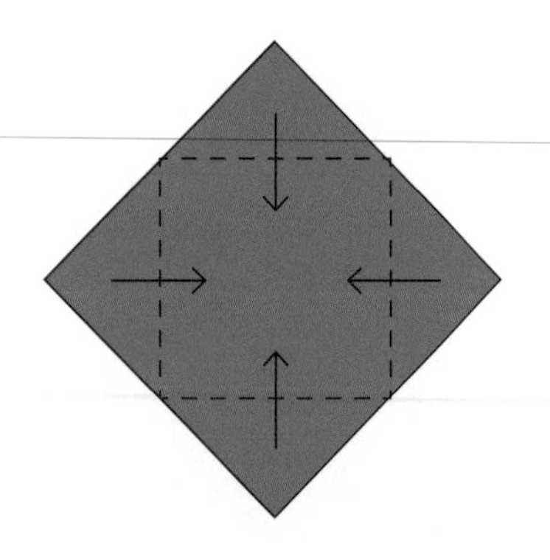

❺ 把四邊沿虛線對摺再攤開。

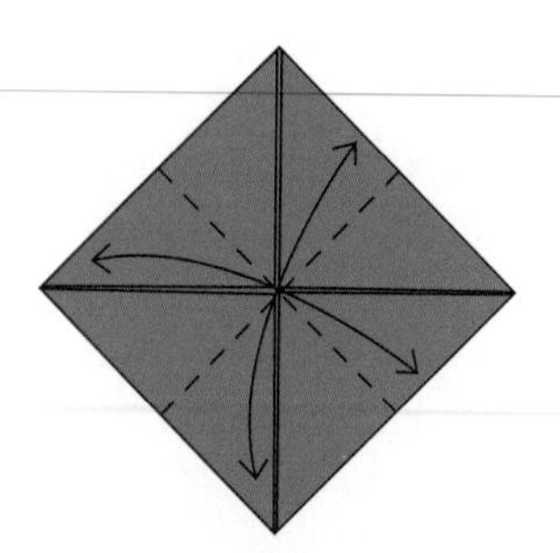

6 翻轉紙張。

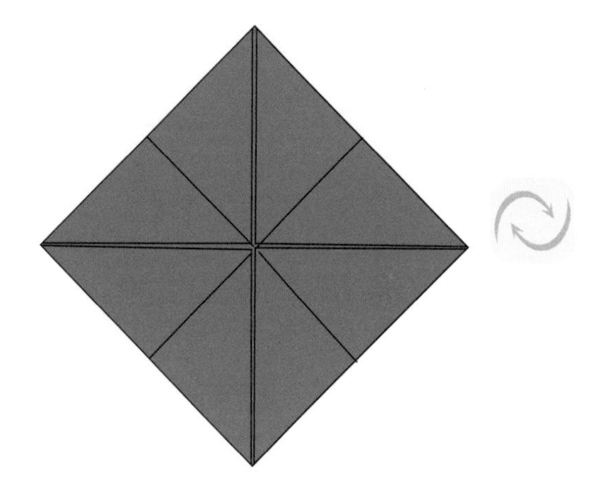

7 輕輕揭開中間的四角，分別插入手指將它定型，東南西北就完成了。

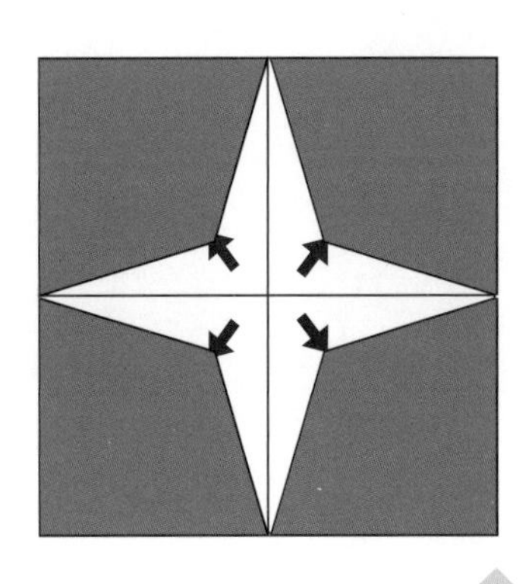

兩隻手一起放進去，輕輕上下左右活動一下。

畫一畫

在每一格畫上不同的內容，如時間、地方、人物、活動等等。

遊戲時間

隨意說一個數字，然後一面數數，一面把東南西北動起來，數完再用東南西北顯示的內容，創作一個小故事吧！

小船水上漂

方法：

❶ 四邊對摺再攤開。

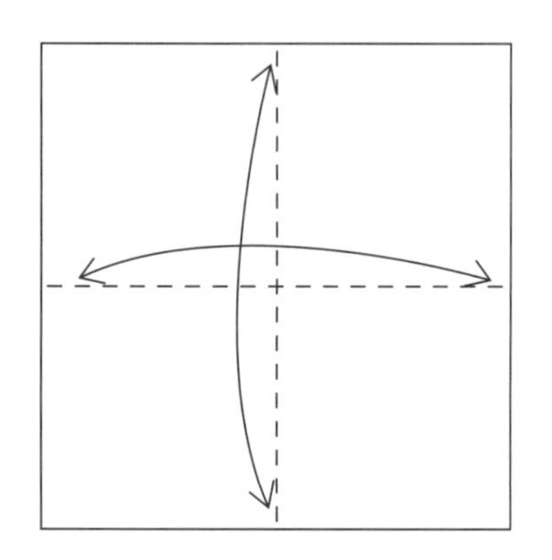

❷ 四角摺向中點再攤開。

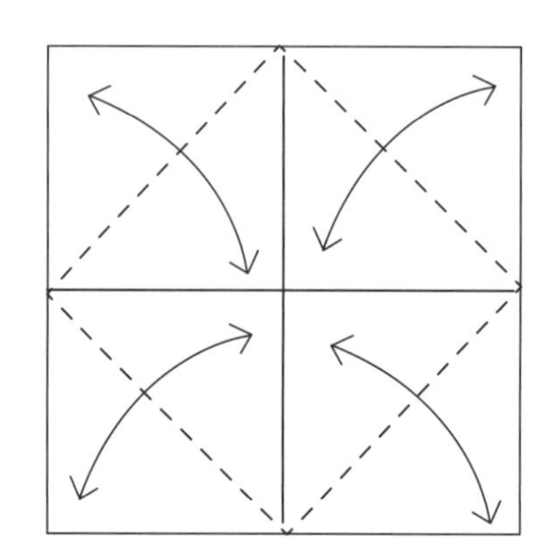

❸ 四角沿虛線摺疊，紙角剛好碰到步驟 2 的摺痕。

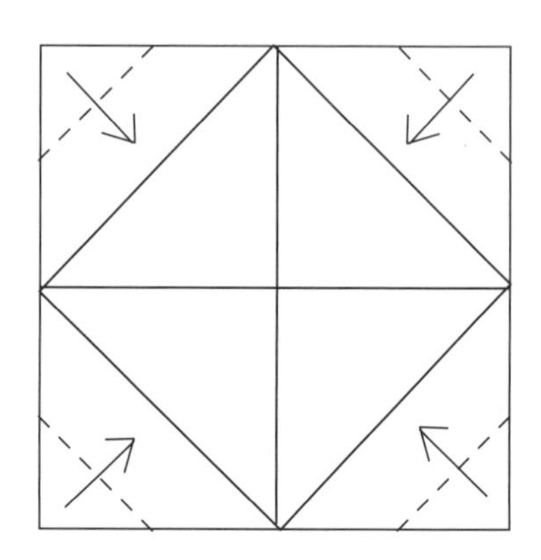

❹ 再次沿摺痕向中間摺疊。

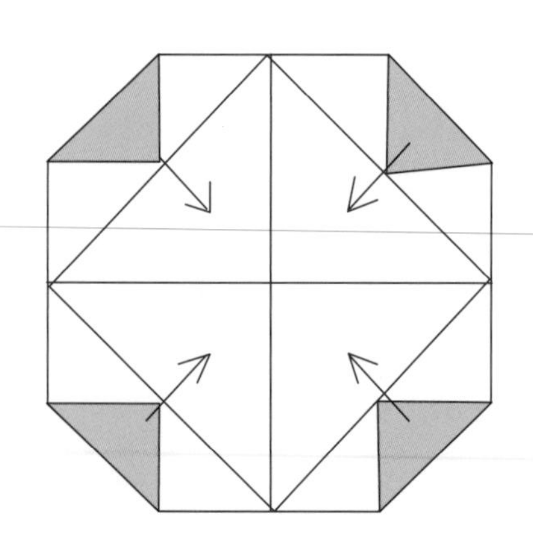

❺ 翻轉紙張。

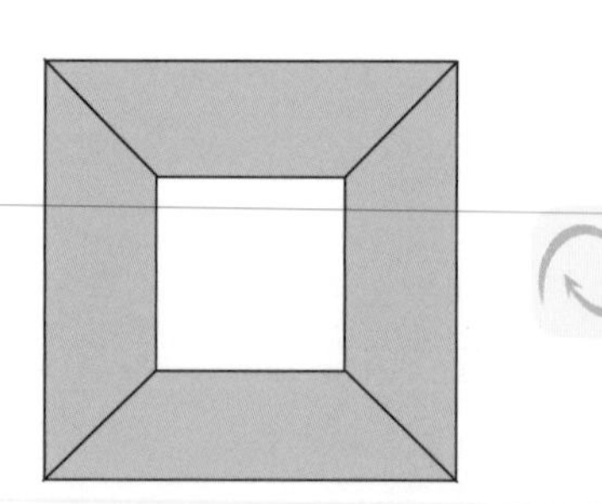

❻ 上下兩邊摺向中線。

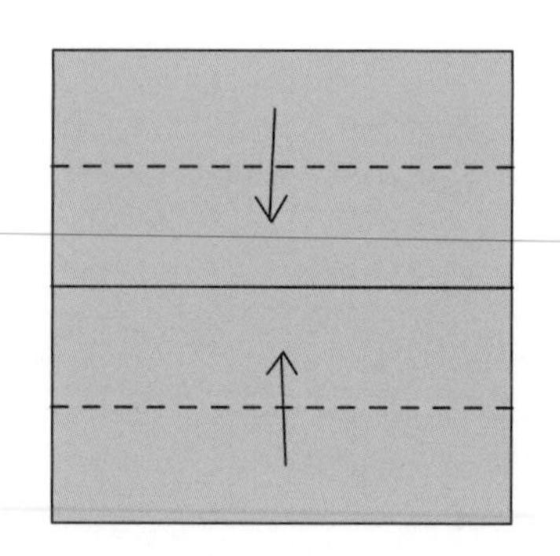

❼ 沿縫隙把四角摺向中間。

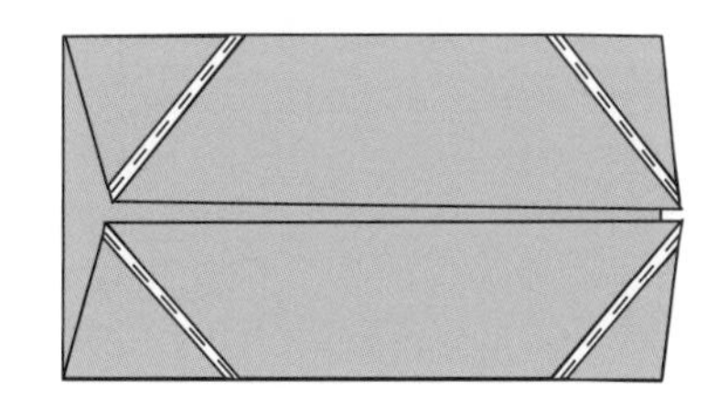

❽ 將紅點沿虛線摺向中線。

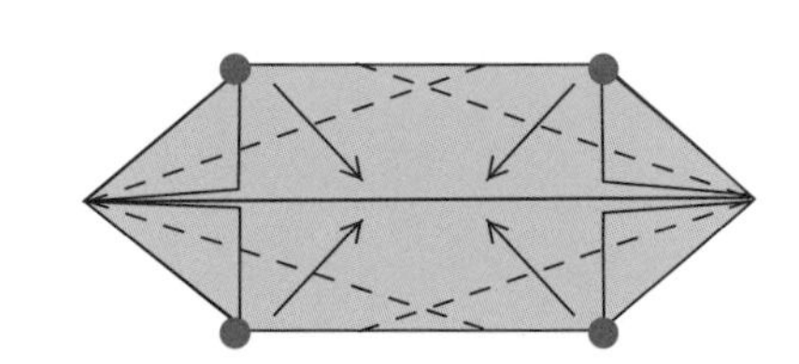

❾ 將上下兩角沿虛線摺疊。

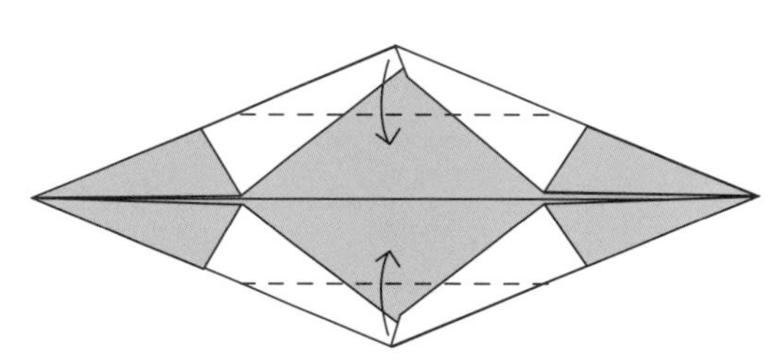

❿ 拉開中線，把紙張的內外翻轉，就像翻轉一件衣服一樣。

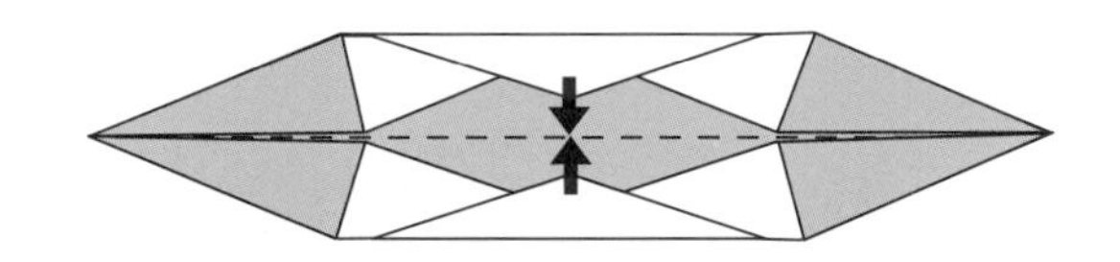

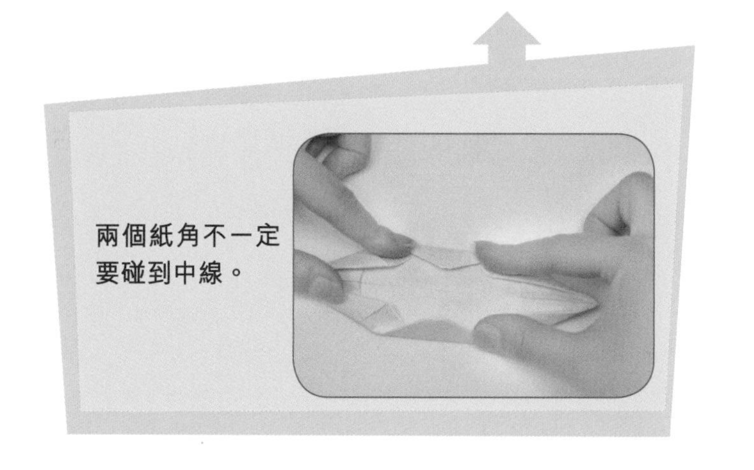

兩個紙角不一定要碰到中線。

⓫ 小船完成了。

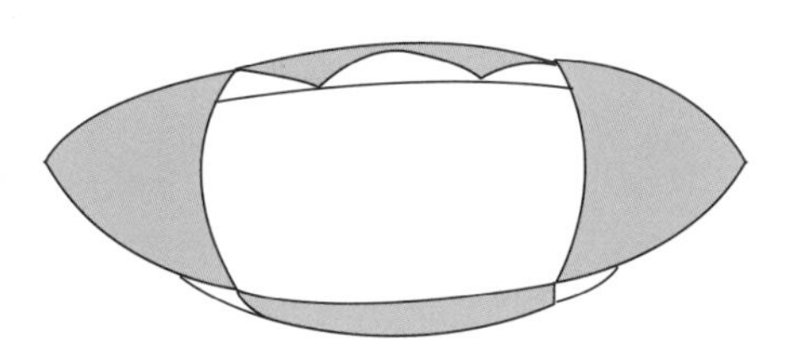

畫一畫

用筆為小船畫上漂亮的圖案。

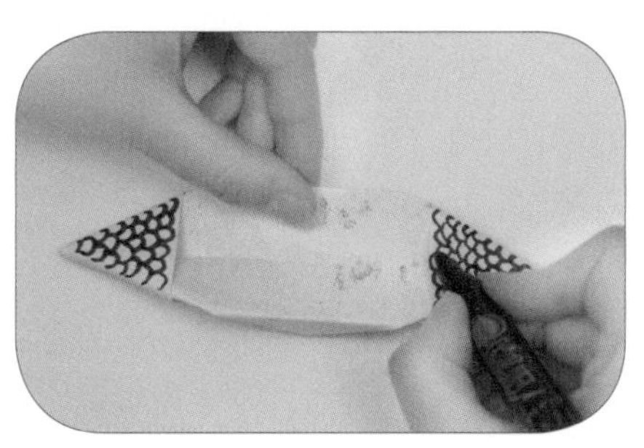

遊戲時間

用油性蠟筆塗滿小船的底部，再把小船放進水中，它就不易被沾濕。

風車隨風轉

方法：

❶ 四邊對摺再攤開。

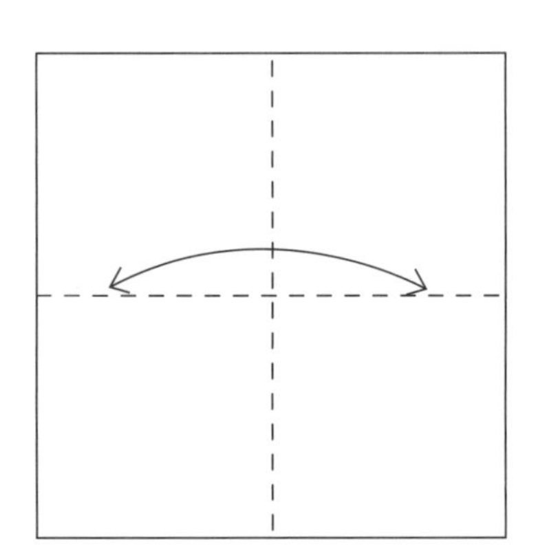

❷ 將左右兩邊摺向中線。

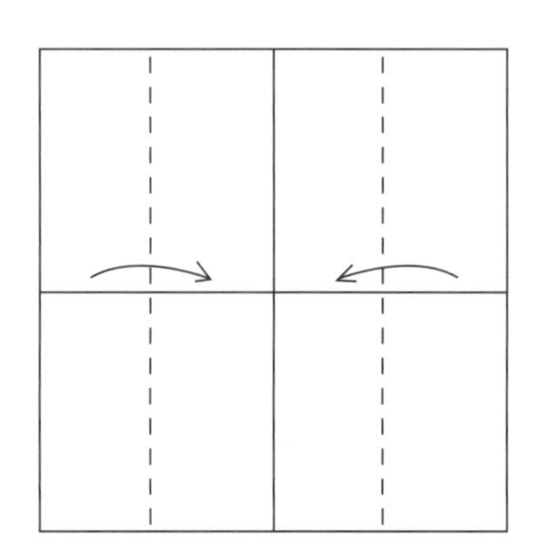

❸ 將上下兩邊沿虛線摺向中線再攤開。

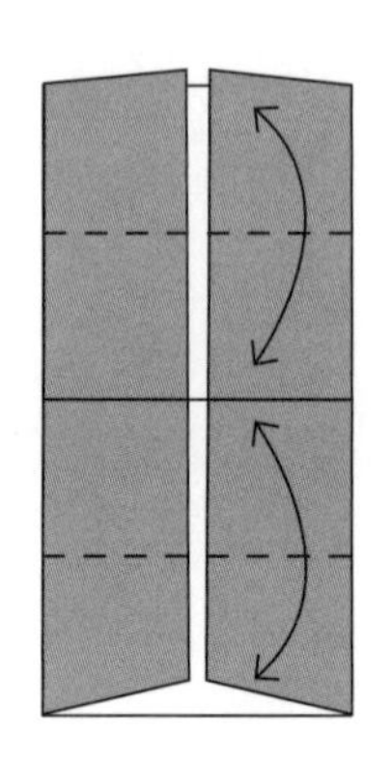

❹ 將下方的紙邊揭開，然後向兩側推摺。

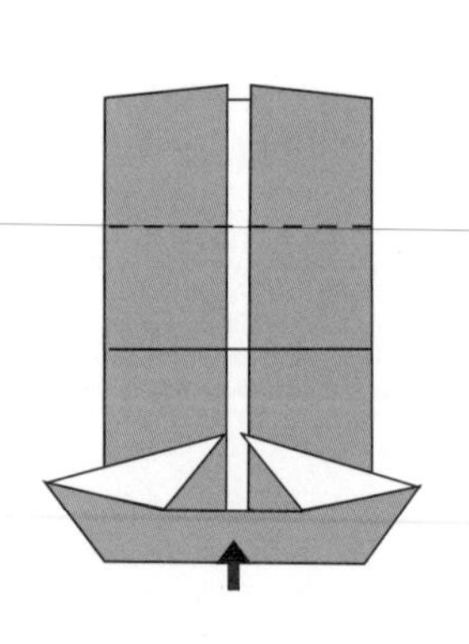

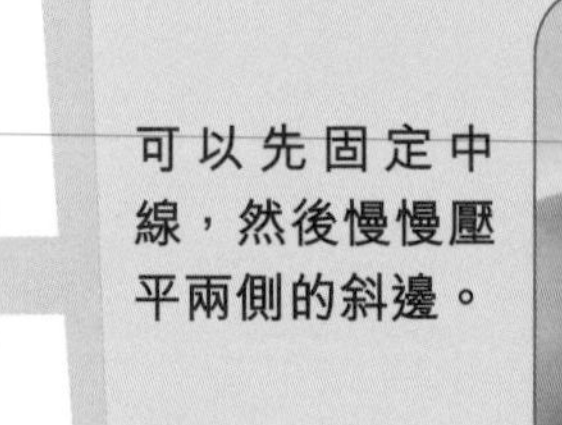

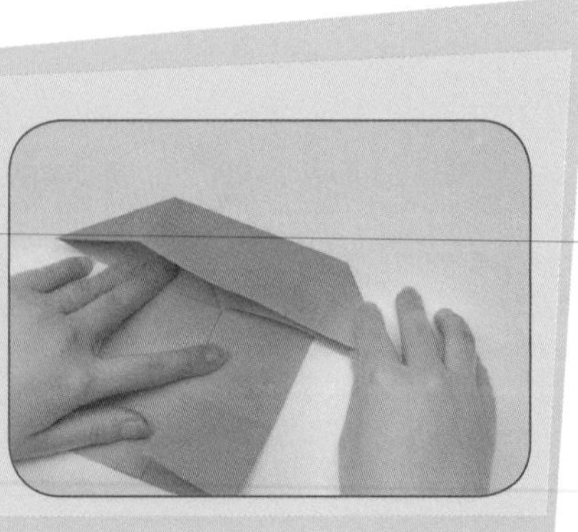

可以先固定中線，然後慢慢壓平兩側的斜邊。

❺ 上方的摺法相同。

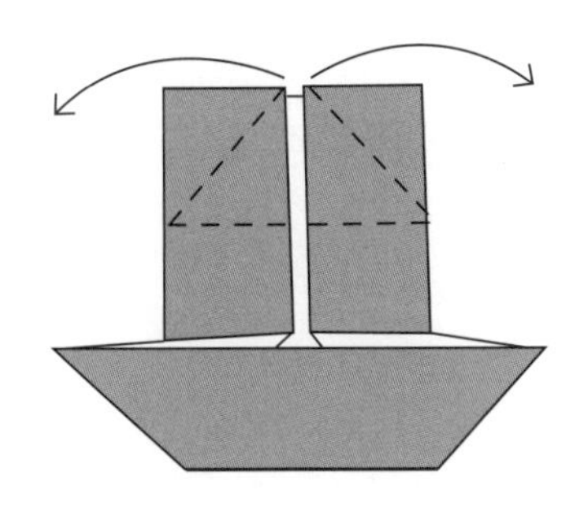

❻ 沿虛線將右上方的角向上摺，左下方的角向下摺。

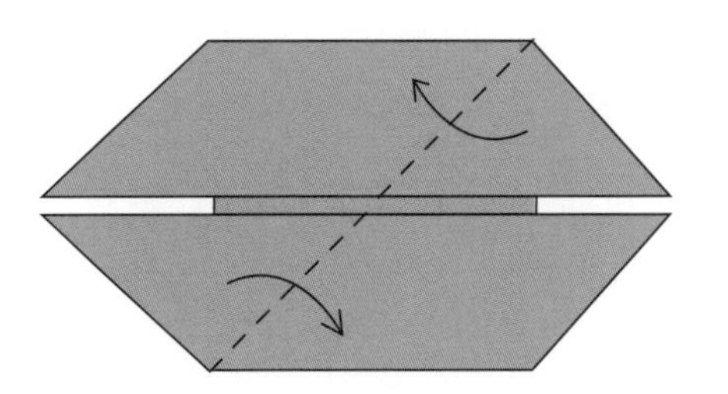

❼ 按粗箭嘴所示的方向將紙層稍微揭開一點。

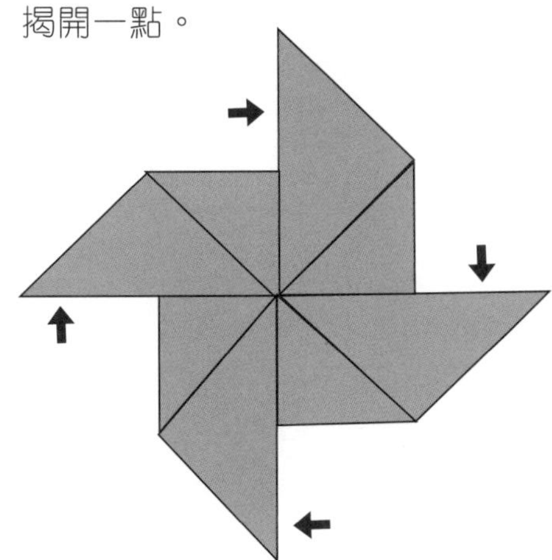

畫一畫

為你的風車畫上圖案，再在中間刺一個洞，插進可彎曲的飲管，讓它轉起來吧！

試一試

完成步驟 4 後，
把紙張上下倒轉，
你看像不像一間
小房子？

遊戲時間

把風車放在窗邊，看看今天有沒有風吧。

聖誕老人來了

方法：

❶ 先把四角對摺再攤開，將上方的角沿虛線摺向中點。

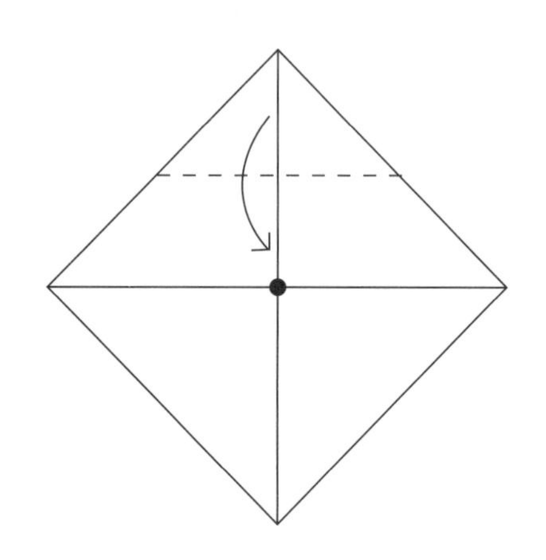

❷ 將上方的紙邊向中點對摺兩次，摺出三道距離相等的摺痕。

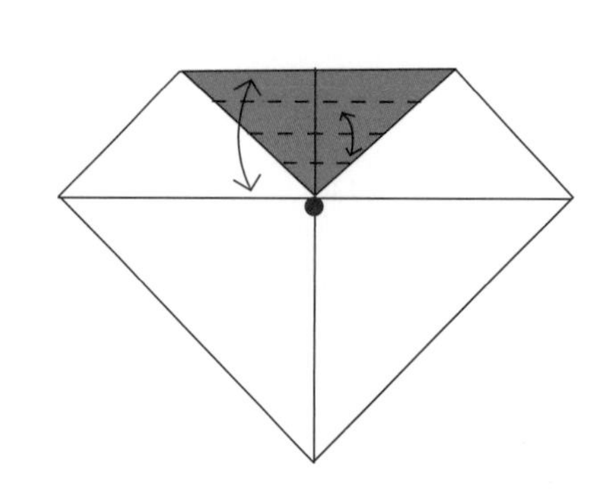

❸ 沿摺痕向上摺兩次。

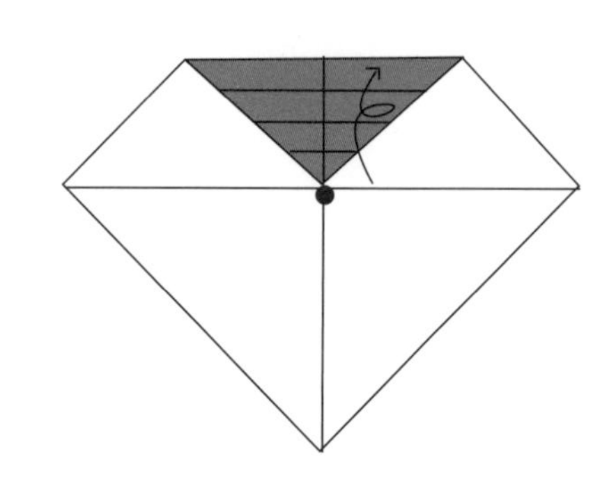

❹ 將下方的角向上摺，紙角剛好碰到上方的紙邊。

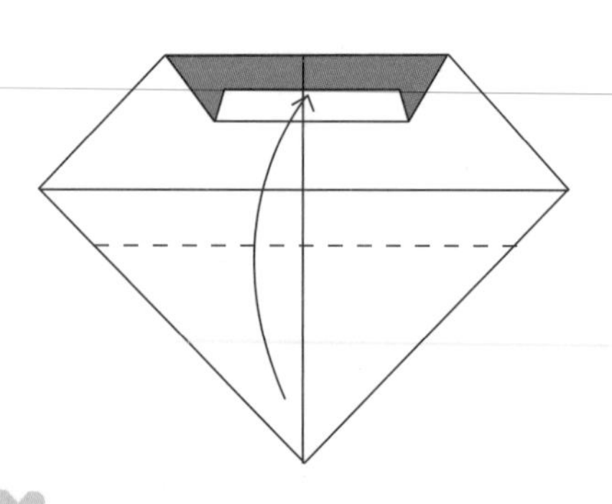

❺ 沿虛線向下摺，紙角剛好碰到下方的紙邊。

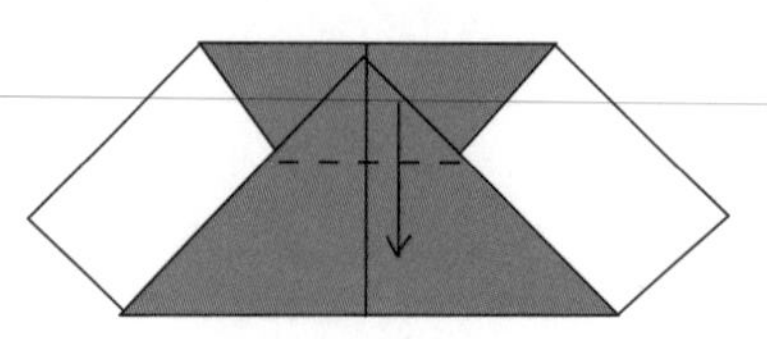

❻ 翻轉紙張。

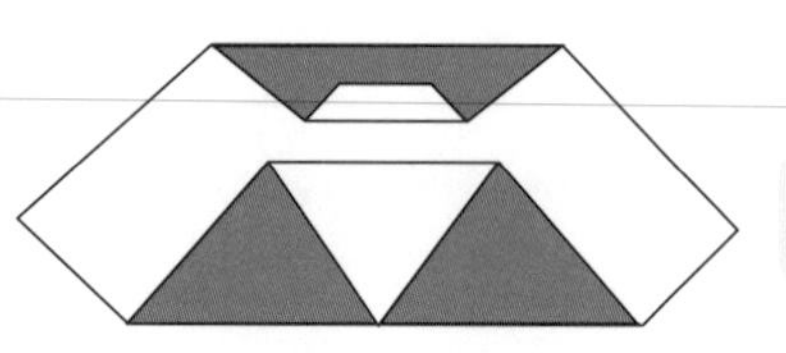

7 斜邊沿虛線向下摺，左右要相稱。

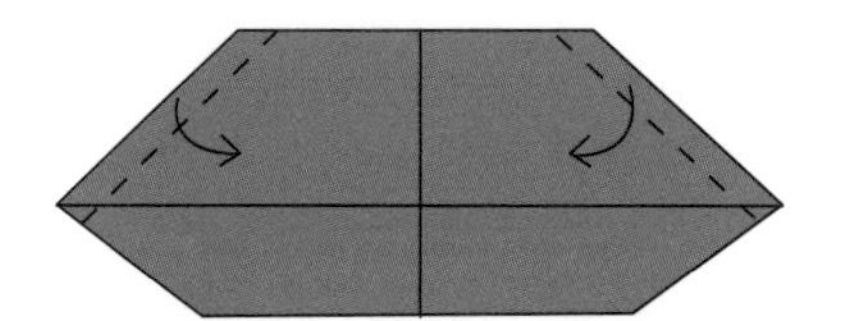

8 斜邊再沿虛線摺疊，上方的紙邊要剛好碰到中線。

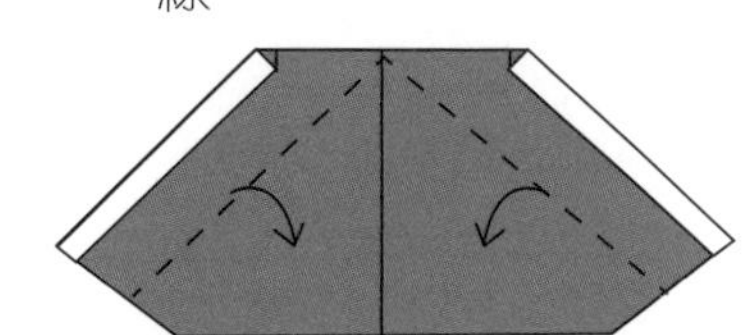

9 沿虛線將右側摺向左摺。

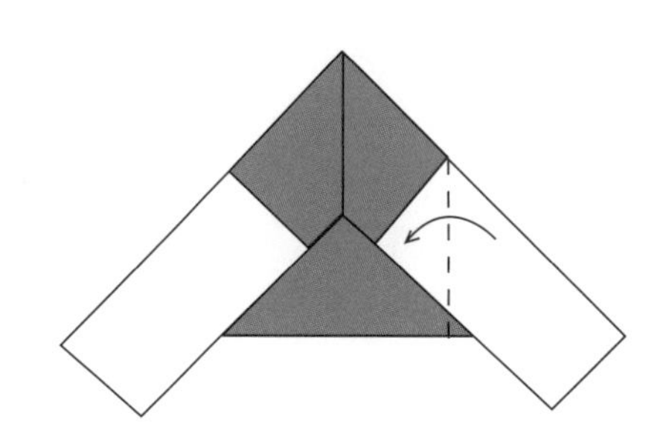

10 沿虛線向外摺。

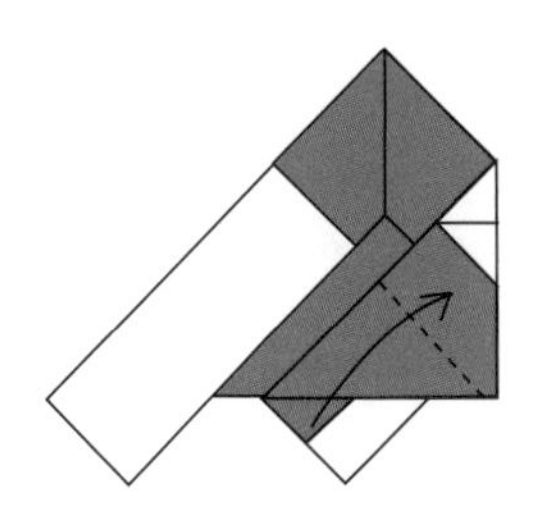

11 左側摺法跟步驟9到10相同，摺好後翻轉紙張，聖誕老人就完成了。

要留意聖誕老人的手臂是否左右對稱。

畫一畫

用筆為聖誕老人畫上眼睛、鼻子、嘴巴和鈕扣。

用棉花和雙面膠紙，為聖誕老人貼上白鬍子。

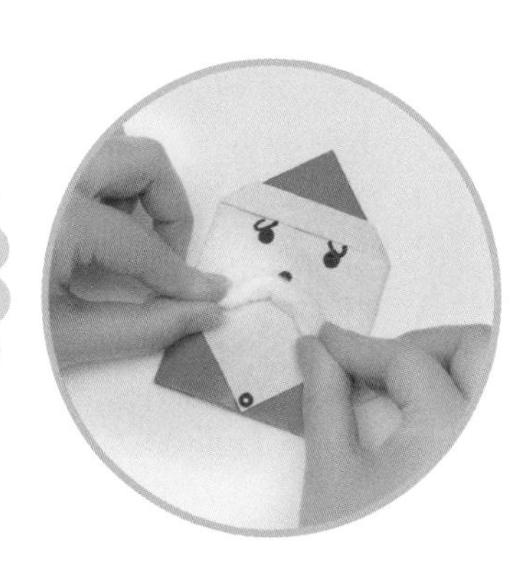

遊戲時間

用廁紙筒當作煙囪，幫助聖誕老人練習爬煙囪吧！

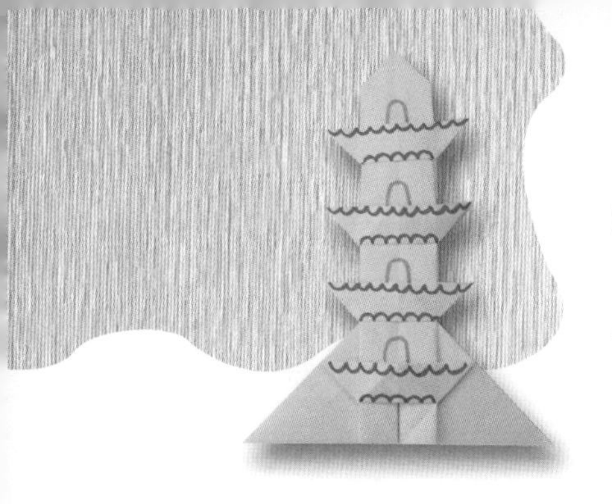

寶塔層層疊

方法：

❶ 將雙三角（參看第 11 頁）表層的兩個尖角沿虛線摺向中線。

❷ 揭開兩個小三角形的表層，把三角形壓成正方形。

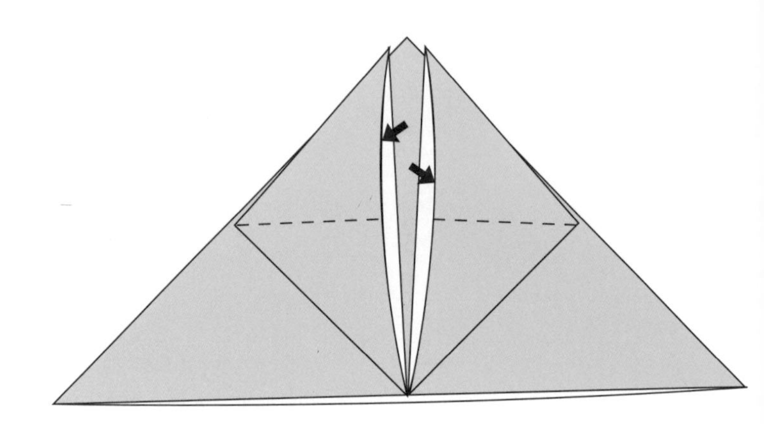

❸ 把表層紙角沿虛線向外摺。

❹ 沿虛線向後摺。

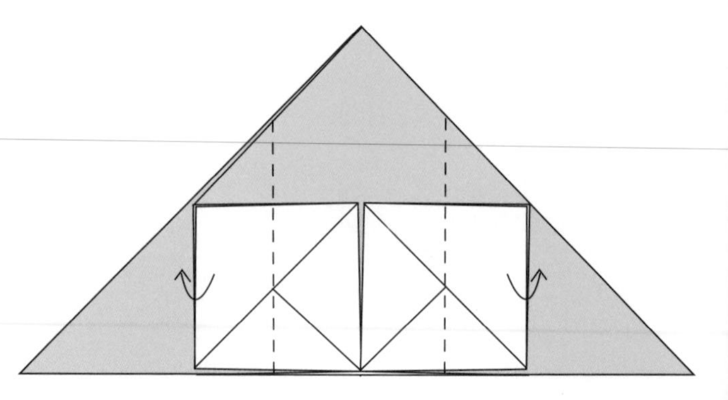

❺ 按粗箭嘴所示的方向揭開紙角並向外拉，然後壓平。

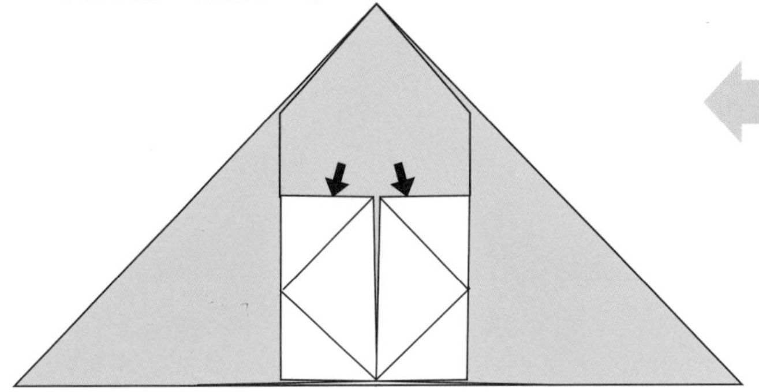

把紙角向外拉的時候，同時把下方表層的紙邊輕輕向上推。

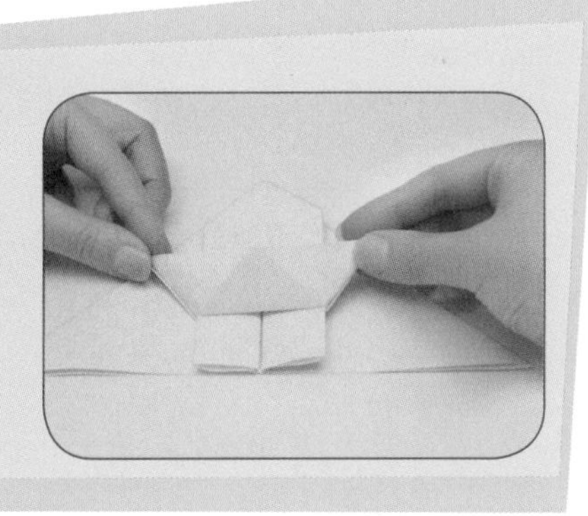

❻ 翻轉紙張，重複步驟 1 到 5。

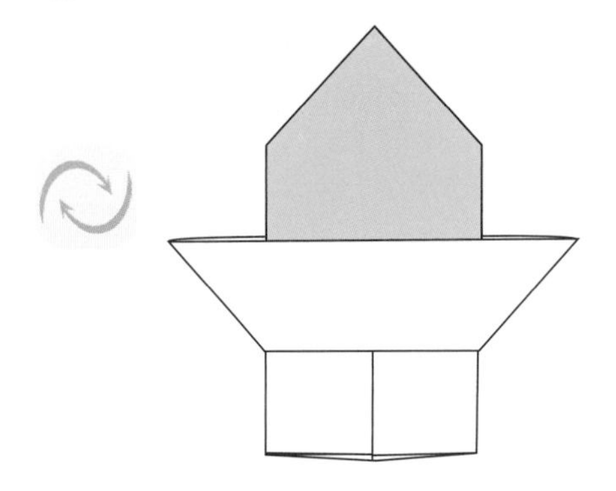

❼ 拿出另外三張紙，按照以上步驟摺疊，最後一張停在步驟 5，然後按照下圖把紙張插在一起，寶塔就完成了。

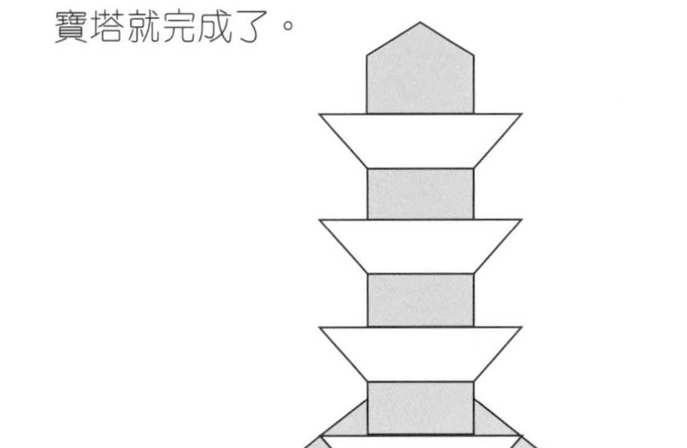

畫一畫

用筆為寶塔畫上窗戶和裝飾。

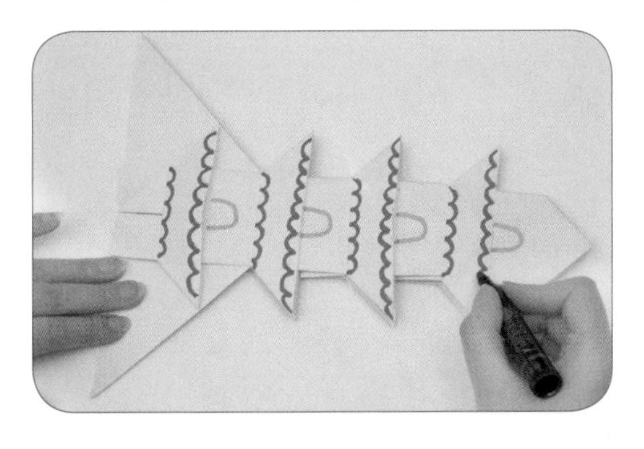

遊戲時間

寶塔的層數沒有限制，跟你的朋友比賽，看誰的寶塔建得比較高吧！

眼睛眨啊眨

方法：

❶ 四角對摺再攤開。

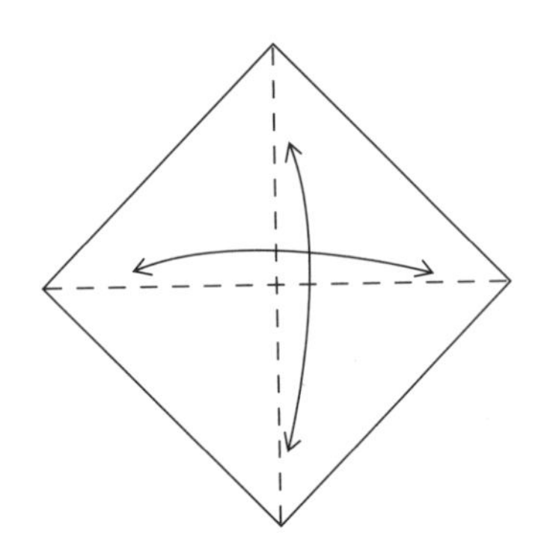

❷ 將上下兩角沿虛線摺向中點。

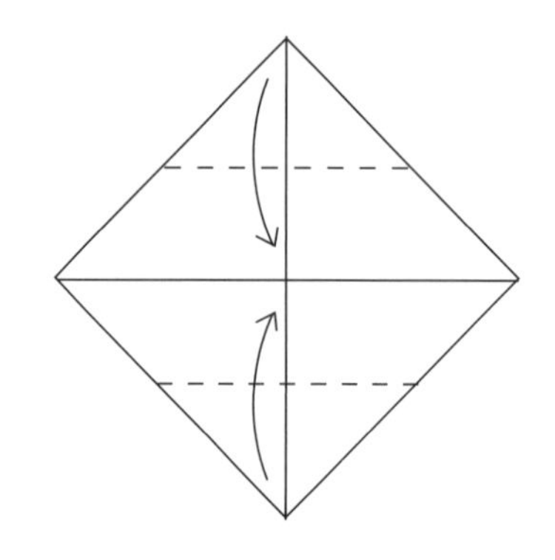

❸ 再將上下兩邊沿虛線摺向中線。

❹ 把整張紙完全攤開。

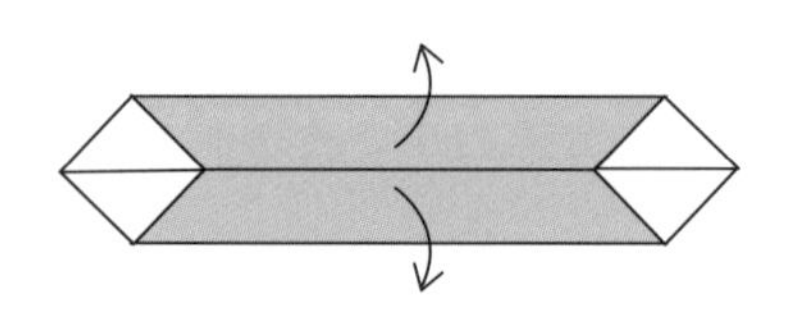

❺ 將上下兩角沿摺痕摺疊。

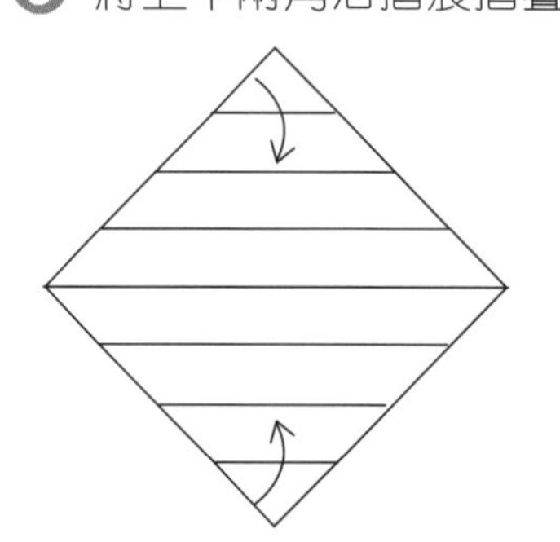

❻ 再把上下邊摺向中間。

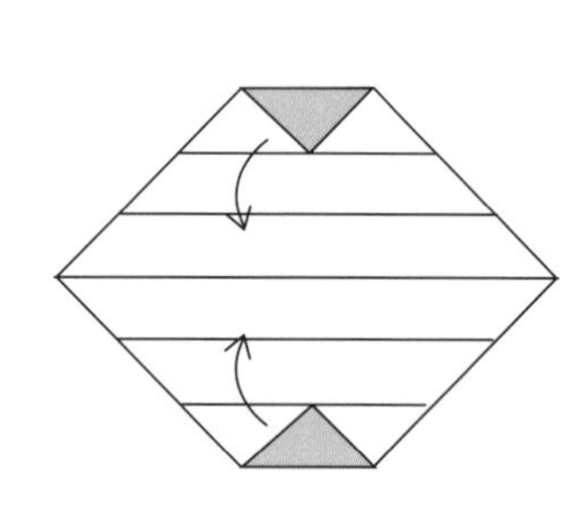

❼ 在紙張中間畫上黑色的眼珠。

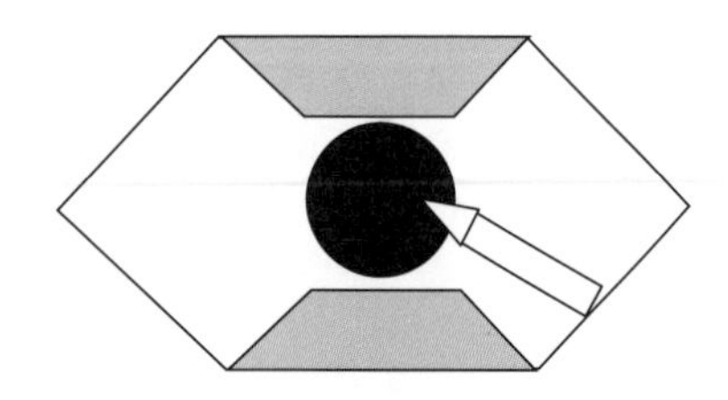

❽ 再將上下邊摺向中線。

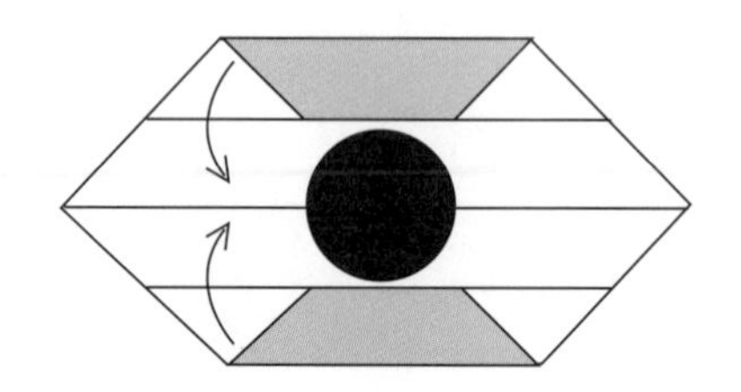

⑨ 翻轉紙張。

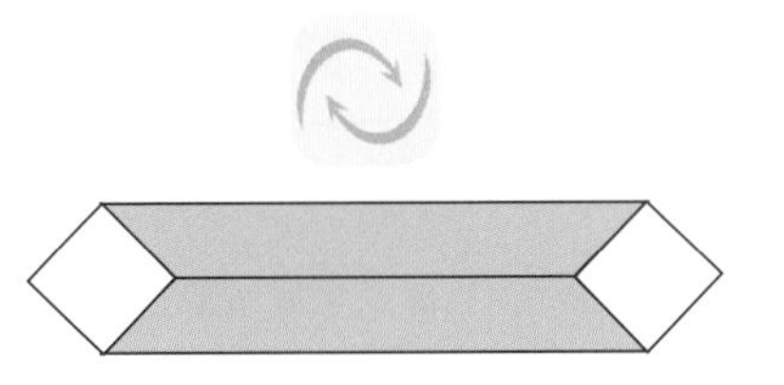

⑩ 將左右兩角沿虛線摺向中線。

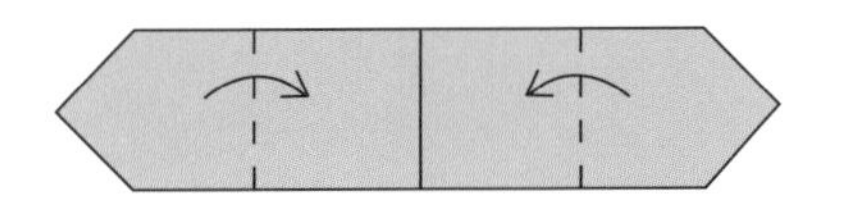

⑪ 把四角沿縫隙摺向中線。

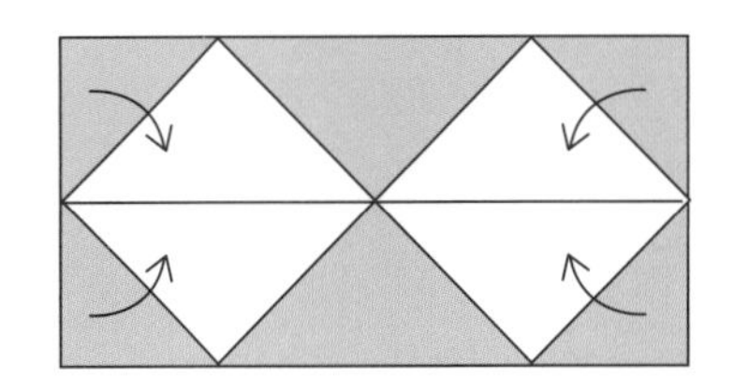

⑫ 將紅點沿虛線摺向中線，翻轉紙張，眼睛便完成。

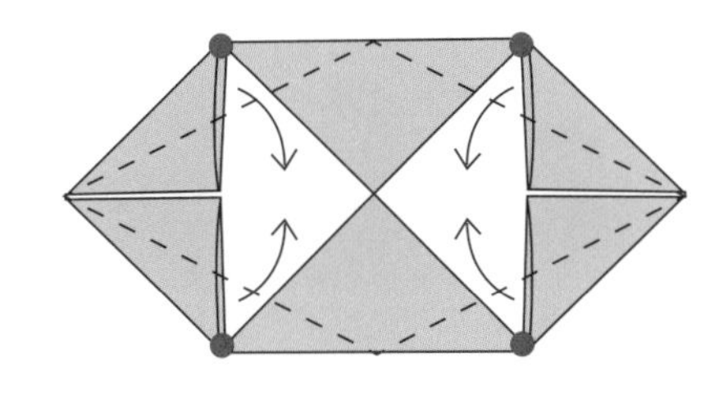

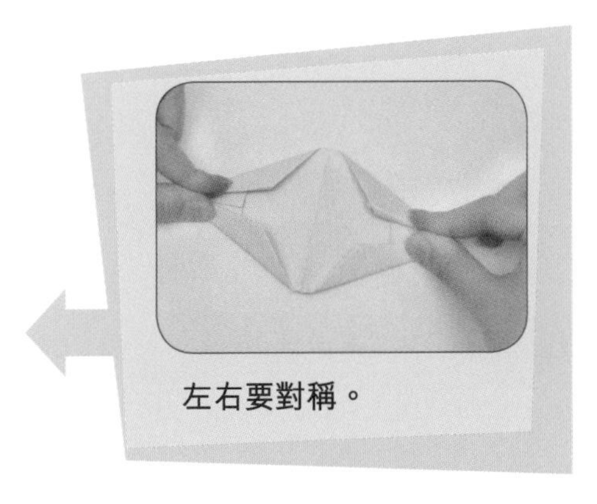

左右要對稱。

畫一畫

改良一下步驟 7 所畫的眼珠，令它變得更精緻吧。

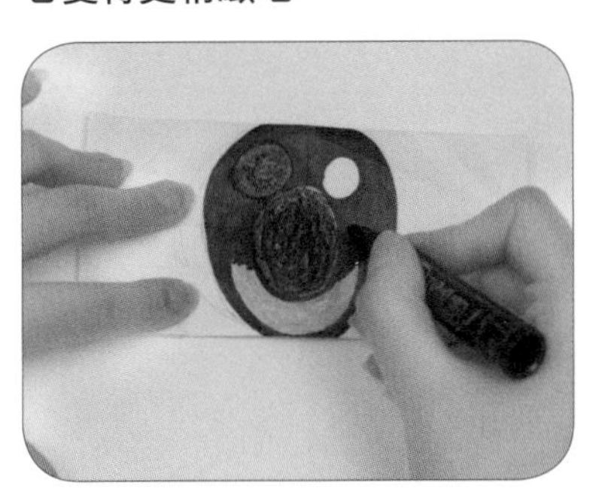

遊戲時間

把左右兩角向中間推，眼睛便會眨動了。

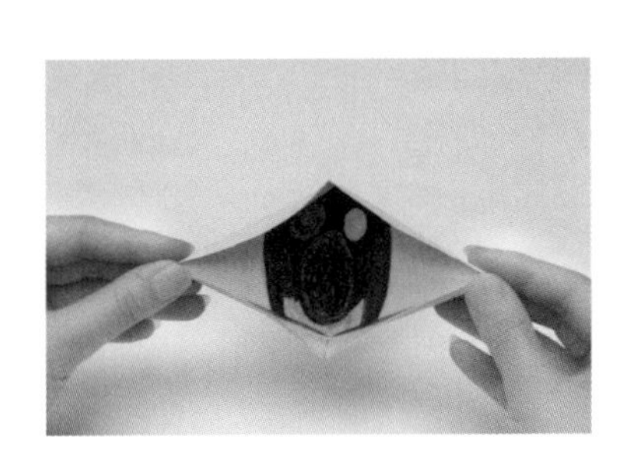

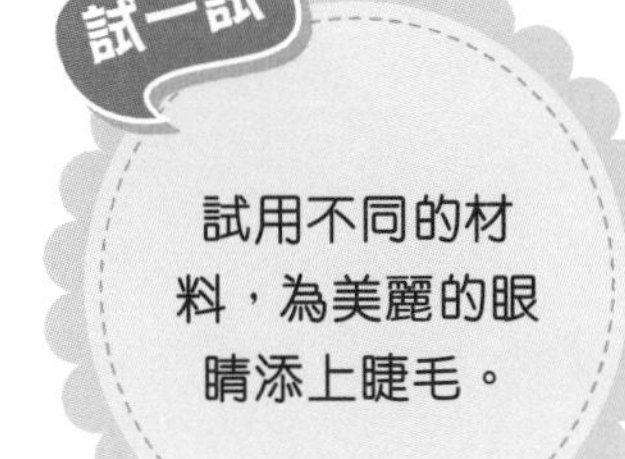

試一試

試用不同的材料，為美麗的眼睛添上睫毛。

脹鼓鼓的氣球

方法：

❶ 將雙三角形（參看第 11 頁）表層左右的兩個尖角沿虛線摺向中線。

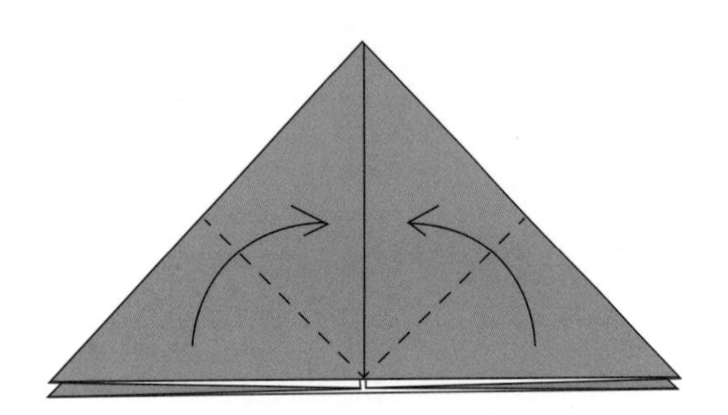

❷ 將底層的兩個尖角向後摺，形成正方形。

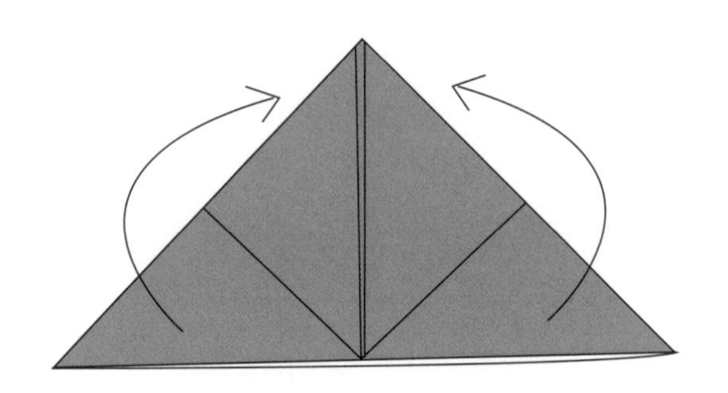

❸ 將表層兩側的紙角沿虛線摺向中線。

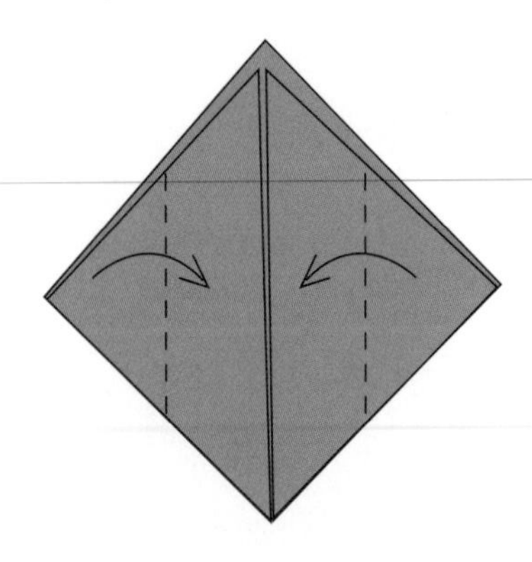

❹ 背面摺法相同。

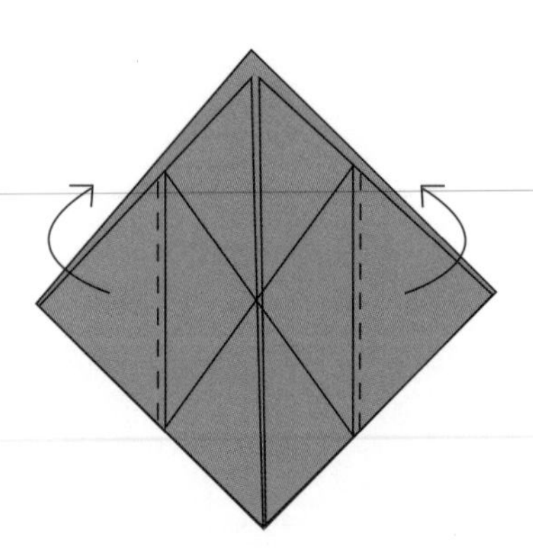

❺ 將上端的兩個尖角沿虛線向下摺，再套進紙層，背面摺法相同。

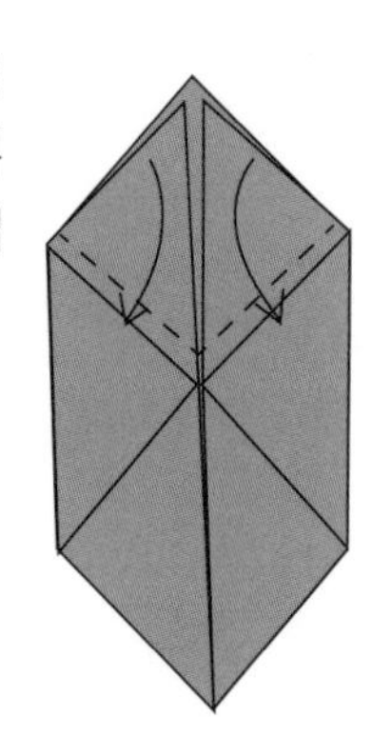

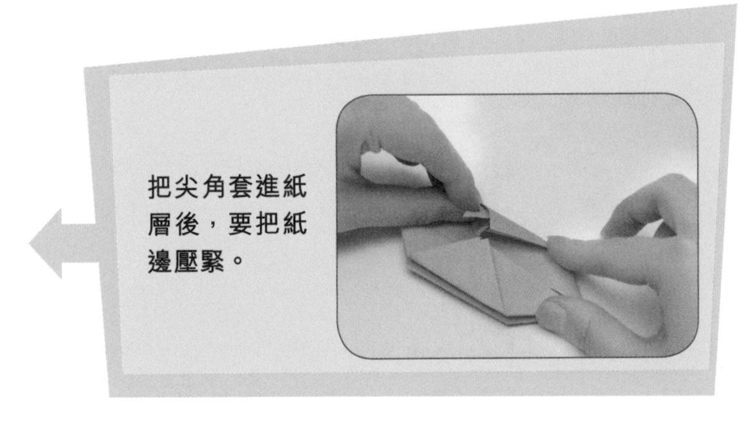
把尖角套進紙層後，要把紙邊壓緊。

❻ 從底部向上吹氣，令氣球脹起來。

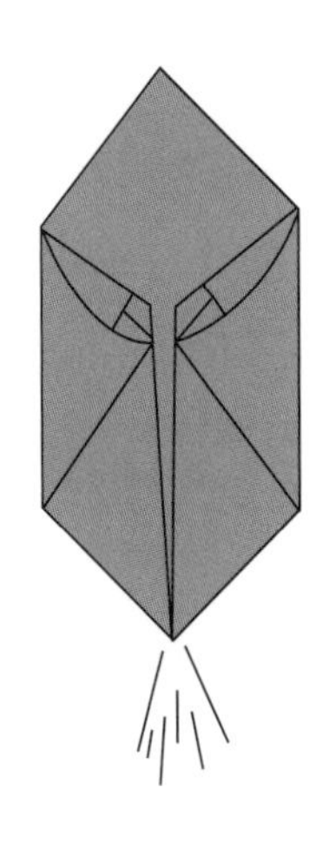

❼ 氣球完成了。

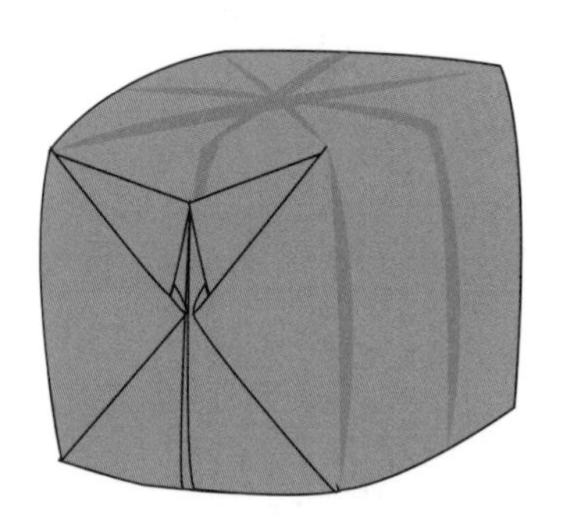

畫一畫

在吹氣之前，在氣球上畫出不同的圖案。

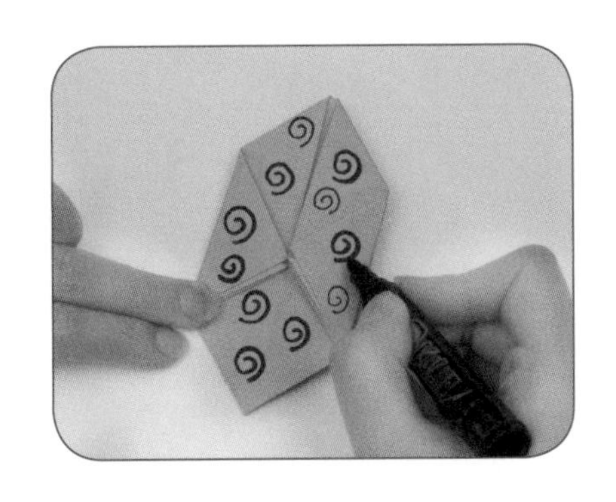

遊戲時間

把氣球放在頭上，看看誰可以堅持得最久，不讓氣球掉下來。

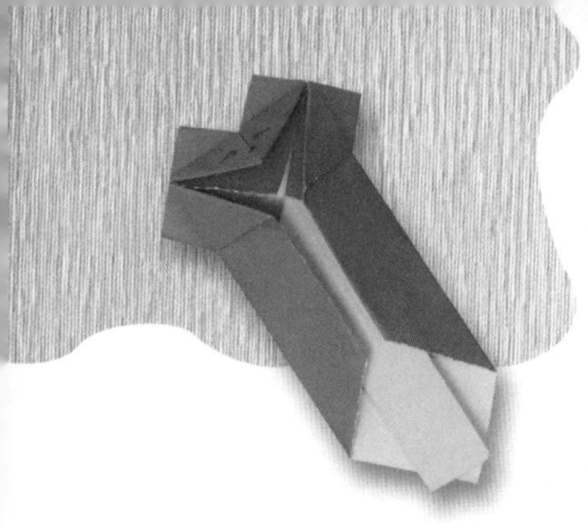

會說話的狐狸

方法：

❶ 把粉紅色紙的四角對摺再攤開。

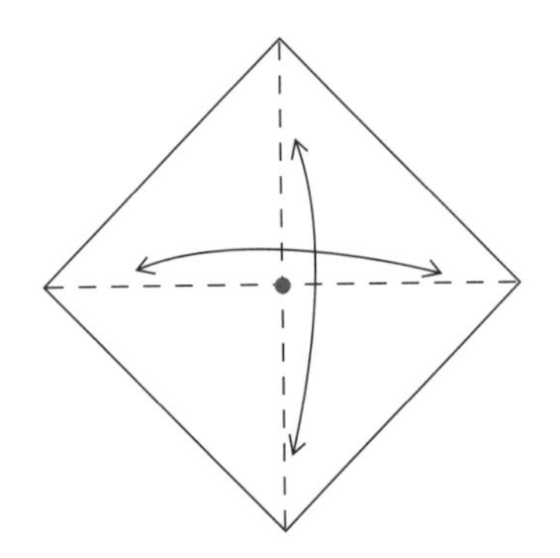

❷ 將三個紙角沿虛線摺向中點。

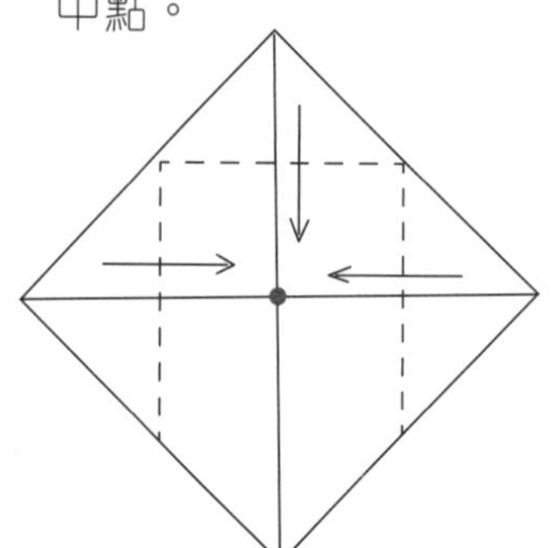

❸ 翻轉紙張。

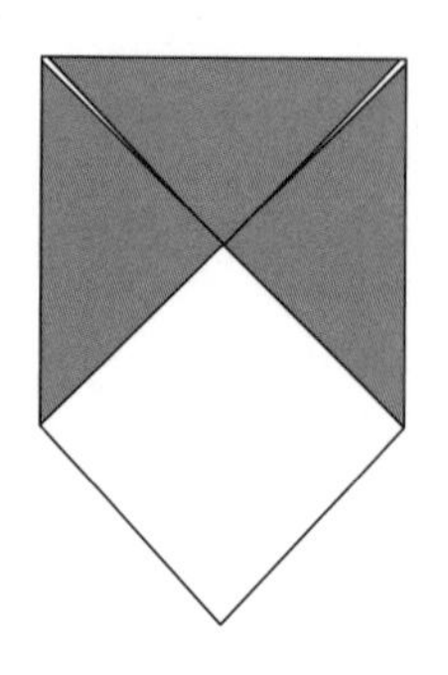

❹ 將上方的兩角沿虛線摺向中線。

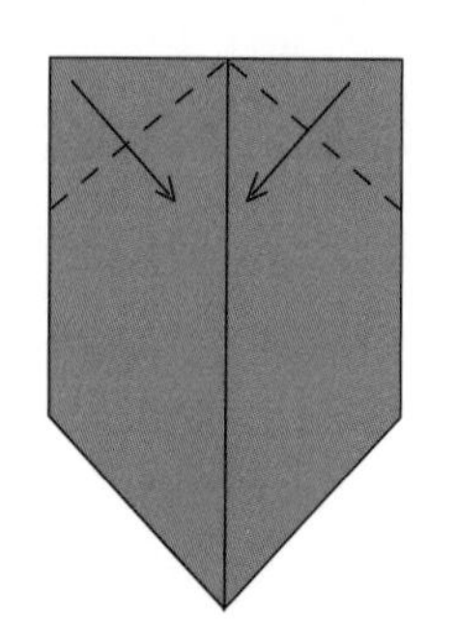

❺ 再次翻轉紙張。

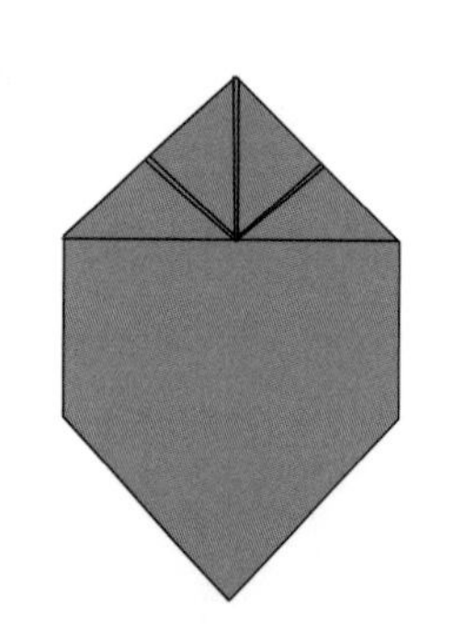

❻ 將上方的紙角沿虛線向下摺。

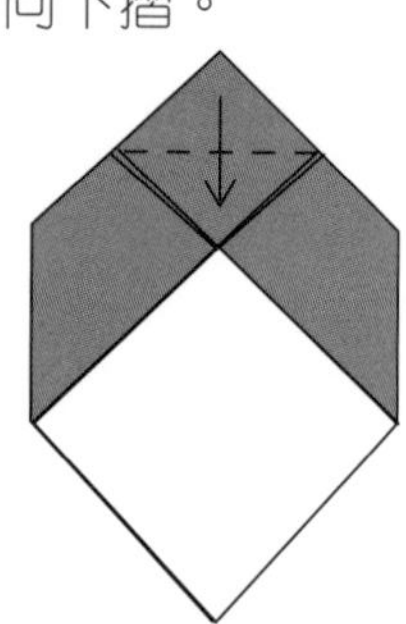

❼ 將左右兩邊沿虛線摺向中線。

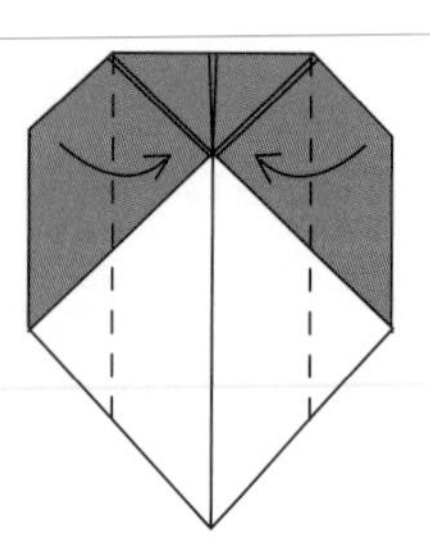

斜邊應該剛好可以拼合。

❽ 翻轉紙張。

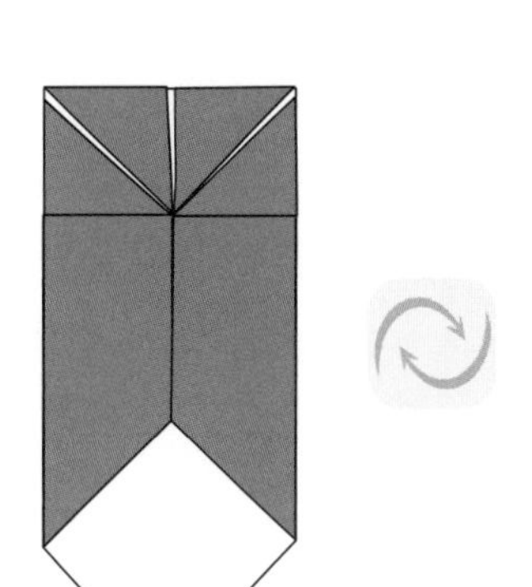

❾ 將上方的兩條斜邊揭開，然後向上推摺。

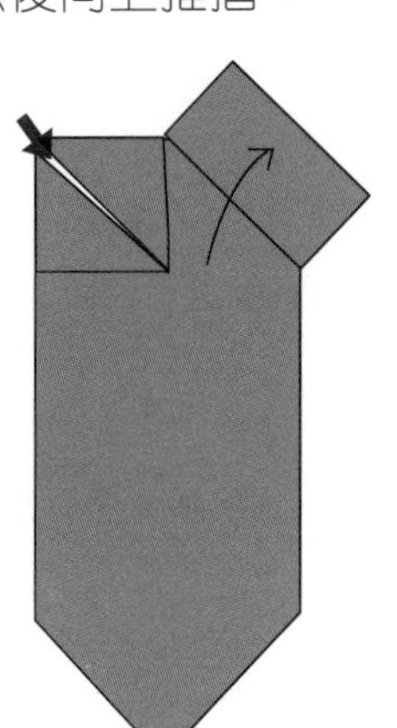

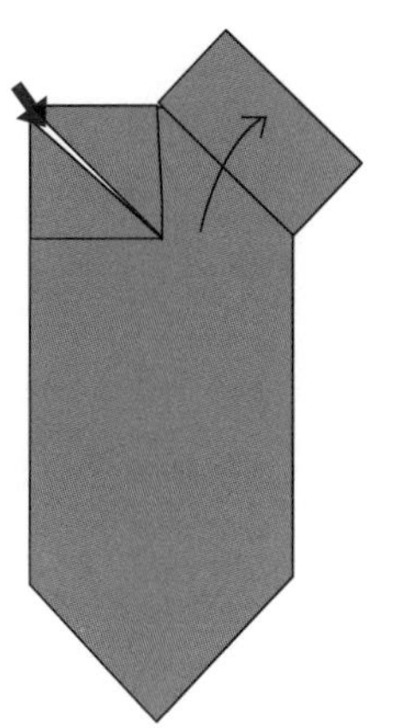

❿ 再次翻轉紙張。

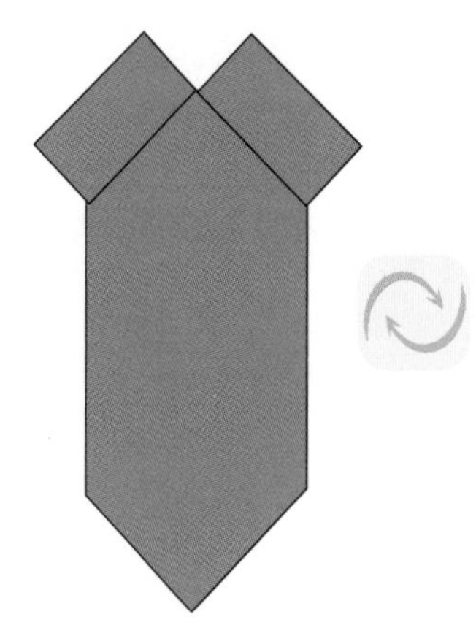

⓫ 把黃色紙摺成長條形。

遊戲時間

將狐狸的下巴揭起，把長紙條插進去。拉動長紙條，狐狸就會說話了。

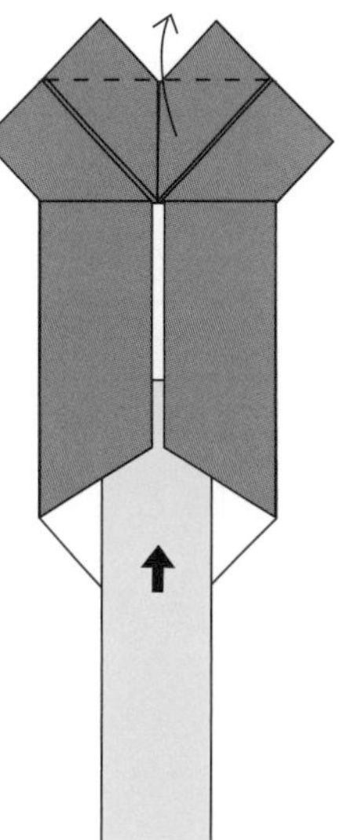

畫一畫

用筆為狐狸畫上眼睛和鼻子。

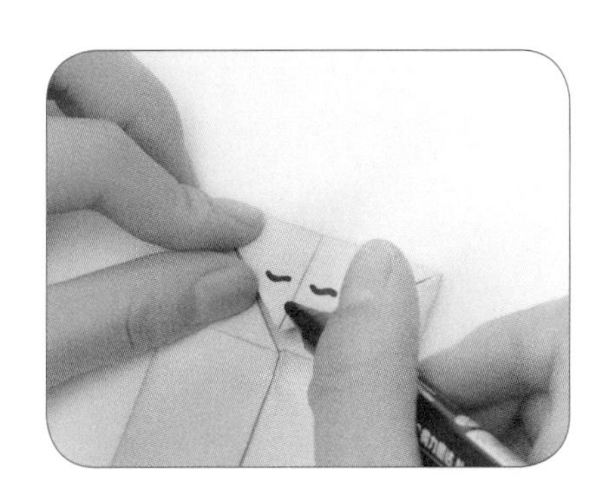

延伸活動

你能猜猜狐狸媽媽和小狐狸在說什麼嗎？

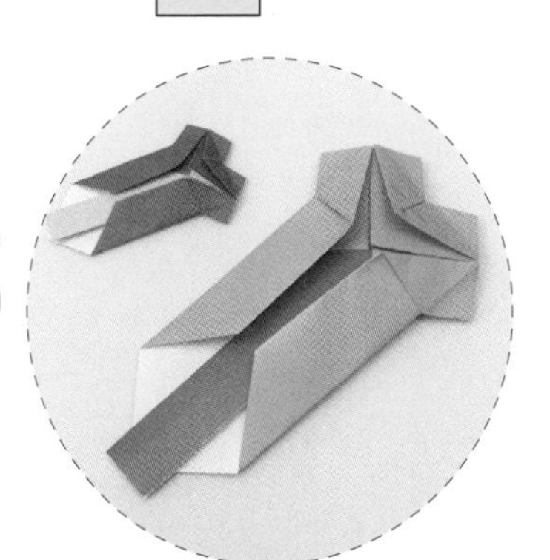

萬用遊戲卡

方法：

❶ 把粉紅色紙的左右兩邊分別沿虛線摺疊，摺出長方形。

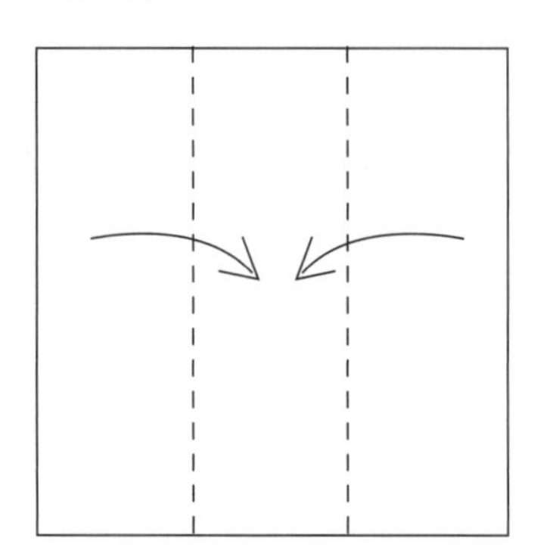

❷ 將長方形的右上角和左下角沿虛線摺向中間。

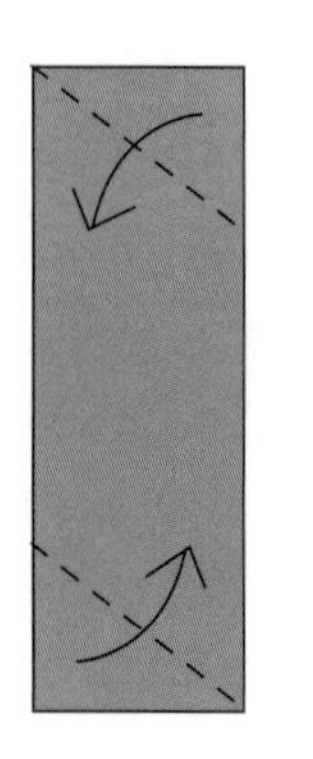

❸ 將上下兩個尖角沿虛線摺疊再攤開。

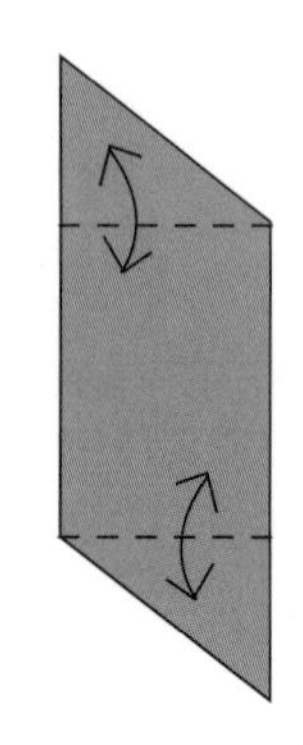

❹ 取出淺綠色紙，重複步驟 1 至 3。

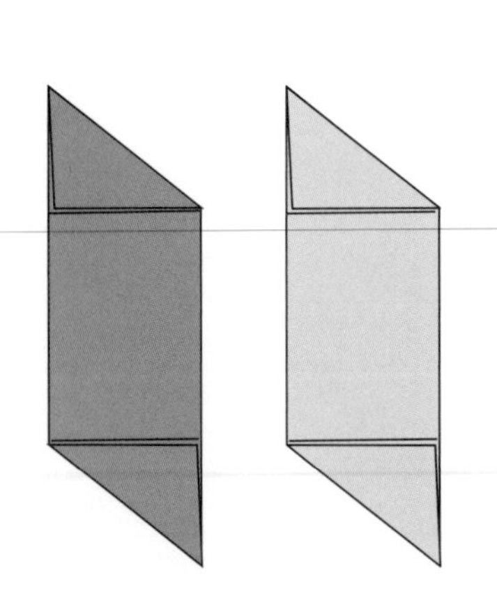

❺ 將兩張紙交叉重疊，將上方的角沿摺痕向下摺。

❻ 將左側的尖角沿摺痕向右摺。

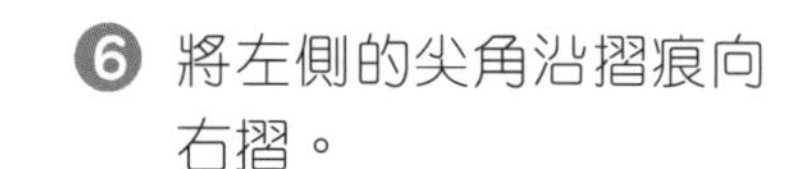

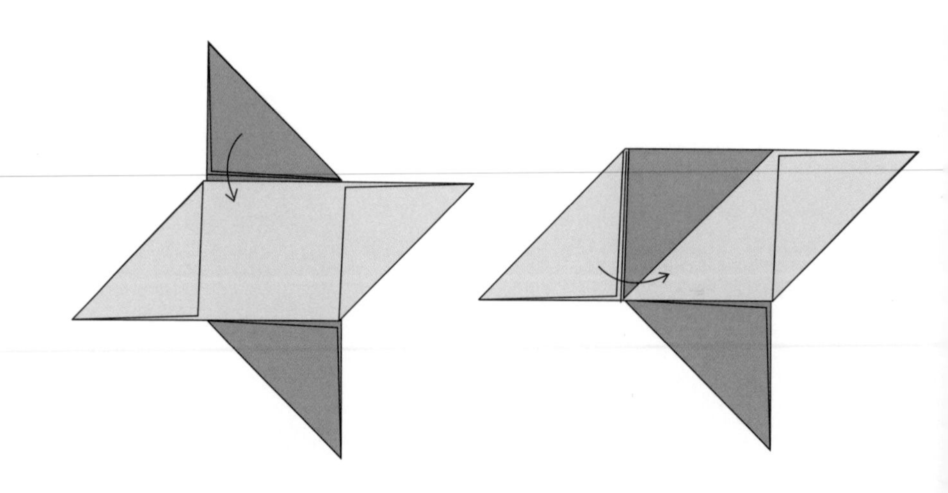

❼ 將下方的尖角沿摺痕向上摺。

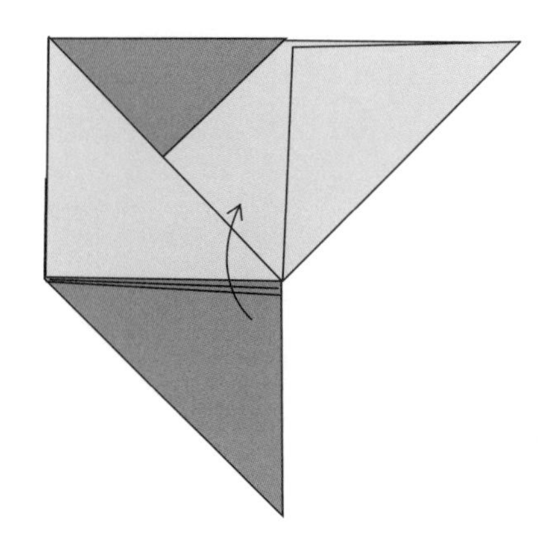

❽ 將右側的尖角沿摺痕向左摺，插進上方的三角形。

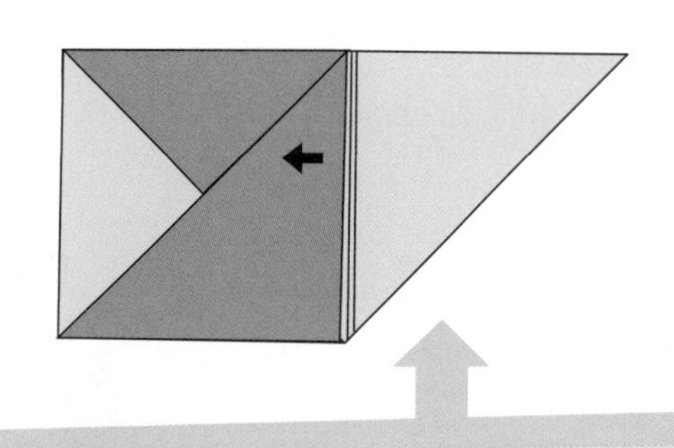

將右側的尖角輕輕地塞入紙層之間，然後壓平。

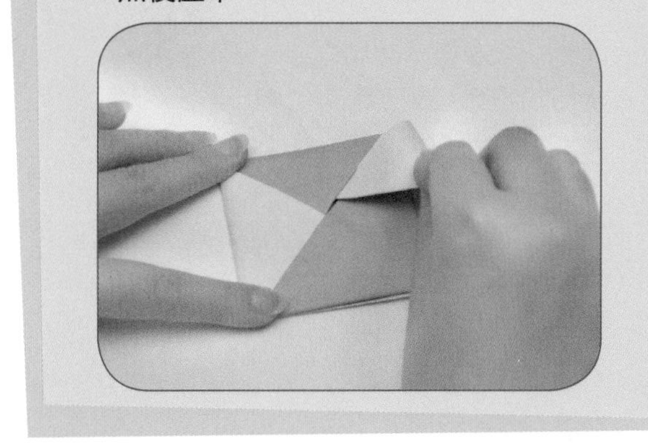

❾ 遊戲卡完成了。

遊戲時間

摺出八張遊戲卡，在遊戲卡的背面畫出兩組圖案，然後一起來玩記憶配對遊戲。你還想到其他遊戲方法嗎？

與孩子一起玩耍

對孩子來說，摺紙的好處眾多，是一項有利身心發展的活動。那麼在摺紙活動中，該如何讓他們樂在其中呢？

選擇讓孩子主動參與的摺紙活動

孩子的興趣越強，毅力就越強。我們選擇的主題，要從孩子感興趣的東西入手，比如飛機、汽車、可愛的兔子和燈籠等，這些都是孩子熟悉而且喜歡的事物。在摺紙活動中，家長要讓孩子簡單地了解摺紙的動機和結果，令他們期待作品完成，使他們對摺紙活動保持濃厚的興趣。

激發孩子對摺紙的興趣

家長可以運用猜謎語、念兒歌、講故事、變魔術等形式，激發孩子對摺紙的興趣。例如摺小兔時，家長先讓孩子猜謎語：「紅眼睛，白皮襖，長耳朵，短尾巴，愛吃蘿蔔愛吃草，走起路來蹦蹦跳。」在猜謎語的過程中，孩子會更認識兔子的形體特徵，對之後進行的摺紙活動大有益處。

幫助孩子掌握和提高摺紙技能

生動形象的語言會使孩子在摺紙的過程中更容易掌握要訣，能使注意力更集中。例如把「四角內摺」改說成「這裡是四隻小豬的家，大門一定要關好，不讓大灰狼進來」，孩子為了保護小豬，一定會認真地摺好每一個角，然後壓平。即使家長不在旁指導時，孩子也會用形象化的語言來提醒自己，讓自己的作品更完美。